KB268907

BANCO DE ESPAÑA

안달루시아에 반하다

초판 **인쇄일** 2014년 12월 1일
초판 **발행일** 2014년 12월 10일

지은이 곽세리
발행인 박정모
등록번호 제9-295호
발행처 도서출판 혜지원
주소 (130-844) 서울시 동대문구 천호대로 81길 23
전화 02)2212-1227 **팩스** 02)2247-1227
홈페이지 www.hyejiwon.co.kr

편집진행 송유선
디자인 김보라
영업마케팅 김남권, 황대일, 서지영
ISBN 978-89-8379-841-1
정가 14,000원

이 도서의 국립중앙도서관 출판예정도서목록(CIP)은 서지정보유통지원시스템 홈페이지(http://seoji.nl.go.kr)와
국가자료공동목록시스템(http://www.nl.go.kr/kolisnet)에서 이용하실 수 있습니다.(CIP제어번호: CIP2014033101)

안달루시아에 반하다

혜지원

카탈루냐 태생의 작곡가 그라나도스Granados의 '스페인 무곡 5번 안달루사Andaluza', 스페인을 대표하는 바이올리니스트였던 사라사테Sarasate가 작곡한 '사파테아도Zapateado'와 같이 흥거운 춤곡을 들으며 잠을 청하던 어린 시절의 기억이 내가 처음으로 만났던 안달루시아였다. 춤곡이 뭔지 플라멩코의 동작인 사파테아도라는 단어도 생소하던 그때 엄마 친구분께 받은 만티야mantilla를 쓰고 노란색 드레스를 입은 마린 치클라나* 인형을 보며 언젠가 안달루시아에 가볼 수 있을까 하는 상상을 해 보곤 했다. 그리고 20여 년 전 검은 머리의 베트남 소녀가 포스터에 그려진 영화 〈그린 파파야 향기L'Odeur de la papaye verte〉(1993)가 개봉했던 여름 나는 처음으로 유럽 땅을 밟았다. 두 달 내내 프랑스에서만 보낸 그 여행이 특별했던 것은 집을 그렇게 오랫동안 떠나 있던 것이 처음이었기 때문이다.

지도를 보며 직접 찾아다녔던 파리 라틴 구역의 작은 골목길들을 구경하며 나도 소르본느 대학교에서 언젠가 공부를 해볼 수 있을까 하는 막연한 꿈을 꿔 봤다. 샌드위치와 오랑지나Orangina를 마시며 걸었던 센느 강변 주변의 길들은 종이 지도를 들고 발길이 닿는 대로 이곳저곳을 누볐던 그때의 기억을 더듬어 파리지엔느만큼 자신 있게 찾을 수가 있다. 물론 멀리 유럽까지 가는데 한 나라만 보고 돌아온다는 것이 아깝다는 생각이 들지도 모르겠지만, 자신이 좋아하는 여행지를 제대로 구석구석 탐사하며 충실하게 즐겨 보는 것이 더욱 값지다는 생각이 든다. 그때 파리에서 샀던 베이지색 에스파드리유espadrille가 스페인에서 온 것인지는 몰랐지만, 시간이 흘러 스페인에 대한 환상이 잊힐 무렵 나는 플라멩코 노래가 나오는 한 편의 영화를 접하게 되었다. 페드로 알모도바르Pedro Almodóvar 감독의 영화 〈귀향Volver〉(2006)이었는데, 주인공 라이문다(페넬로페 크루즈)가 노래를 부르는 장면에 더빙

된 아르헨티나 탱고 노래 '귀향'을 부르는 그라나다 태생의 플라멩코 가수 에스트레야 모렌테Estrella Morente의 목소리는 나의 호기심을 자극했다. 그 호기심으로 3년 전 봄 플라멩코를 보러 갔던 3주가 길어져 1년을 보내게 되었고, 그때부터 틈이 날 때마다 여행하게 되었다.

안달루시아에서의 생활이 행복한 이유는 단순하고 작은 것에 만족감을 느낄 수 있다는 것이다. 여유롭게 즐기는 타파스 후에 달콤한 시에스타 시간이 보장되는 곳, 플라멩코 공연을 보며 피가 거꾸로 솟을 만큼 열광할 수 있는 매일이 있고, 다정한 세비야 사람들과 나누는 담소로 외로움을 느낄 시간이 없다. 일 년 내내 강한 태양과 파란 하늘을 볼 수 있는 안달루시아는 가장 느리게 살 수 있는 곳인데, 너무 적막하지도 그렇다고 붐비지도 않는 다양한 분위기를 지녔다. 할아버지, 할머니, 부모님, 아이들, 조카들을 데리고 여유롭고 풍요로운 여행을 계획하는 이들에게도 부담스럽지 않은 곳으로 어느 누가 여행을 와도 체험하고 느낄 수 있는 것이 있다. 안달루시아에서만 느껴지는 모순과도 같은 특별한 기분은 '여유로움'과 '열정'이다. 안달루시아라는 곳은 알면 알수록 플라멩코와 투우는 아주 작은 문화의 일부라는 것을 알게 된다. 스페인 안에서도 안달루시아는 가장 오래된 역사의 발자취가 남아 있는 곳으로 다양한 문화가 한데 녹아 완성된 건축물들은 유럽과는 또 다른 이국적인 분위기를 자아낸다.

마드리드와 같은 수도도 아니고 가우디의 작품들로 유명한 바르셀로나도 아니지만 세비야 대성당, 알함브라 궁전을 비롯해 안달루시아에는 유네스코 세계유산이 5개나 있다. 안달루시아 지방의 다양한 유적지, 문화, 예술을 체험해 보는 데에 며칠만으로는 아쉬움이 남기 때문에, 여행의 목적이나 취향에 따라 도시나 관광지를 미리 선정해서 계획하는 것이 좋을 것이다. 한 번의 여행으로 안달루시아 전체를 다 본다는 생각보다는 두세 군데의 도시를 천천히 즐길 수 있는 여행을 권하고 싶다. 만약 유럽을 처음 여행하거나 여러 나라를 방문할 계획이라면 바로크, 르네상스 시대에 지어진 건축물이나 미술품에 영향을 준 이탈리아나 프랑스 등의 유럽의 도시들을 한두 곳 정도 들러 보거나 공부를 해 두면 좋을 것이다.

● 인형을 만드는 장인 호세 마린 베르두고José Marín Verdugo(1903~1984)에 의해 1928년 만들어진 마린 인형Muñecas de Marín은 90여 년의 역사를 지닌 스페인을 대표하는 인형이다. 지중해와 대서양을 끼고 있는 휴양지인 카디스 지방의 치클라나 데 라 프론테라Chiclana de la Frontera에서 생산되는 이 인형은 수작업으로 만들어지는데, 인형의 표정이 사람과 같이 제각각이다. 스페인뿐만 아니라 유럽 각지에 마니아들이 있을 정도이며, 1976년에는 스페인 정부에서 주는 산업 공로상Medalla al Mérito del Trabajo을 수상하였다. 안달루시아 전통 의상을 입고 아바니코abanico(부채), 페이네타peineta(빗), 만티야mantilla(머리에 쓴 베일)로 치장한 매력적인 인형들은 기념품을 파는 상점이나 백화점 어느 곳에서나 찾아볼 수 있다.

CONTENTS

¡BIENVENIDOS A ANDALUCÍA!

SEVILLA CON
PASIÓN Y ROMANCE

Chap 03 ter

MÁLAGA 어느 개인 날, 말라가에서

UN BUEN DÍA
EN MÁLAGA

CONTENTS 목차

GRANADA 그라나다는 가장 아름다운 장미

GRANADA
ES COMO UNA
ROSA
MÁS BONITA

CÁDIZ 볼레로를 추는 카디스 처녀들의 일요일

INTRO

안달루시아에 오신 것을 환영합니다!

⟨나는 남쪽에서 왔어요⟩

안달루시아는 나의 땅,
나는 남쪽에서 왔어요 나는 '안달루스'예요

나는 11월의 '모스토 와인'을 좋아해요
그리고 파란 하늘을 바라보는 것을.
나는 '시에스타'를 즐겨요
가스파초와 좋은 와인을
애달픈 '칸테'를
몸 전체에서 나오는 '바일레'를
잘 조율된 기타를
제철의 올리브를

나의 풍습은 이래요.
그리고 나는 그것들을 버리고 싶지 않아요.

안달
루시아의
날씨

이베리아^{Iberia} 반도의 대부분을 차지하는 스페인의 가장 남쪽으로 유럽 대륙과 아프리카가 만나는 곳인 안달루시아는 스페인에서도 가장 더운 곳에 속한다. 여름에는 비가 거의 내리지 않아 아주 건조하고, 겨울에는 비가 내리는 지중해성 기후의 특징이 나타난다. 안달루시아 지방은 8개의 주로 나뉜다. 지역에 따라 날씨가 조금씩 다르지만, 아주 더운 여름과 우기를 피해서 3~5월, 9월~10월에 여행하는 것이 가장 좋다. 노약자와 어린이, 특히 더위를 많이 타는 여행자들은 7~8월 사이에는 되도록 여행을 삼가기를 바란다.

여름

6~9월 사이에는 건조하고 더운 날씨가 계속된다. 그중에서도 7~8월이 가장 더운데, 강한 태양 때문에 체감온도가 40도 이상이 될 때도 있으니 장시간 걸어 다니는 것이 어려울 수도 있다. 간혹 더위로 쓰러지는 사람들도 눈에 띌 정도로 건조하고 더운 날씨가 계속되기 때문에 물을 습관적으로 마셔 탈수가 되지 않도록 주의해야 하며, 시에스타 siesta 시간인 오후 2~5시에는 가장 덥기 때문에 가급적 외출을 피하는 것이 좋다. 해가 진 후에도 더위가 계속되므로 숙소의 에어컨의 유무를 체크하는 것도 중요하다. 말라가 Málaga, 카디스 Cádiz 와 같은 해안 지역은 지중해와 대서양을 끼고 있어 내륙 지방인 세비야 Sevilla 와 코르도바 Córdoba 같은 지역보다는 선선한 편이다.

겨울

겨울에도 10~20도 정도의 기온을 유지하여 비교적 따뜻하기 때문에 여행을 하는 데 어려움은 없다. 12~2월의 평균기온은 15도 정도이지만 더 추워질 때도 있으니 미리 날씨를 확인해 보는 것이 좋은데, 비가 내리는 겨울 날씨는 한국의 겨울과는 다르게 영상의 기온을 유지해도 더 춥게 느껴진다.

안달루시아 날씨 카날 수르 Canal Sur 방송 참고 : www.canalsur.es/noticias/el_tiempo

<h1>여행
준비물</h1>

한국의 봄이나 가을을 생각하고 안달루시아 여행을 준비하면 아마도 후회가 많을 것이다. 한여름이 아니어도 태양이 무척 강하기 때문에 반드시 선글라스와 머리를 가릴 수 있는 모자를 준비해 가는 것이 좋다. 화상을 입거나 주근깨가 가득한 얼굴로 돌아가지 않으려면 얼굴과 자외선에 노출되는 부위에는 SPF 지수가 높은 선블록을 발라 피부 손상을 예방해야 한다. 만약 미리 준비하지 못했다면 현지의 약국이나 화장품 가게에서도 구입이 가능하다. 일 년 내내 따뜻하고 겨울에도 한국처럼 춥지 않다는 얘기만 듣고 겨울코트를 준비해 가지 않으면 옷을 사느라 정신이 없을지도 모른다. 야자수가 가득한 도시가 겨울에는 비가 내려 뼛속까지 추위가 파고든다. 장화나 우비는 평소에는 착용을 안 하더라도 여행 시에는 도보로 이동할 때가 많기 때문에 유용하게 쓰인다. 대부분의 호텔, 가정집은 더운 여름의 기후에 맞게 바닥자재가 타일로 된 경우가 많으므로, 실내화나 두꺼운 양말을 가져가는 것이 좋다.

▶ SPF 지수가 높은 선블록

▶ 얼굴이 가려지는 모자

▶ 선글라스

▶ 알로에 젤 또는 로션(햇빛에 노출된 피부를 진정)

▶ 장화, 우비, 우산

▶ 전기장판(겨울 여행 시에는 작은 전기장판 알모아디야Almohadilla를 가지고 다니는 것도 유용하며, 미처 구비하지 못한 경우는 현지 전자용품을 판매하는 대형 마트 메디아마트Mediamarkt나 엘 코르테 잉글레스 백화점El Corte Ingles에서도 전기장판을 구입할 수 있다)

▶ 수면양말, 실내화

공휴일

1월 1일 새해	Año Nuevo
1월 6일 주현절	Día de Reyes / Epifanía del Señor
2월 28일 안달루시아의 날	Día de Andalucía
5월 1일 노동절	Día del Trabajador
8월 15일 성모승천축일	Asunción
10월 12일 스페인 국경절	Fiesta Nacion al de España
11월 1일 만성절	Día de todos los Santos
12월 6일 제헌절	Día de la Constitución
12월 8일 성모수태일	Inmaculada Concepción
12월 25일 크리스마스	Navidad

축제

세마나 산타 Semana Santa (부활절 축제)

가톨릭 교회에서 예수 그리스도의 부활을 기념하는 축일이다. 거대한 십자가를 신도들이 어깨에 짊어지고 시내 곳곳을 지나는 세비야 부활절 축제 기간의 행렬은 화려하기로 유명하다.

페리아 데 아브릴 Feria de Abril

일 년 중 가장 날씨가 좋을 때인 4~5월에 열리는 이 축제는 세비야에서 열리는 축제 중 가장 규모가 크다. 1주일간이나 계속되는 축제 기간에 이곳 사람들은 전통의상을 입고 세비야나스 춤을 추는 것으로 흥을 돋우며, 하몬, 생선튀김 등과 같은 타파스와 쉐리 와인을 즐긴다.

항공편으로 스페인 국내 이동하기

한국에서는 대부분 런던, 밀라노, 파리 등의 유럽 도시를 경유해 마드리드, 바르셀로나, 세비야와 같은 스페인 국내로 여행하게 되는데, 이들 도시에는 한 개 이상의 공항이 있기 때문에 반드시 환승하는 공항을 사전에 확인하기 바란다. 또한 공항을 이동해야 하는 경우 연결편이 있는 공항까지의 이동 시간이 충분한지를 미리 확인해야 한다. 예를 들어 밀라노에서는 인근의 베르가모 공항(BGY)과 말펜사 국제공항(MXP) 두 곳에서 세비야(SVQ)로 연결되니 주의해야 한다. 스페인 국적기인 이베리아 항공을 비롯해 국제항공사부터 저가항공사까지 항공편이 다양하며, 가격은 구매하는 시기에 따라 차이가 크다.

주요 항공사 리스트

Air Europa	www.aireuropa.com	TAP Portugal, Portugalia Airlines	www.flytap.com
Air France	www.airfrance.com	RYANAIR	www.ryanair.com
American Airlines	www.aa.com	Swiftair	www.swiftair.com
British Airways	www.britishairways.com	US Airways	www.usairways.com
EASYJET	www.easyjet.com	Vueling	www.vueling.com
Emirates	www.emirates.com		
IBERIA	www.iberia.com		

바르셀로나 또는 스페인 밖의 유럽 도시에서 안달루시아의 도시들로 이동하는 방법에는 여러 가지가 있다. 파리, 밀라노, 런던 등의 도시에서 세비야 또는 말라가까지 항공편으로 이동한 후, 안달루시아 안에서 기차를 이용하여 이동할 수 있다. 또는 바르셀로나에서 기차를 이용하여 그라나다 또는 세비야로 이동하여 여행을 이어가는 방법도 있는데, 4시간 30분~6시간 정도 걸리는 기차 여행이 지루하다면 중간에 마드리드에 들렀다 가는 것도 좋다.

바르셀로나를 통해 스페인을 여행한다면 항공편을 이용하여 세비야로 이동하거나 렌페^{Renfe}를 이용하여 그라나다까지 갈 수 있다. 세비야와 말라가 공항을 통해서 다른 지역으로 이동할 수 있는데, 스페인 밖의 유럽의 대도시 대부분의 지역으로 이동 가능하다. 세비야에서 마드리드까지 항공편이 있기는 하지만 공항까지 가는 시간과 비행시간을 포함하면 기차를 이용하는 것과 비슷한데, 항공편은 저렴한 편이 아니므로 기차여행을 권한다. 그러나 마드리드 공항에서 바로 연결편을 이용해 다른 국가로 출국하는 경우에는 편리할 수 있다. 세비야 여행을 끝낸 후 스페인 국내를 비롯해 다른 유럽 도시로 이동하여 여행을 계속하는 일정을 잡는 것도 좋다.

렌페

▶ 바르셀로나 – 세비야 : 소요시간 5시간 30분~6시간 30분, 요금 €35~200
▶ 바르셀로나 – 그라나다 : 소요시간 4시간 30분, 요금 €27~90

공항에서 쓰이는 용어

Aeropuerto	아에로푸에르토	공항	Salida	살리다		출발, 출구
Conexión	코넥시온	연결편	Control de Pasaporte			
Destino	데스티노	목적지		콘트롤 데 파사포르테		출입국 심사
Pasaporte	파사포르테	여권	Aduana	아두아나		세관
Puerta	푸에르타	탑승구	Billetes de Avión	비예테 데 아비온		비행기표
llegada	예가다	도착	Vuelo	부엘로		항공

세비야에서 스페인 국내로 이동할 때

※괄호 안 영문은 공항을 나타내는 IATA 도시 코드이다. Ex) BCN=바르셀로나 엘 프랏

공항	항공사
알메리아 Almeria(LEI)	Air Europa, Swiftair(하루 2편 정도)
바르셀로나 Barcelona	Vueling, Iberia, Ryanair(하루 7편 정도)
빌바오 Bilbao(BIO)	Vueling, Iberia(하루 1편)
라스 팔마스 Las Palmas(LPA)	Vueling, Iberia(하루 1편)
마드리드 Madrid(MAD)	Iberia, British Airways, American Airlines(하루 3편 정도)
팔마 마요르카 Palma Mallorca(PMI)	Air Berlin(하루 1편 정도)
발렌시아 Valencia(VLC)	Iberia(하루 3편 정도)

세비야에서 유럽의 다른 도시들로 이동할 때

공항	항공사
제네바 Geneva(GVA)	Easyjet(하루 1편 정도)
리스본 Lisbon(LIS)	Portugalia Airlines, TAP Portugal, US Airways, Emirates (하루 3편 정도)
밀라노 베르가모 Milano(BGY) Bergamo	Ryanair(하루 1편 정도)
파리 오를리 Paris(ORY)	Vueling, Iberia(하루 2편 정도)
뚤루즈 Toulouse(TLS)	Air France, Iberia(하루 2편 정도)

팔마 Palma vs. 라스 팔마스 Las Palmas

팔마는 마요르카 Mallorca 섬에 있는 도시인데 보통 Palma de Mallorca라고 부른다. 라스 팔마스 Las Palmas는 카나리아 제도에서 가장 큰 도시인 '라스 팔마스 데 그란 카나리아 Las Palmas de Gran Canaria'를 줄여서 부르는 말이다. 비슷한 이름 때문에 헷갈리는 경우가 있으니 주의하기 바란다.

내가 좋아하는 것들

'내가 가장 좋아하는 것들'

크림색의 조랑말과 바삭한 슈트루델
하얀 드레스에 파란색의 새틴 띠를 두른 소녀들
이것들은 내가 가장 좋아하는 몇 가지이지

– 뮤지컬 〈사운드 오브 뮤직〉(1959) 중 –

아이들과 사랑에 빠진 여선생 마리아가 좋아하는 것들과 안달루시아와 사랑에 빠진 내가 가장 좋아하는 것들에는 커다란 차이가 있다. 바삭한 슈트루델 대신 초콜라테 Chocolate에 찍어 먹는 추로스Churros, 폴카 도트 패턴의 드레스에 만톤을 두른 소녀들을 기억하면 기분이 나쁠 수가 없다. 지금은 스위스, 벨기에 등의 초콜릿을 더욱 알아주는데, 초콜라테라고 부르는 이 음료의 오리지널은 스페인이다. 16세기 콜럼버스 선장이 남미로부터 가져온 것이 세비야로 전해진 후 프랑스와 유럽 전역으로 퍼진 것이다. 다양한 색상의 폴카 도트 패턴 드레스는 플라멩코 무용수들이 입는 의상으로, 봄에 열리는 페리아Feria에서는 일반 사람들도 입는 우리나라의 한복과 같은 전통 의상이다. 드레스를 입고 어깨에 두르는 만톤의 종류도 색상이나 사이즈에 따라 무척 다양한데, 페리아가 다가오기 전부터 사람들은 열심히 쇼핑을 한다. 안달루시아 어느 도시에서나 쉽게 찾아볼 수 있지만, 코르도바나 세비야에 좀 더 다양한 제품들이 있다.

1. 코르도바 모자 Sombrero cordobés

솜브레로 코르도베스 Sombrero cordobés 라고 부르는 이 모자는 안토니오 반데라스가 연기했던 조로 Zorro 가 가면과 함께 쓰는 검은 모자다. 코르도바에서 유래하여 코르도바 모자라고 부르는 것인데, 플라멩코 가수들이 즐겨 쓰기도 하여 '플라멩코 모자'라고도 불린다. 19세기 코르도바 태생의 화가 훌리오 로메로 데 토레스의 작품에는 코르도바 모자를 쓴 모델들이 자주 등장하며, 세비야에는 120여 년 전통의 모자를 만드는 상점 마케다노 Maquedano 가 있다.

2. 메스키타 거울 Espejo de la Mezquita

여러 차례 방문해도 언제나 아쉬운 코르도바의 메스키타를 매일 볼 수 있는 방법이 있다. 코르도바의 대표적인 기념품 가운데 하나인 거울은 메스키타 외벽의 모습과 꼭 닮았는데, 뒤에 후크가 있어 벽에 걸어서 장식품으로 사용할 수 있다.

3. 마우스 패드 Mouse Pad

세비야가 낳은 바로크 시대 최고의 화가 벨라스케스의 그림 〈시녀들〉(1656)이 그려진 마우스 패드는 스페인 여행을 다녀온 후에도 매일 기억할 수 있는 아이템 가운데 가장 추천할 만하다. 가볍고 부피를 거의 차지하지 않기 때문에 선물용으로도 그만인데, 마드리드의 프라도 국립미술관 안에 위치한 매장 또는 미술관의 온라인 사이트에서 구매할 수 있다.

프라도 국립미술관 Museo Nacional del Prado
주소 Calle Ruiz de Alarcón, 13, 28014 Madrid 전화번호 +34 914 29 84 51 웹사이트 www.tiendaprado.com

4. 엽서 Post card

어느 관광지에서나 가장 흔하게 보이는 것이 엽서이다. 너무나 다양하고 흔하기 때문에 현지에서 쇼핑할 때는 특별하다는 생각이 들지 않지만, 나중에 돌아와서 보면 한 장 한 장이 소중하다. 안달루시아를 상징하는 투우 경기, 플라멩코 등의 이미지를 엽서로 만든 것이 많은데, 그라나다의 고메스 비탈길과 코르도바의 메스키타 주변에서 찾아볼 수 있다. 가격은 대부분 €1 미만으로 기념품 가운데는 가장 저렴하다.

5. 부채 Abanico

숨이 가쁠 만큼 무더운 여름에는 부채라도 가지고 다니는 것이 좋다. 단순히 더위를 식히는 용도가 아니라 화려한 장식과 그림이 그려진 부채들은 패션 아이템으로도 쓰일 수 있다. 스페인어로 부채를 아바니코Abanico라고 부르며, 만톤과 같이 디자인에 따라 가격이 다양하다. 세비야의 시에르페스 거리Calle Sierpes를 따라 여러 상점이 있는데, 고급 앤티크 제품을 찾고 싶다면 알바레스 킨테로 거리Calle Álvarez Quintero의 앤티크 상점에 가보자.

6. 세비야 오렌지 마멀레이드 Mermelada

〈죽기 전에 꼭 먹어야 할 세계 음식 재료 1001〉 가운데 하나로 소개된 세비야 오렌지 마멀레이드는 이웃나라 영국인들이 더 즐겨 먹는다. '세비야 오렌지 마멀레이드'는 세비야에서 나는 오렌지로 만든 제품에만 붙일 수 있다. 세비야 근교의 작은 도시 모론 데 라 후론테라Morón de la Frontera의 '라 비에하 파브리카La Vieja Fabrica' 사에서 1834년부터 만들기 시작한 마멀레이드는 영국의 고급 식품 유통조합이 주최하는 국제 식품 콘테스트인 '그레이트 테이스트 어워드'에서 2011년 우수한 제품으로 선정되어 그 맛을 인정받았다.

오렌지 마멀레이드 이외에도 레몬, 복숭아 마멀레이드 등이 있는데, 가공하지 않은 천연과일로 만들어 맛이 좋다. 백화점 엘 코르테 잉글레스와 대부분의 마트에서 구입할 수 있으며, 가격은 사이즈에 따라 €1.5~2.6 사이로 저렴한 편이다.

라 비에하 파브리카 www.laviejafabrica.com

7. 이네스 로살레스 비스킷 Las Tortas de Inés Rosales

세비야 지방에서 즐겨 먹는 과자 '토르타 데 아세테 Torta de Aceite'는 엑스트라 버진 올리브유를 사용해 만든 둥글고 납작한 비스킷이다. 밀가루 반죽을 구운 후 아몬드, 참깨, 파슬리과의 일종인 아니스, 설탕을 첨가한 것인데, 파삭파삭하고 가벼운 맛이라 언제 먹어도 질리지 않는다. '이네스 로살레스 Inés Rosales'의 토르타 데 아세테는 세비야 근처의 카르티예하 데 라 쿠에스타 Castilleja de la Cuesta에서 만들어지는데, 1910년부터 만들기 시작하여 100년의 역사를 자랑한다. 작은 규모로 시작하여 기차역과 같은 곳에서 판매하던 것이 점차 큰 인기를 얻어 지금은 대규모의 공정이 도입되었는데, 기계로 만드는 것이 아니라 전부 손으로 만들어진다.

이네스 로살레스 **Tienda Inés Rosales**

주소 Plaza de San Francisco 15, 41004 Sevilla   전화번호 +34 954 756 427   웹사이트 www.inesrosales.com

8. 신발 Zapatos

최근 삼베를 엮어 만드는 카스타네르 Castañer의 웨지힐과 에스파드리유는 전 세계적으로 대유행이다. 면과 삼베와 같은 천연소재로만 만들어 발이 편안한데, 울퉁불퉁한 길이 많은 유럽을 걸어 다닐 때 유용하다. 이와 더불어 메노르카 섬의 장인 하이메 마스카로 Jaime Mascaró가 신발을 만들기 시작하여 100년 전통을 자랑하는 프리티 발레리아나스 Pretty Ballerinas의 플랫슈즈는 할리우드 스타들이 즐겨 신는 핫 아이템이다. 한 번 신어 보면 다른 신발은 생각나지 않을 만큼 발에 잘 맞고 편하며 색상이나 디자인이 다양하다. 가격대는 €120~200 정도로, 백화점 여름 세일 기간을 활용하면 저렴한 가격에 구입할 수 있다.

카스타네르 www.castaner.com
프리티 발레리나스 www.prettyballerinas.com

9. 타라세아 Taracea

무슬림인들이 그라나다로 전해 온 나무를 깎아 만든 수공예품을 타라세아 Taracea 라고 한다. 이슬람을 상징하는 기하학 무늬로 상아나 진주 같은 재료를 사용해 상감처리를 한 것으로, 액세서리를 담는 작은 상자, 주사위, 체스와 같은 작은 공예품부터 테이블, 책상 등과 같은 가구까지 장인의 손을 거쳐 탄생한다. 체스게임과 체스판이 그려져 있는 테이블이 많이 보이는데, 체스는 아랍인들에 의해 유럽으로 전해진 것이다. 그라나다의 고메레스 비탈길 Cuesta de Gomérez 과 알함브라 궁전 안에 오래된 공방들이 있다.

10. 카르투하 도자기 La Cartuja de Sevilla

세비야의 수호성녀인 산타 후스타와 산타 루피나가 살던 3세기경부터 세비야의 트리아나 지역은 도자기를 생산하는 지역으로 알려져 있다. 1840년 영국인 사업가 픽만 Pickman 이 세비야의 카르투하 수도원을 매입하여 도자기를 만들기 시작했는데, 170여년 전통의 라 카르투하 데 세비야 La Cartuja de Sevilla 도자기는 스페인 왕실에도 납품을 해왔다. 20세기 최고의 초현실주의 화가인 살바도르 달리 Salvador Dalí 도 즐겨 사용했던 이 도자기는 패턴이 심플해서 싫증이 나지 않아 매일 즐겨 사용할 수 있다.

엘 코르테 잉글레스 막달레나 광장점 El Corte Inglés Plaza de la Magdalena

주소 Plaza de la Magdalena, 1, Sevilla 41001　**전화번호** +34 954 597 010　**영업시간** 월요일~토요일 10:00~22:00

인테리어 소품, 가구, 침구, 식기 등의 제품을 판매하는 매장은 막달레나 광장에 위치한 엘 코르테 잉글레스 백화점에 위치하고 있다.

THEME
TRAVEL
IN
ANDALUSIA

안달루시아 테마 여행

안달루시아 하이라이트 Best 3

1. 코르도바 대사원 MEZQUITA-CATEDRAL DE CORDOBA (코르도바)
2. 알함브라 궁전 ALHAMBRA (그라나다)
3. 세비야 대성당 CATEDRAL DE SEVILLA (세비야)

유럽 여행을 계획하는 이들에게 스페인은 매력적인 관광지임에 틀림없다. 야자수와 오렌지 나무가 가득한 안달루시아는 아랍인들의 발자취가 짙게 남아 있으며 스페인의 여러 지방 가운데서도 이국적인 매력이 있는 곳이다.

8세기에서부터 15세기 말까지 이베리아 반도를 지배했던 아랍인들의 왕국인 알-안달루스 Al-Andalus 역사의 시작은 코르도바에서 출발한다. 무슬림들의 성전이었던 코르도바의 메스키타는 이베리아 반도에서 가장 먼저 세워진 사원으로, 무슬림의 건축양식과 가톨릭인들의 대성당이 함께 자리하고 있는 독특한 광경을 자랑한다. 무어인들의 마지막 왕국이었던 그라나다의 알함브라 궁전은 스페인 최고의 건축물로 관광객이 가장 많이 방문하는 곳이며, 건축학도라면 반드시 봐야 할 세계유산이다. 세계 3대 성당인 세비야 대성당은 과거 스페인 황금세기의 발자취로 카스티야 왕국 번영의 주인공이었던 크리스토퍼 콜럼버스가 잠들어 있다.

카르멘을
따라서

1. 로마 다리 Puente de Romano(코르도바)
2. 왕립담배공장 Real Fábrica De Tabacos(세비야)
3. 물의 길 Callejón del Agua(세비야)
4. 코레데라 광장 Plaza de la Corredera(코르도바)
5. 플라사 데 토로스 Plaza de Toros(세비야)

왼쪽-로마 다리. 오른쪽-옛 왕립담배공장

우리에게는 오페라 작품으로 더욱 사랑받는 〈카르멘〉은 안달루시아의 문화에 심취하였던 프랑스의 소설가 메리메 Mérimée(1803~1870)의 작품이다. 그는 코르도바를 방문했을 당시 로마 다리 Puente Romano •에서 만난 한 집시 여인에게서 영감을 받아 소설을 쓰게 되었는데, 이 다리에서 바라보는 다리의 문과 대사원의 야경이 무척 아름답다. 오페라 작품의 이야기는 카르멘이 일하던 세비야의 옛 왕립담배공장에서 시작하는데, 지금은 세비야 대학교로 사용되고 있다. 돈 호세를 유혹하는 카르멘이 지나다니

왼쪽-물의 골목길. 오른쪽-코레데라 광장

던 좁은 길은 물의 길이라고 불리며, 유대인들이 거주하던 산타 크루스 지역에 위치하고 있다. 소설에서 카르멘이 비극적인 결말을 맞는 장소의 배경은 코르도바의 코레데라 광장이다. 마드리드의 마요르 광장Plaza Mayor을 닮은 이 광장은 안달루시아에서는 유일하게 사각의 형태를 하고 있다. 세비야 강변의 크리스토발 콜론 산책로Paseo de Cristóbal Colón에 위치한 플라사 데 토로스 투우장은 오페라 작품 속에서 카르멘이 돈 호세의 칼에 찔려 숨을 거두는 곳으로, 론다의 투우장과 함께 스페인에서 가장 오래된 투우장으로 손꼽힌다.

플라사 데 토로스 투우장

　● 코르도바 대사원의 남쪽으로 다리의 문Puerta del Puente을 지나면 로마 다리인데, 로마인들이 세운 다리라고 하여 이와 같은 이름으로 불린다. 로마인들은 코르도바와 안달루시아 남부의 카디스, 그리고 멀리는 로마까지 이어지는 도로를 건설하였다.

플라멩코 마니아에게 추천하는 여행

'히타노스Gitanos'라고 부르는 인도에서 온 집시들이 전해 온 전통예술인 플라멩코 Flamenco는 투우와 함께 스페인을 상징하는 문화이다. 안달루시아에 정착한 집시들이 입에서 입으로 전해온 노래인 '칸테Cante'를 기반으로 한 플라멩코에 점차 팔마스Palmas, 기타Toque, 그리고 무용Flamenco baile이 더해져 현재의 모습에 이르게 되었다. 이렇게 4개의 요소가 갖추어져 팀을 이루는 플라멩코 그룹을 사각형을 의미하는 쿠아드로Cuadro 라고 부르는데, '플라멩코 삼각지대'를 중심으로 발전하였다. 세비야, 카디스, 헤레스 지방에서 발전한 플라멩코는 집시들의 애환과 고충을 달래기 위한 노래와 춤이 결합하여 '후에르가Juerga(축제)'를 즐기는 것으로 출발하였는데, 지금은 타블라오Tablao, 페냐Peña, 극장Teatro 등의 다양한 무대를 통해 펼쳐진다. 무어인들의 전통 무용에서 발전한 삼브라Zambra는 그라나다 지방에서 전해오는 춤으로, 플라멩코 삼각지대와는 별도로 지금도 사크로몬테의 동굴 안에서 볼 수 있다. 플라멩코 공연을 목적으로 여행을

하고 싶은 이들에게는 세비야, 헤레스 등지에서 열리는 플라멩코 페스티벌을 즐기기
를 추천한다.

플라멩코 페스티벌 FLAMENCO FESTIVAL

매년 2~3월 헤레스 페스티벌Festival de Jerez에서는 다양한 플라멩코 공연과 워크숍이 개최된다. 6월 마지막 토요일 우
트레라Utrera에서는 포타헤 히타노Potaje Gitano라는 플라멩코 행사가 열리며, 7월에
는 다양한 장르의 기타리스트의 공연이 올려지는 코르도바 기타 페스티벌Festival
de la Guitarra de Córdoba이 열린다. 2년마다 짝수 해에 열리는 세비야 플라멩코 비엔
날레La Bienal de Flamenco de Sevilla는 9~10월 사이에 한 달 정도 계속된다. 스페인
을 대표하는 플라멩코 아티스트들이 총집합하는 이 페스티벌 기간에는 작은 바에
서부터 극장 무대까지 도시 전역의 다채로운 장소에서 플라멩코를 만날 수 있다.

플라멩코 공연은 처음인 이들에게

타블라오 로스 가요스 TABLAO LOS GALLOS (세비야)

__주소__ Plaza de Santa Cruz, 11, 41004 __전화__ +34 954 21 69 81 __웹사이트__ www.tablaolosgallos.com __관람료__ 성인 €35, 어린이
€20 __공연시간__ 20:15~22:00, 22:30~00:15

좌석에 앉아 편안하게 식사나 음료를 즐기면서 플라멩코 공연을 관람할 수 있는 타블
라오Tablao는 대부분 외국인 관광객을 상대로 하는 공연장이다. 현지의 플라멩코를 즐
기는 사람들이 찾는 곳은 아니지만 플라멩코를 처음으로 접하는 이들에게는 추천한
다. 타블라오에서는 무용수들이 정해진 프로그램을 반복하기 때문에 아무래도 틀에
박힌 안무를 선보일 수밖에 없지만, 매일 또는 정기적으로 공연이 있기 때문에 언제라

도 공연을 관람할 수가 있다. 세비야에서 가장 오래된 플라멩코 타블라오인 로스 가요스^{Los Gallos}는 문을 연 지 50년이 다 되어 가는 세비야의 플라멩코 명소이다. 부채를 들고 인어의 뒷모습과 같이 긴 '바타 데 콜라^{Bata de cola}'를 입고 추는 춤인 구아히라스^{Guajiras}는 여성미를 강조하는 춤으로 부드럽고 아름답다. 관광객을 상대로 하는 타블라오에서 자주 볼 수 있는 레퍼토리는 아니기 때문에 한 번쯤 방문해 보는 것도 좋다.

진정한 플라멩코 마니아들은 이곳에서

니뇨 데 라 알팔파 NIÑO DE LA ALFALFA (세비야)

주소 Calle Castellar 52, 41003 Sevilla 공연시간 금요일, 토요일 10시부터

세비야 현지의 진짜 플라멩코 마니아들은 '페냐 플라멩카^{Peña Flamenca}'라고 하는 공연장에서 플라멩코를 즐긴다. 전통을 이어가는 젊은 아티스트들의 공연이 올려지는 곳으로, 상업적인 공연장인 타블라오와는 달리 정기적으로 또는 자주 플라멩코 공연을 즐기는 현지인들이 즐겨 찾는다. 규모가 작은 공연장이지만 공연을 선보이는 아티스트나 관객 모두에게서 진지함을 느낄 수 있다. 공연은 금요일과 토요일 10시경에 있는데, 보통 공연시간 30분 전에는 도착을 해야 좌석에 앉을 수 있다.

플라멩코 아티스트들이 애프터 파티를 즐기는 곳

살라 트로니오 SALA TRONIO (세비야)

주소 Calle Pureza 1-3, Sevilla 41010 전화번호 +34 654 610 101

이곳은 항상 무대에만 서는 아티스트들 또는 살라 트로니오를 운영하는 아티스트의 지인들을 중심으로 파티를 갖는 곳이다. 트리아나를 지나가는 스페인의 모델, 배우, 방송인과 같은 스타들이 찾는 곳으로, 예술인과 세비야의 사교인사들이 자주

눈에 띈다. 스페인을 대표하는 무용수인 마누엘라 카라스코^{Manuela Carrasco}와 마에스트로 호아킨 아마도르^{Joaquín Amador}의 가족이 모여 노래를 하는 이 라운지에서는 전통적인 플라멩코 춤이 아닌 플라멩코 가수가 부르는 스페인 노래를 들을 수 있다. 현지인들이 추는 세비야나스^{Sevillanas} 춤을 구경하고 싶다면 이곳을 들러보기를 추천한다.

그라나다 집시들의 춤 '삼브라'를 보고 싶다면

마리아 라 카나스테라의 동굴 CUEVA MARIA LA CANASTERA (그라나다)

주소 Camino de Sacromonte, 89, Granada 18010　**전화번호** +34 958 12 11 83　**웹사이트** www.marialacanastera.com　**공연시간** 매일 22:00　**입장료** €22(음료 포함)

스페인에서 많은 시간을 보냈던 소설가 헤밍웨이를 비롯해 스페인을 방문하는 세계적인 유명 인사들이 빠지지 않고 방문했던 이 동굴에서는 지금도 플라멩코 공연이 펼쳐진다. 바로 그라나다의 사크로몬테에 남아 있는 마리아 라 카나스테라^{Maria La Canastera}의 동굴인데, 카나스테라^{Canastera}는 나무로 짠 바구니를 만드는 사람을 뜻하는 말로, 바구니를 만드는 장인이었던 그녀의 아버지에게서 비롯되어 '바구니를 만드는 여인'

왼쪽-마리아 라 카나스테라의 동굴
오른쪽-조지 애펄리의 삼브라(1930)

이라는 별칭으로 불리게 되었다. 무어인들로부터 사크로몬테의 집시들에게 전해진 춤인 삼브라^{Zambra}•를 추는 전설적인 무용수 마리아 라 카나스테라는 1966년 사망하기까지 이 동굴에 살며 집시들의 춤을 많은 이들에게 보여주었다. 현재는 엘 카나스테로^{El Canastero}라고 불리는 그녀의 아들 엔리케가 동굴을 지키며 공연장을 운영하고 있다. 플라멩코 공연을 즐기며 집시들이 살던 동굴의 모습을 볼 수 있는 장소이다.

플라멩코 공연 감상 포인트

알 수 없는 미스터리한 분위기로 청중들을 사로잡는 예술인 플라멩코를 감상하기 위해서는 '두엔데^{Duende}'라는 개념에 대한 이해가 필요하다. 간단하게 설명하면 '말로 설명하기 어려운 예술적인 황홀경을 체험하는 것'을 의미하는데, 아티스트의

수준이나 특정한 춤의 기교와는 무관하게 느낄 수 있는 개념으로 설명된다. 플라멩코의 수식어로 항상 따라다니는 '즉흥성'에 대해 청중들이 오해를 하는 부분이 많아 플라멩코라는 예술을 감상하는 데에 있어 난해함을 느끼기도 한다. 많은 사람들이 무용수와 기타리스트가 기분에 따라 즉흥적으로 춤을 추고 연주를 하는 형식이 없는 예술이라고 알고 있지만, 이는 사실과는 큰 차이가 있다. 우리 민요에서 창부타령을 어느 누가 부른다고 해도 굿거리 장단에 맞추어 부르듯이 플라멩코에는 국악에서 장단의 개념인 '팔로스^{Palos}'에 의해 진행된다. 불레리아스^{Bulerías}, 알레그리아스^{Alegrías}, 솔레아^{Soleá}, 탕고스^{Tangos} 등으로 분류되는 각 팔로스마다 고유의 리듬과 박자를 지니고

• 삼브라 모라 Zambra Mora

사크로몬테의 집시들에서 기원한 전통가무인 삼브라 모라는 무어인들의 무용에서 유래했다고 전해진다. 아랍어로 삼브라는 '파티'를 뜻하는데, 주로 집시들의 결혼식이나 행사에서 추는 4박자의 전통무용이다.

있다. 각 노래마다 동일한 박자와 멜로디로 진행되기 때문에 노래에 맞추어 춤을 추고 기타를 연주할 수 있는 것인데, 가사만은 가수에 따라 바꾸어 부를 수가 있다.

언젠가 한 여행자의 그라나다의 동굴에서 접했던 공연에 대한 후기를 읽은 적이 있는데, 어딘가 어설퍼서 실망을 했다는 이야기가 있었다. 아티스트마다 차이가 있겠지만, 플라멩코라는 것이 짜인 안무를 바탕으로 펼치는 예술이라기보다 생활의 일부이기 때문에 그날의 기분에 따라 차이가 있다는 점을 이해하는 것이 중요하다. 무대에 설 정도의 무용수가 머뭇거리거나 가수가 긴 반주 후에 노래를 시작하는 것은 실력이 없다기보다는 산만한 분위기에서 집중을 하려는 시도라는 것이라고 생각하면 무리가 없겠다.

Q. "올레¡olé!"는 언제 하나요?

A. 플라멩코 공연을 보며 관객들이 지르는 "올레¡olé!"와 같은 간투사를 할레오Haleo라고 하는데, 우리나라 판소리나 민요 공연에서 넣는 '얼씨구', '잘 헌다'와 같은 추임새의 역할이라고 생각하면 된다. 플라멩코에 대한 이해가 없는 경우에는 무용수가 동작을 멈췄을 때와 공연을 마쳤을 때 올레! 하고 소리를 지르고 박수를 치면 된다. 무용수나 연주자의 흥을 돋우는 할레오와 더불어 팔메로Palmero가 박수를 치는 것을 팔마스Palmas라고 하는데, 단순해 보이지만 팔마스의 소리와 박자에도 테크닉이 필요하며 이는 '악기'의 개념이다.

Q. 사파테아도Zapateado라는 것이 무엇인가요?

A. 무용수는 신발의 굽 '타콘Tacón'으로 무대 바닥을 쳐서 소리를 내는데, 이를 사파테아도라고 부른다. '신발'을 뜻하는 '사파토Zapato'에서 유래한 사파테아도는 곡의 중간에 잠시 기타와 노래의 반주가 멈추는 시점에서 무용수가 구두의 발끝을 이용해 천천히 짧게 마룻바닥을 차는 동작으로 시작하여 점점 속도가 빨라진다. 사파테아도는 무용수 자신의 기량을 유감없이 발휘할 수 있는 공연의 하이라이트이다.

Q. 칸테Cante란 무엇인가요?

A. 플라멩코 노래는 칸테라고 하며, 칸테를 부르는 가수를 칸타오르Cantaor(여성형은 칸타오라Cantaora)라고 부른다. 춤은 바일레Baile, 남자 무용수는 바일라오르Bailaor, 그리고 여자는 바일라오라Bailaora라고 부른다. 토케Toque는 기타 연주를 뜻한다.

타파스
즐기기

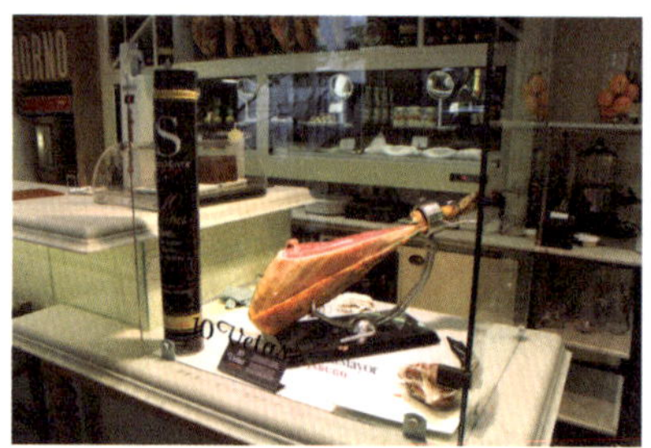

타파스는 메뉴라는 개념보다는 음식 문화라고 말할 수 있는데, 점심과 저녁 식사 사이에 간단하게 와인이나 맥주를 마실 때 먹는 안주나 간식 정도의 개념이다. 그렇지만 요즘은 바쁘기 때문에 간단한 타파스로 식사를 대신하는 사람들이 대부분으로, 점심 식사는 오후 2시~4시, 저녁 식사는 밤 9시~11시 사이에 한다. 타파스는 '뚜껑을 덮다'라는 뜻의 'Tapar'에서 비롯되었는데, 달콤한 쉐리 와인이 담긴 잔에 날파리가 들어가는 것을 방지하기 위해 한 입씩 마시고 뚜껑을 덮어 두던 것에서 유래되었다고 한다.

안달루시아의 타파스는 지중해식 식단을 기본으로 올리브유를 사용하는 것이 특징인데, 재료도 신선하기 때문에 건강에도 좋다. 곡물, 야채, 과일, 생선, 마른 과일 및 견과류, 그리고 육류를 주재료로 한 튀긴 생선Pescaíto frito, 하몬Jamón 등이 쉽게 먹을 수 있는 음식이다. 타파스와 함께 안달루시아 사람들이 즐기는 술로는 세익스피어가 즐겨 마시던 헤레스Jerez의 명물인 쉐리 와인, 크루스 캄포Cruz Campo 맥주 등이 있다.

TAPAS BEST 9

1. Salmorejo(살모레호) 차가운 토마토 수프

2. Calamares Fritos(칼라마레스 프리토스) 오징어 튀김

3. Solomillo Al Whisky(솔로미요 알 위스키) 위스키로 만든 소스가 얹어진 안심살 요리

4. Tortilla De Patatas(토르티야 데 파타타스) 감자 오믈렛

5. Cola de Toro(콜라 데 토로) 소꼬리

6. Albóndigas(알본디가스) 미트볼 요리

7. Ensaladilla Rusa(엔살라디야 루사) 마요네즈를 사용한 감자 샐러드

8. Espinacas(에스피나카스) 삶은 시금치

9. Arroz Negro(아로스 네그로) 오징어 먹물로 만든 리소토

안달루시아의
잇 플레이스
Best 3

신대륙과 카스티야 왕국 간의 무역의 중심지였던 세비야는 15세기부터 황금시대를 맞이하며 경제, 문화의 중심지가 되었다. 콜럼버스와 같은 항해사를 비롯해 스페인을 대표하는 소설가 미겔 데 세르반테스Miguel de Cervantes(1547~1616)와 같은 인물들도 세비야를 다녀갔다. 이국적인 도시로의 여행을 즐겼던 영국의 시인 바이런Byron(1788~1824), 〈알함브라 이야기〉를 남긴 미국의 수필가 워싱턴 어빙Washington Irving(1783~1859), 오페라 〈카르멘〉의 원작소설을 쓴 메리메Mérimée(1803~1870)와 같은 문학가들도 모여들어 안달루시아의 문화와 사람들을 소재로 한 작품을 남겼다. 아랍인들의 건축 양식에서 영향을 받은 건축물로 이국적인 분위기를 풍기는 세비야는 다양한 영화의 배경이 되며, 여러 세기에 걸쳐 할리우드 스타들이 방문하기도 하였다. 과거 스페인은 물론 유럽의 '잇 플레이스'로 통하던 세비야를 비롯한 그라나다, 코르도바에는 역사 속의 인물들이 드나들던 장소들이 아직도 남아 있다.

할리우드 스타들이 찾는 세비야의 호텔

알폰소 13세 호텔 HOTEL ALFONSO XIII (세비야)

주소 Calle San Fernando 2, 41004 Sevilla 전화번호 +34 954 91 70 00 웹사이트 www.hotel-alfonsoxiii-seville.com

미국의 39대 대통령 지미 카터, 재클린 케네디 오나시스, 다이애나 비 등과 같은 각국의 귀빈들을 비롯해 그레이스 켈리, 소피아 로렌, 브리짓 바르도와 같은 세계적인 스타들이 거쳐간 알폰소 13세 호텔은 세비야의 랜드마크이다. 독특한 무데하르 양식의 이 건물은 스페인 광장과 더불어 1929년 이베로 아메리카 박람회에 초대된 귀빈을 영접하기 위하여 세운 호텔인데, 1929년 이사벨 왕녀Infanta Isabel의 결혼식을 기념하여 개관하였다. 피터 오툴이 주인공 로렌스 역을 맡은 영화 〈아라비아의 로렌스 Lawrence of Arabia〉(1962)가 스페인 광장을 비롯해 아랍풍의 타일

들로 장식된 호텔 내부를 배경으로 하였으며, 영화에 함께 출연했던 안소니 퀸과 오마 샤리프도 이 호텔에서 3개월이나 시간을 보냈다. 최근에는 영화 촬영을 하러 왔던 카메론 디아즈와 톰 크루즈가 투숙했던 세비야를 상징하는 최고급 호텔이다.

라스 에스코바스 LAS ESCOBAS (세비야)

주소 Calle Álvarez Quintero, 62, 41004 Sevilla 전화번호 +34 954 21 94 08 웹사이트 www.lasescobas.com 영업시간 11:00~00:00

콜럼버스, 세르반테스, 무리요, 바이런 등과 같은 역사 속의 인물들이 다녀간 이 레스토랑은 세비야에서 가장 오래된 레스토랑이다. 라스 에스코바스Las Escobas라는 간판의 글씨 옆에 레스토랑이 오픈한 연도를 알리는 '1386년'이라는 글씨가 쓰여 있다. 안달루시아의 전통 음식을 다양하게 맛볼 수 있는 이 레스토랑의 별미는 양상추, 토마토, 양파에 참치를 곁들인 세비야식 샐러드Ensalada Sevillana이다. 카디스 지방에서 유래한 새우 토르티야Tortillita de camarones를 비롯해 가스파초Gazpacho, 살모레호Salmorejo, 병아리콩을 넣은 시금치 요리Espinacas con garbanzos와 같은 안달루시아의 전통 요리를 제공하고 있다.

세르반테스가 살던 곳

포트로 광장 PLAZA DEL POTRO (코르도바)

유럽 근대 소설 가운데 최고의 작품으로 평가받는 미겔 데 세르반테스^{Miguel de Cervantes}(1547~1616)의 소설 〈라 만차의 기발한 기사 돈 키호테〉(1605)에 등장하는 광장이다. 강을 등지고 광장으로 향하는 길에 보이는 높은 탑은 메스키타 남쪽에 있는 것과 같은 코르도바 수호성인 미카엘 대천사 탑이다. 광장 한가운데에 망아지가 서 있는 분수대는 후엔테 델 포트로^{Fuente del Potro}라고 부르는데, 포트로^{Potro}는 수컷 망아지를 뜻한다. 이 분수대는 세르반테스가 생존하고 있을 때인 1577년에 세워진 것으로 광장의 이름은 이 분수대에서 비롯되었다. 세르반테스의 소설에 등장하는 여인숙은 광장의 10번지 포사다 델 포트로^{Posada del Potro}를 배경으로 한다. 지금은 포스포리토 플라멩코 센터^{Centro Flamenco Fosforito}로 사용되고 있는데, 내부에는 15세기 코랄 데 베시노스^{Corral de vecinos}의 모습이 그대로 남아 있다. 코랄 데 베시노스는 가운데 안뜰이 있고 이를 둘러싸고 집들이 모여 있는 타운하우스 같은 개념으로, 일반 서민들이 살던 안달루시아의 주택들은 이런 방식으로 지어진 경우가 많다.

〈꽃보다 할배〉
를 따라서

알함브라 LA ALHAMBRA

최근 한 방송사에서 방영된 프로그램 〈꽃보다 할배〉 스페인 편에서 출연진들이 바르셀로나에 이어 두 번째로 방문한 곳은 알함브라 궁전의 도시 그라나다Granada이다. '석류'라는 뜻을 가진 도시 그라나다는 애절한 기타의 트레몰로로 연주하는 〈알함브라 궁전의 추억〉(1896)이라는 음악으로 우리에게 더욱 잘 알려져 있다. '붉은 궁전'이라는 의미를 지닌 알함브라는 무슬림들의 마지막 왕국으로, 스페인에 있는 무슬림 건축물 가운데 최고의 화려함을 자랑한다. 19세기 안달루시아를 여행하며 느낀 감상들을 적은 〈알함브라 이야기〉라는 작품을 남긴 미국의 수필가 워싱턴 어빙은 직접 궁전 안에서 살기도 했다.

SPOT 1 산타 마리아 성당 IGLESIA DE SANTA MARÍA

제작진이 궁전의 티켓 이야기를 꺼내는 장면에 비춰지는 곳은 궁전의 입구에 있는 산타 마리아 성당Iglesia De Santa María이다. 티켓을 미리 예매한 경우에는 정문 티켓 오피스

에 들를 필요 없이 레알 거리^{Calle Real}를 통해 궁전 안으로 들어갈 수가 있다. 원래 이 자리에는 무하마드 3세 재위 기간인 14세기 초에 세워진 무슬림 왕조의 모스크가 있었는데, 가톨릭 여왕의 명에 따라 16세기 가톨릭 성당이 들어서게 되었다. 안달루시아 여행을 하다 보면 성당을 많이 보게 되는데, 제단의 십자가를 비롯한 성 우르술라와 성 수산나의 조각상은 그라나다의 뛰어난 조각가 알론소 데 메나^{Alonso de Mena}의 작품으로 그 가치가 크다고 할 수 있다. 성당 옆으로는 크고 화려한 궁전이 하나 보인다.

시내에서 택시를 이용하여 궁전의 레알 거리에 있는 입구로 이동할 경우, 택시를 이용하면 카를로스 5세 궁전 바로 앞에서 내릴 수 있다. 택시기사에게 "카예 레알 데 라 알함브라, 포르 파보르^{Calle Real de la Alhambra, por favor}"라고 얘기하면 이곳에 내리게 된다. 몸이 불편하거나 노약자, 어린이를 동반하는 경우 편리하며, 요금은 거리에 따라 €10~20 사이이다.

무슬림들의 궁전이라고 들었는데 어딘가 이탈리아의 냄새가 나는 이 궁전은 16세기 르네상스 양식의 궁전이다. 카를로스 5세의 궁은 이름에서와 같이 신성 로마 제국의 카를로스 5세Carlos V●(1500~1558)가 포르투갈의 왕녀 이사벨Isabel de Portugal(1503~1539)과의 혼인을 기념하기 위해 1526년에 착공한 것인데, 로마 원형경기장의 모습과 흡사한 이 궁전은 스페인 르네상스 시대를 대표하는 건축물 가운데 하나로 알려져 있다. 톨레도 태생의 화가이자 건축가인 페드로 마추카Pedro Machuca●●(1490년경~1550)가 설계한 것으로, 무어인들이 세운 나스르 궁이나 메수아르 궁과는 달리 레콘키스타 이후에 세워진 것이다. 이 궁전을 세우게 된 계기는 결혼식도 있지만 나스르 왕조가 남긴 건축물보다 뛰어난 카스티야 왕국의 궁전을 남기려는 의도가 있었다. 무슬림 왕조의 궁전보다 뛰어난지는 모르겠지만, 어찌되었든 가톨릭 왕조의 발자취를 남겼다는 점에서는 성공한 것으로 생각된다. 이 궁전에 살았던 마지막 왕은 펠리페 5세Felipe V(재위 1700~1746)와 그의 왕비 파르마의 엘리자베타Elisabetta였는데, 펠리페 5세는 부르봉 왕조에서 온 최초의 스페인 왕이었다.

● 카를로스 5세는 펠리페 1세와 후아나 1세의 아들로 아라곤의 마리아의 딸인 포르투갈의 이사벨과는 이종사촌이 된다. 1526년 세비야의 알카사르 궁전에서 결혼식을 올렸으며 이를 기념하여 세비야 궁전 안에도 카를로스 5세의 누각을 남겼다.

●● 페드로 마추카는 그라나다 대성당의 중앙제단을 장식한 디에고 데 실로에 등과 함께 날카로운 감각을 지녔다고 하여 '르네상스의 매'의 한 사람으로 불린다.

왼쪽-나스르 궁전. 오른쪽-코마레스 궁전으로 이어지는 중정

 나스르 궁전 Palacios nazaríes

카를로스 5세의 궁전을 지나면 알함브라의 심장인 나스르 궁전이 나온다. 우리들에게는 스페인을 통틀어 가장 훌륭하고 화려한 문화재로만 남아 있지만 아이러니하게도 성채를 짓기 시작한 때인 13세기 스페인 남부는 이미 북쪽에서부터 밀려오는 가톨릭인들의 세력으로 점차 세력이 축소되기 시작하던 때였다. 마치 무슬림들이 이베리아 반도의 건재함을 드러내기 위해 세운 것처럼 화려함을 자랑하는 알함브라를 무슬림 시인들은 '에메랄드 속의 진주'라고 표현했다. 정원의 푸른 나무숲으로 둘러싸인 이 궁전은 겉모습은 단순하기 때문에 내부의 화려함을 상상하기가 어려워 방문자를 더욱 놀라게 한다. 나스르 궁전에서 가장 오래된 메수아르 궁Mexuar은 왕의 집무실로 사용되던 곳인데, 벽에 반복하여 새겨진 글씨는 아랍어로 '세상은 신을 위한 것이다'라는 뜻이다. 모자이크 타일이 가득한 벽 한쪽으로 이서진 씨가 앉았던 의자가 있는 곳은 놓칠 수 없는 포토존이니 사진을 남겨 보기 바란다. 궁전의 중정을 지나면 유수프 1세가 세운 코마레스 궁Palacio de Comares으로 이어진다.

코마레스 궁전의 이름은 컬러가 있는 유리창을 뜻하는 아랍어 쿠마리아스Cumarias라는 단어에서 유래한 것인데, 코마레스 탑이 수면으로 비치는 아라야네스 중정Patio de Arrayanes은 궁전에서도 가장 아름다운 곳이다. 알함브라 궁전 가운데 가장 처음에 세워진 이 궁전은 유수프 1세Yusuf I(재위 1333~1354) 때 건축이 시작되었는데, 이 시기 카스티야 왕국의 알폰소 11세Alfonso XI가 살라도 전투에 이어 그라나다를 탈환하기 위해 치열하게 공격을 하고 있었다. 그럼에도 이와 같은 건축물을 짓고 있었다는 사실이 참 놀랍고도 신기하다. 중정의 연못 수면에 궁전이 거울과 같이 비치는데, 빛의 효과를 잘 살려 건축양식에 반영한 아랍인들의 지혜가 엿보인다. 연못 가장자리에 가득 심어져 있는 아라야네스Arrayanes는 지중해 연안에서 자라는 허브로 은은한 향기가 나는데, 스페인어로는 미르토스Mirtos라고 하여 이 중정은 파티오 데 로스 미르토스Patio de los Mirtos라고도 불린다. 더욱 간단하게는 코마레스 궁전에 있다고 하여 '파티오 데 코마레스'라고도 부른다. 궁전 안에서 가장 큰 방인 대사들의 방Salón de los Embajadores은 항해사 크리스토퍼 콜럼버스가 가톨릭 왕들에게서 신대륙으로 향하는 원정을 허가받았던 곳이었을 것으로 생각된다.

궁전의 이름 '팔라시오 데 로스 레오네스Palacio De Los Leones •'에서 '레오네스'는 '사자'를 뜻하여 '사자의 궁전'이라고 해석할 수 있다. 코마레스 궁전을 짓기 시작한 유수프 1세에 이어 왕위에 오른 그의 아들 무하마드 5세Muhammed V(1338~1391) 때 세워진 사자의 궁전도 역시 무슬림 건축양식을 따르지만 코마레스 궁전과는 달리 기독교적인 건축양식의 모습이 드러난다. 왕의 가족들이 거주하던 두 자매의 방Sala de Dos Hermanas은 왕 이외의 남자가 출입하는 것이 통제되던 하렘Harem이었다. 회랑으로 둘러싸인 대리석으로 장식된 중정의 중앙에는 사자상들이 분수반을 바치고 있는데, 분수대의 역할만 하는 것이 아니라 시간마다 다른 사자의 입에서 물이 나와 시간을 알리는 역할을 했다. 전부 12마리의 사자가 보이는데, '12'라는 숫자는 코란에 의하면 태양계의 12행성을 나타낸다. 우주의 모습을 중정 안에 재현하려고 했던 것이다. 이 분수는 1370년에 만들어진 것으로, 나스르 왕조가 우리를 놀라게 하는 진보된 과학 기술을 가지고 있었다는 사실을 잘 보여준다. 하지만 안타깝게도 지금은 모든 사자상에서 계속하여 물이 나오고 있는데, 가톨릭인들이 기술의 원리를 이해하기 위해 분해하면서 시계의 기능을 상실하게 되었다.

• 코마레스 궁과는 대조적으로 사자의 궁은 기독교적인 건축양식의 특징이 드러나는데, 무하마드 5세는 알폰소 11세의 후계자인 페드로 1세(1334~1369)와 우호적인 관계를 유지하며 문화적인 교류를 했다. 한편 페드로 1세가 세운 세비야 알카사르의 무데하르 궁전 안에 있는 '처녀들의 안뜰'은 이곳 사자의 중정에서 영감을 받은 것이다. 129쪽 '세비야 알카사르' 참고.

태양의 나라라고 불리는 스페인은 일 년 내내 날씨가 좋기로 유명하다. 이런 점 때문에 계절에 상관없이 언제나 관광객이 많이 찾는데 최남단에 있는 안달루시아는 특히나 날씨가 좋다. 날씨가 좋은 반면 기온에 상관없이 태양이 무척 뜨거운 편으로, 여행하는 데에 있어 주의가 필요하다. 항상 물이나 음료를 충분히 섭취하여 탈수가 되지 않도록 하는 것이 중요하며, 모자와 선글라스를 착용할 것을 당부한다. 노약자가 아니더라도 안달루시아의 태양에 익숙하지 않은 외국인들은 특히나 조심해야 하는데, 빈번하게 겪는 문제가 메스꺼움이나 어지러움이다. 열사병까지는 아니더라도 궁전 안에서 도움이 필요한 경우, 레알 거리에 위치한 적십자Cruz Roja에서 응급처치를 제공하고 있다. 휠체어 또는 아기 캐리어는 정문 티켓 오피스 또는 포도주의 문Puerta del Vino에서 무료로 대여 가능하며, 휴식이 필요한 경우에는 파라도르 호텔을 이용할 수 있다.

카스코 안티구오 CASCO ANTIGUO

세계 3대 성당인 세비야 대성당, 무슬림들이 세운 알카사르 등이 위치한 구시가지를 카스코 안티구오Casco Antiguo라고 부른다. 세비야 구시가지로 들어서면 오렌지 나무가 보이고 그 사이로 무슬림들의 기도시간을 알리던 히랄다 종탑이 보이기 시작한다. 북쪽의 알레마네스 거리Calle Alemanes, 서쪽의 콘스티투시온 대로Avenida de la Constitución, 남쪽의 트리운포 광장Plaza del Triunfo, 동쪽의 왕들의 성녀 광장Plaza de la Virgen de Los Reyes에 걸쳐 있는 거대한 대성당은 세비야의 랜드마크이다. 알레마네스 거리와 콘스티투시온

콘스티투시온 대로

대로가 만나는 곳에는 스타벅스가 있어서, 이곳을 만남의 장소로 하면 편리하다. 하지만 스페인의 커피를 즐기려면 대로에 가득한 카페에서 '카페 콘 레체'를 즐겨 보자. 구시가지의 관광지는 대부분 반경 5km 이내에 위치해 있어 자동차보다는 도보를 이용하거나 버스를 이용하는 것이 편리하다.

SPOT 1 세비야 대성당 CATEDRAL DE SEVILLA

꽃할배 팀이 차를 타고 들어오는 길은 알레마네스 거리^{Calle Alemanes}인데, 내비게이션에서 콘스티투시온 대로^{Avenida De La Constitución}로 우회전을 외치지만 트램이 지나다니는 이곳은 자동차가 다닐 수 없는 길이니 주의하도록 하자. 렌터카를 이용하는 경우 가급적 구시가지 밖에 위치한 호텔을 이용하는 것이 편리하다. 알레마네스 거리는 대성당의 출구인 면죄의 문^{Puerta del Perdón}과 만나는데, 이 거리와 아르고테 데 몰리나 거리^{Calle Argote de Molina}까지 타파스를 즐길 수 있는 세비야의 '맛집 거리'이다. 대성당을 중심으로 하여 도보를 따라 이동하면 시내에서는 길을 잃어 헤맬 위험이 없다. 명품 부티크들이 모여 있는 누에바 광장^{Plaza Nueva}, 대성당 앞의 인디아스 고문서관^{Archivo de Indias}, 오페라 카르멘이 시작하는 옛 담배공장이 있는 산 페르난도^{San Fernando}, 스페인 광장 근처의 프라도 데 산 세바스티안^{Prado de San Sebastián} 정류장 사이를 오가는 트램(요금 €1.20)을 이용하면 더운 여름 도보의 이동거리를 줄일 수 있다.

왼쪽-면죄의 문. 오른쪽-프라도 데 산 세바스티안

주소 Avenida Constitución 16, 41001, Sevilla 전화번호 +34 954 22 18 19
웹사이트 www.hornosanbuenaventura.com

출연진들이 대성당을 바라보며 저녁에 와인을 마시고 아침 식사를 하던 이 제과점은 세비야에서 가장 오래된 역사를 자랑한다. 콘스티투시온 대로변에 있어 들렀다 가기 수월하고 멋진 야경을 보면서 음료와 빵, 케이크 등을 즐길 수 있는 곳이다.

TIP 꽃할배들의 숙소 코렐 데 산 호세 아파트먼트 CORRAL DE SAN JOSÉ APARTMENTS

주소 Calle Jimios 22 y 24, Sevilla 41001 웹사이트 www.singularapartments.com 전화번호 +34 954 21 01 02
안달루시아 전통가옥인 코랄Corral 형태의 아파트로 내부에는 예쁜 파티오가 있다. 대성당과 누에바 광장에서 도보 5분 거리로 주변에 콘스티투시온 대로, 알레마네스 거리 등 레스토랑이 가득하다.

SPOT 2 산 프란시스코 광장 PLAZA DE SAN FRANCISCO

렌터카를 타고 주차장을 찾는 이서진 씨는 차가 다니지 않는 한 광장을 지나게 되는데, 이 광장은 쇼핑 거리인 시에르페스 거리Calle Sierpes의 끝으로 알레마네스 거리에서

스페인 은행

북쪽으로 직진하면 도착한다. 세비야에서도 가장 오래된 광장 가운데 하나인 이 광장은 언제나 한산한 편이라 휴식을 취하기에 좋다. 광장 정면에 보이는 커다란 건물은 스페인 은행 Banco de España이다. 광장 한쪽으로 보이는 핑크빛 건물은 옛 법원인데, 법원이 들어서면서 광장이 현재의 이름으로 불리게 되었다. 16세기 르네상스 양식의 이 건물은 세비야의 스페인 광장을 설계한 건축가 아니발 곤살레스 Aníbal González에 의해 현재의 모습에 이르게 되었다. 옛 법원의 반대편은 화려한 플라테레스코 양식의 세비야 시청 Ayuntamiento de Sevilla 건물이다.

- **Hotel TRYP Sevilla Macarena**

  <u>주소</u> Calle San Juan de Ribera 2, 41009 Sevilla   <u>웹사이트</u> www.melia.com/en/hotels/spain/seville/tryp-sevilla-macarena-hotel   <u>전화번호</u> +34 954 37 58 00

  에메랄드 원석이 달린 옷을 입고 있는 성모상이 모셔져 있는 마카레나 성당Basílica de La Macarena를 마주보고 있는 호텔로, 호텔 앞의 마카레나 문Puerta de la Macarena를 지나면 구시가지다. 패밀리 룸 또는 더블 룸에 엑스트라 베드를 추가하면 3∼4인까지 한 객실에 숙박할 수 있으며, 구시가지보다 객실이 넓은 편이다. 호텔 건물에 주차시설이 있으며, 버스를 이용하여 공항이나 기차역으로 이동하기가 수월하다.

- **Hotel Silken Al Andalus Palace**

  <u>주소</u> Avenida de la Palmera s/n, 41012 Sevilla   <u>웹사이트</u> www.hoteles-silken.com/en/hotels/al-andalus-sevilla   <u>전화번호</u> +34 954 23 06 00

  라 팔메라 대로에 위치한 이 호텔은 시내에서 5km 정도 거리에 위치하였으며, 택시를 이용하면 10분 안에 헤레스 문Puerta de Jerez에 도착할 수 있다. 버스 3번을 이용하거나 라스 델리시아스 거리Paseo de las Delicias를 따라 걸으면 헤레스 문까지 연결되어 산책 삼아 걷기에 좋다. 가족 단위로 숙박하는 경우 트리플 룸과 패밀리 룸을 이용할 수 있다.

스페인에서는 18세 이상이면 운전을 할 수 있는데, 렌터카의 경우 보통 25세 이상이어야 렌털이 가능하다. 차종에 따라 25세 미만의 운전자는 추가금액Surcharge을 지불하면 대여 가능하며, 고급 차종의 경우 28세 이상의 운전면허 소지자에게만 대여가 가능하니 미리 확인해야 한다. 국내에서 발급받은 국제면허증과 국내 면허증을 모두 소지하고, 여권과 신용카드를 제시해야 한다.

- 주의사항
  - 고속도로 제한속도 120km/h, 시내 제한속도 50km/h을 지킨다.
  - 운전 시 국제면허증, 국내 면허증, 여권, 보험증서를 소지한다.
  - 운전 중 휴대폰 사용을 하지 않는다.

- 렌터카 사이트

  Europcar   <u>웹사이트</u> www.europcar.com   <u>전화번호</u> +34 902 50 30 10

  Hertz   <u>웹사이트</u> www.hertz.com   <u>전화번호</u> +34 902 402 405

yogurice
yogurtería al gusto
¡PRUÉBALO!
CREPS
¡REPÍTELO!
GOFRES
¡DIFERENTE!
BATIDOS
HOTEL
OMEYAS
P
SOUVENIR - REGALO
EL MIHRAB
DISTRIBUIDOR OFICIAL
TAX FREE
Kodak
FUJI
BATTERY FOR CAMERA
MAGISTRAL
GONZALEZ FRANCO
Star

CÓRDOBA

≪ TIENE SU ELEGANZA ≫

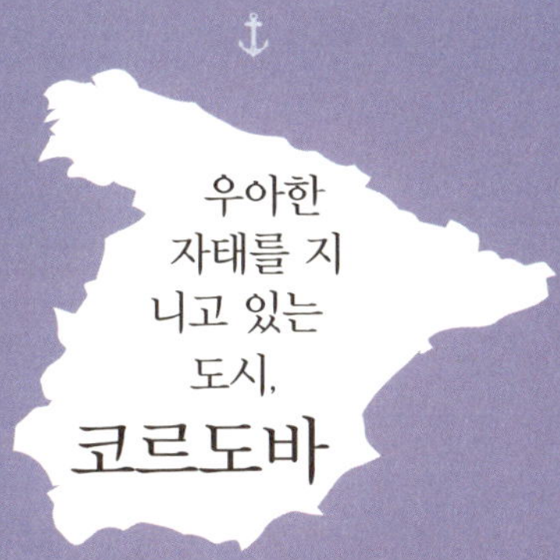

Nil actum reputa si quid superest agendum

만약 조금이라도 할 일이 남아 있다면 완수했다고 여기지 마라

- 루카누스 -

지금부터는 코르도바의 지성을 대표하는 철학자들의 발자취를 따라가 보려 한다. 마히스트랄 곤살레스 프란세스 거리Calle Magistral González Francés에서 산타 카탈리나 광장Plaza de Santa Catalina 방향으로 향하자. 콘키스타도르 호텔에서 메스키타를 왼쪽에 두고 북쪽으로 향하면 되는데, 이 광장은 사실 무척 작아서 광장이라기보다는 지나치는 건물에 불과하다. 거리의 오른쪽으로 빼곡하게 들어선 기념품 상점들을 지나면 엔카르나시온 거리Calle Encarnación와 만난다. 비좁은 거리를 따라 레이 에레디아 거리Calle Rey Heredia, 오르노 델 크리스토 거리Calle Horno del Cristo를 차례로 지나면 커다란 나무가 중심에 서있는 조용한 광장이 보인다. 코르도바 고고학 박물관이 있는 헤로니모 파에스 광장Plaza De Jerónimo Paez은 코르도바에서도 가장 오래된 지역인데, 코르도바에 남아 있는 로마사원을 비롯한 고대 로마 시대의 유적이 남아 있다. 현재 박물관이 있는 자리는 로마 극장Teatro Romano이 있던 자리로 최근 발견되면서 탐사가 계속되고 있다. 지금은 조용한 이 광장에 이베리아 반도에서 가장 큰 로마 극장이 있었다는 것은 사실 상상하기 어려웠다.

500m
코르도바 기차역
Taberna Casa Salinas
Calle Tejón y Marín
Puerta de Almodóvar
Calle Sánchez de Feria
Calle Almanzor
Calle Valladares
Pasaje Saravia
Calle Leiva Aguilar
Calle Fernández Ruano
Calle Alta de Santa Ana
Calle Blanco Belmonte
레스토란테 파티오 데 라 후데리아
Restaurante Patio de la Judería
p.85
Calle Buen Pastor
Calle Conde y Luque
꽃의 골목
Calleja de las Flores
p.81
Calle Velázquez Bosco
Calle Céspedes
Calle Encarnación
Hospital de la Cruz
Roja de Cordoba
Calle Judíos
코르도바 유대인 회당
Sinagoga de Córdoba
p.64
라파엘 모랄
Rafael Moral
p.90
바르 산토스
Bar Santos
p.86
타베르나 가스트로노미카
Taberna Gastronómica / p.88
Plaza Maimónides
Calle Romero
Plaza Cardenal Salazar
Calle Deanes
익스클루시바스 카르멘
Exclusivas Carmen / p.90
Av del Doctor Fleming
Calle Cardenal Herrero
후데리아
호텔 콘키스타도르
Hotel Conquistador / p.79
마이모니데스 광장
Plaza de Maimónides
p.66
NH 아미스타드 코르도바
NH Amistad Cordoba / p.67
Calle Tomás Conde
Calle Manríquez
마히스트랄 곤살레스 프란세스 거리
Cathedral-Mosque of Córdoba / p.79
Doctor Jimenez Diaz
카이루안 거리
Calle de Cairuán
p.59
코르도바 대사원-대성당
Cathedral-Mosque of Córdoba
p.68
Calle Torrijos
Calle Doctor Barraquer
Calle Doctor Álvarez García
Calle Tomás Conde
Calle Corregidor Luis de la
Plaza Campo Santo de los Mártires
Calle Amador de los Ríos
Hostal Alcazar
Calle Caballerizas Reales
Calle D. San Basilio
San Basilio
Calle San Basilio
Calle Enmedio
Calle Postrera
알카사르
Alcázar de los Reyes Cristiano
p.59
Av del Alcázar
CÓRDOBA 코르도바

세네카 광장
Plaza de Seneca
p.55
Museo Arqueologico de Cordoba
엘리에호 나미아스 광장
Plaza Eliej Nahmias
p.54
Hosteria Lineros 38
훌리오 로메로 데 토레스 미술관
Museo Julio Romero De Torres
p.77
Pension el Portillo
포트로 광장
Plaza del Potro
p.75
El Bañista
La Siesta Lounge Bar
Hostal Almanzor
Santa Ana Hostal
Taberna D´Ucles
Restaurante Amaltea
Parque de Miraflores
Calle del Llano
Plaza de Seneca
Calle San Fernando
Calle Armas
Calle Gragea
Calle Candelaria
Calle Carlos Rubio
Calle Don Rodrigo
Calle Muncho Trigo
Calle Consolacion
Calleja Noques
Calle Cristo
Calle Julio Romero de Torres
Calle Portillo
Calle San Francisco
Calle Romero Barros
Calle Badanas
Calle Badanas
Calle San Fernando
Calle Cabezas
Calle Rey Heredia
Calle Lucano
Paseo de la Ribera
Calle Caldereros
Calle Cardenal Gonzalez
Calle Ronda de Isasa
Calle Ronda de Isasa
Plaza Cruz del Rastro
Calle Acera del Río
Plaza Cruz del Rastro
Calle Segunda de Miraflores
Puente Bajada del Puente
Calle Bajada del Puente
Calle Horno
Calle Lustre
Calle Gitanos
Calle Santo Cristo
Calle Santo Cristo
Calle Segunda de Miraflores
Calle Virrey Moya
Calle Jesus
Calle Martín López
0   50m
52 >>> 53

엘리에흐
나미아스 광장

PLAZA ELIEJ NAHMIAS
플라사 엘리에흐 나미아스

광장의 한쪽으로 하얀 벽에 목재로 만든 어두운 색의 창문이 보이고, 그 위로는 풍향계가 보인다. 엘리에흐 나미아스 광장 Plaza Eliej Nahmias에는 광장의 크기에 반해 아주 작고 조금은 초라한 흉상이 있다. 앳된 모습을 한 마르쿠스 루카누스 Marcus Annaeus Lucanus (39~65)의 흉상이 그의 짧은 생애를 말해주는 것 같다. 코르도바에서 태어난 그는 로마 시대의 시인으로, 스토아 학파의 철학자인 세네카의 조카이다. 네로 황제의 교사였던 숙부와 같이 일찍이 로마로 이주하여 네로 황제의 재무관직을 지내기도 했다. 그러나 공화제를 비판하는 서사시 〈파르살리아 La Farsalia〉를 펴낸 후, 황제 암살음모에 가담하여 그를 포함한 가족 모두가 생을 마감하였다. 6세기 중반 비시고트족의 비잔틴 제국의 일부가 되기 전까지 로마 역사에서 중요한 인재들을 배출하였으며 그들의 역사는 이곳에서 계속되었다.

세네카 광장

PLAZA DE SENECA

플라사 데 세네카

Non vitae sed scholae discimus

인생보다 더 어려운 예술은 없다

– 세네카 –

루카누스의 흉상이 있는 광장을 뒤로하고 안토니오 델 카스티요 거리Calle Antonio del Castillo를 따라 천천히 걸어 3~4분 정도면 세네카 광장에 도착한다. 가르침을 줄 수 있

는 스승이 없기에 그 어떤 뛰어난 예술보다도 가장 어려운 것이 인생이라고 논했던 루시우스 세네카 Lucius Annaeus Seneca(BC4~AD65)의 말은 나를 다시 코르도바로 향하게 했다. 물론 지금 코르도바에서 찾을 수 있는 그의 흔적은 로마 시대에 세워진 그의 동상이 있는 광장이나 로마교 등밖에 없지만 그의 철학에 대해 알고 다시 방문한 로마 시대의 기둥이 곳곳에 남아 있는 고고학 박물관 주변을 지나 세네카 광장까지 걷는 이 길은 인생이 무엇인지에 대해 생각하게 될 정도로 고요하고도 폭이 좁아 마음이 차분해지고 조금은 외롭기까지 한 기분이 들었다.

세네카는 화에 대해 "고통을 고통으로 갚아주고자 하는 강한 욕망"이라고 설명했는데, 화의 최대 원인은 나는 잘못한 게 없다는 생각이라고 주장했다. 현대인들에게 결핍된 너그러움, 자비심 또는 용서와 같은 것의 부족함으로 화가 나는 것은 고대 사람들도 마찬가지였나 보다. 그의 저서 『화에 대하여』는 세네카가 그의 동생에게 화를 내지 않는 법에 대한 답을 서술한 것이라고 하는데, 항상 여동생과 말다툼을 하는 내

가 화를 내는 대신 어떻게 대처할 것인지에 대해 작은 충고라도 얻고 싶은 마음에 읽기 시작한 책이었다.

분수대와 함께 세네카의 흉상이 세워져 있는 그의 이름을 딴 광장은 그의 이름에 걸맞지 않게 너무나 작고 볼품없는 나머지 애처롭기까지 했지만, 물소리를 들으며 분수대에 걸터앉아 혼자만의 조용한 사색을 즐기기에는 꽤 좋은 곳이다. 때때로 화를 내는 것이나 매일 계속되는 삶에 어떤 의미가 있는지에 대해 생각해 본 적이 없었던 내가 인생에 대해 무언가를 느낄 수 있을까를 되묻고 있었다. 많은 파란을 겪었던 세네카 자신도 위대한 사상을 남기는 철학자이면서도 불완전한 인간으로서 인생에는 답이 없다는 것을 느꼈을 것이다. 큰형으로서 자신이 가장 잘할 수 있는 글과 말로 동생에게 화에 대한 답변을 제시해 주려고 했던 그의 동생에 대한 헌신하는 마음을 높게 살 수밖에 없었다. 인생보다 더 어려운 예술은 없다는 말에 공감하며 나는 광장을 떠났다. 화려한 장식물도 작품도 없는 광장이지만 시대를 초월한 지성인으로 남아 현대인들에게도 가르침을 주는 그의 사상을 생각하며 여행에 대한 감상의 계기가 되는 것에 의미를 두면 좋은 장소임에 틀림없다.

후데리아

JUDERÍA

후데리아

왼쪽-성 라파엘의 탑
오른쪽 위-아마도르 데 로스 리오스 거리
오른쪽 아래-알카사르

메스키타의 남쪽으로 날개 달린 천사가 붙어 있는 높은 탑이 있는 곳으로 향하자. 코르도바의 수호성인 성 라파엘San Rafael의 탑이 세워져 있고 그 뒤로는 다리의 문Puerta del Puente이 보인다. 탑을 중심으로 오른쪽의 아마도르 데 로스 리오스 거리Calle Amador de los Rios를 따라가자. 오렌지 나무에서 나오는 향기가 가득하고 오렌지와 같은 컬러의 건물이 눈에 들어온다. 이 거리를 따라 가톨릭 왕들의 알카사르Alcázar de los Reyes Cristiano를 뒤로하면 성벽 옆으로 오렌지 나무들이 가득한 광장이 보인다. 로마 시대의 발자취가 있는 헤로니모 파에스 광장과 세네카 광장을 둘러 본 후 나는 도시를 둘러쌓고 있는 성벽 밖에서 후데리아로 다시 들어오는 루트를 택했다. 마치 새로운 도시를 탐험하듯, 구시가지 밖으로 벗어나 유대인 지역 후데리아로 들어가 보자. 무슬림들이 세운 방어요새였던 성벽을 따라가면 계단 위로 한 남자의 석상이 보인다. 길의 입구에는 터번을 쓴 한 남자가 한 손에는 책을 들고 앉아 있는데, 이 거리는 카이루안 거리Calle de Cairuán라고 불린다.

왼쪽-이븐 루슈드, 오른쪽-아테네 학당

서양에서는 아베로에스^{Averroes}라고 불리는 이 철학자는 코르도바에서 태어난 아랍인 이븐 루슈드^{Ibn Rushd}(1126~1198)라고 한다. 무슬림들이 세웠던 알-안달루스 왕국의 황금기에 활동했던 그는 이탈리아 최고의 시인 단테^{Dante}(1265~1321)가 남긴 〈신곡〉에서 세례를 받지 못한 이들이 죽어서 가는 곳인 '림보'에 간 인물로 등장한다. 아치형 문이 있는 그림의 중앙에 흰 수염을 기른 플라토, 그 옆으로 파란 옷을 두른 아리스토텔레스, 올리브 빛깔의 옷을 입은 소크라테스와 같은 고대 철학자들과 함께 이탈리아 르네상스 화가의 3대 거장으로 불리는 라파엘로^{Raffaello}(1483~1520)의 마스터작 〈아테네 학당^{Scuola di Atene}〉(1511) 안에서도 그의 모습을 찾아볼 수 있다. 과학적인 사고에서 비롯된 철학적 진리가 종교적인 관점에서 벗어나야 함을 외치는 '이중진리'를 주장했던 그의 사상을 통해 천문학, 의학, 과학 등의 분야를 연구함에 있어 선구자 역할을 했던 아랍인의 사고방식을 들여다볼 수 있다. 그는 고대 그리스의 철학자인 아리스토텔레스^{Aristotles}(384~322BCE)의 대표적인 주석가로 그리스 철학과 과학을 이슬람 세계로 전파하는 데에 있어 커다란 업적을 남겼다. "두 개의 진리가 서로를 부정할 수 없다"라는 말에서 신이 계시한 진실을 무조건적으로 받아들이는 것이 아닌 과학적으로의 검증을 고찰했던 그의 독특한 사상을 알아볼 수 있다. 그는 의학, 천문학, 철학 등 다양한 방면에 재능이 있는 학자였는데 그런 그의 실험주의적인 사상은 아마도 본인 자신이 의사이기도 했기 때문이 아닐까 추측해 본다.

술과 돼지고기를 즐겨 이슬람계 율법학자들에게 환영받는 존재가 아니었던 이븐 루슈드의 석상을 지나면 정면으로 또 한 사람의 코르도바의 철학자 세네카의 전신상이 기다리고 있다. 그 옆으로 보이는 알모도바르 문^{Puerta de Almodóvar}은 유대인들이 살던 지역인 후데리아로 향하는 첫 관문이다. 코르도바에는 원래 13개의 문이 있었는데, 지금은 알모도바르 문, 세비야 문^{Puerta de Sevilla}과 로마교 앞으로 다리의 문^{Puerta del Puente}만이 남아 있다.

알모도바르 문을 지나면 흰 외벽의 건물들이 눈에 들어온다. 유대인의 거리^{Calle de Judios}•는 무척 좁고 어둡다. 첫 번째 집은 코르도바와 말라가의 군수였던 안토니오 하엔 모렌테^{Antonio Jaén Morente}(1879~1964)가 태어난 집이다. 그의 출생을 알리는 표지

왼쪽-세네카 전신상. 가운데-알모도바르 문. 오른쪽-유대인의 거리

• 이 길은 무척 좁으니, 사진을 찍는다고 지나가는 이들을 가로막는 일이 없도록 주의하기를 바란다. 유적지에는 항상 다른 이들도 같은 곳을 찍으려고 기다리고 있다는 점에 유의하자.

판이 크게 보이는데, 역사학자이자 정치가였던 그는 1930년대 페루와 필리핀의 대사를 지내기도 하였다. 이베리아 반도에 정착했던 유대인들은 대부분 지식인이거나 수공업, 상업 등에 종사하며 경제적인 혜택을 받았다. 1392년에는 유대인 대학살이 일어나기도 했는데 코르도바에서만 2천여 명이 목숨을 잃었다. 부유했던 유대인들을 가톨릭인들은 달가워하지 않았는데, 가톨릭으로 개종한 사람을 콘베르소^{Converso}라고 부른다. 이베리아 반도에 살던 유대인들에 대한 이야기는 소설 〈라 셀레스티나^{La Celestina}〉(1499)에 등장하는데, 1469년~1504년까지 스페인 역사 가운데 가장 중요한 사건인 신대륙 발견, 그라나다 함락, 유대인 축출 등을 배경으로 하는 이 작품은 세르반테스의 〈돈 키호테〉와 더불어 뛰어난 작품으로 평가되고 있다. 15세기 말 가톨릭 왕국들의 국토회복운동으로 인하여 그라나다를 마지막으로 스페인 전국이 카스티야의 일부가 되었다. 종교재판으로 인해 가톨릭으로 개종한 유대인들 가운데 겉으로만 가톨릭인의 모습으로 살아가며 숨어서 그들의 관습을 지켜나갔던 이들을 마라노^{Marrano}라고 부른다. 귀족은 아니지만 기술을 가지고 있거나 부유했던 그들은 가톨릭인들과의 결혼을 통해 신분세탁을 하여 다시 사회진출을 꾀하기도 하였다.

이 거리에는 얼마나 오래되었는지 알 수 없는 건물들과 나무로 만든 대문이 인상적인데, 이 문들이 더욱 흥미롭게 여겨지는 데에는 이유가 있다. 1480년 유대인에 대한

왼쪽-
라 셀레스티나
오른쪽-
오래된 건물

탄압이 시작되며 모리스코*들을 비롯해 그들이 공공기관으로 진출하는 것을 막고 재산을 몰수하여 유대인들도 완전히 이 땅을 떠나게 되었다. 재정관리 등의 실용적인 지식이나 직업을 가진 유대인이 자취를 감추게 되면서 카스티야 왕국은 종교적으로는 통합을 이루었지만, 경제나 문화적으로는 쇠퇴하였다. 그 후 1481년 세비야에서 있었던 종교재판으로 인하여 유대인들의 절반 정도인 30만 명이 이베리아 반도를 떠나 포르투갈, 북유럽, 터키, 모로코, 영국, 이탈리아 등지에 정착하였는데, 스페인과 포르투갈에 살던 유대인의 후손들을 세파르디^{Sefardi}라고 부른다. 그들은 언젠가 다시 돌아올 것을 기약하면서 그들이 살던 집의 열쇠를 가지고 떠난 후 후손들에게 물려주었다고 한다. 물론 지금 살고 있는 사람들이 열쇠를 바꾸었겠지만 문의 열쇠 구멍을 유심히 보게 된다.

〈자선에 관한 율법〉

아는 이에게 이름을 알리지 않고 자선을 베풀기
모르는 이에게 적극적으로 자선을 베풀기
누가 청하기 전에 자선을 베풀기
누군가 청하면 충분히 베풀기
기꺼이 베풀지만 과하지 않게 베풀기
애도하는 마음으로 베풀기

– 마이모니데스 –

---

* 1492년 스페인은 완전한 가톨릭 국가가 되며 북아프리카에서 온 무슬림인들은 이베리아 반도를 떠나게 되었다. 그중에 남은 무슬림인들을 모리스코라고 부른다.

코르도바
유대인 회당

SINAGOGA DE CÓRDOBA

시나고가 데 코르도바

주소 Calle de los Judíos, 20, 14004 Córdoba   전화번호 +34 957 202 928   웹사이트 www.turismodecordoba.org   운영시간 화요일~토요일 9:30~
14:00, 15:30~17:30, 공휴일 및 일요일 9:30~14:30   휴무일 월요일   입장료 €0.30

CÓRDOBA 코르도바

유대인 거리^{Calle Judíos}의 20번지에 위치한 시나고가 데 코르도바^{Sinagoga de Córdoba}는 '코르도바의 유대인 회당'이라는 뜻이다. 거리의 이름과 같이 좁은 길을 중심으로 유대인들이 거주했는데, 회당은 카스티야-레온 왕국의 알폰소 6세^{Alfonso VI}의 재위 기간(1077~1109)인 11세기 말에 세워졌다. 로마의 영토가 된 예루살렘에서 추방된 유대인들은 주변의 이슬람 국가로 이주하였는데, 회당의 동쪽 벽은 유대인들의 성지인 예루살렘을 향하고 있다. 스페인에 남아 있는 것 가운데 가장 오래된 유대인 회당인 이곳은 코르도바에 거주하던 유대인들의 종교와 교육의 중심지였으며, 1315년까지 건축이 계속되었다. 유대인들이 떠난 후 시나고가가 세워진 지 700여 년이 지난 지금까지 초기 모습에 가까운 편인데, 계속되는 보수 끝에 1985년 코르도바 출신의 유대인 철학자 마이모니데스의 탄생 850주년을 맞아 다시 문을 열게 되었다.

마이모니데스 광장

PLAZA DE MAIMÓNIDES

플라사 데 마이모니데스

CÓRDOBA 코르도바

아베로에스 거리 Calle Averroes를 따라 2분이 채 안 걸리는 곳에 마이모니데스 광장 Plaza de Maimónides이 나온다. 무슬림과 유대인들의 문화가 동시에 꽃피었던 12세기의 코르도바는 문화의 황금기였다. 코르도바 태생의 율법학자이자 철학자인 마이모니데스 Maimónides(1138~1204)의 이름을 딴 광장에는 그를 기념하는 동상이 세워져 있다. 당시 코르도바에는 유대인 교리를 연구하던 탈무드 학교가 있을 만큼 유대인들의 인구가 많았고, 사회적으로나 문화적으로 중요한 역할을 했다. 그는 특히 율법학자로 많은 이들에게 존경을 받았는데, 그의 가문은 코르도바의 마지막 유대인 랍비를 배출하였다. 알모하드 왕조의 박해로 인해 10살 무렵 무슬림으로 개종하기도 했었는데, 같은 시기에 살았던 코르도바 태생의 무슬림 학자인 아베로에스를 스승으로 삼았다. 그러나 결국 알–안달루스 왕국을 떠나 이집트로 망명하여 생을 마감하였는데, 그가 남긴 탈무드에 대한 해석은 후세의 학자들에게도 많은 영향을 끼쳤다. 그가 남긴 자선에 대한 율법을 읽어 보면 종교에서 주장하는 '자애'라는 가르침을 실용적인 방식으로 풀어낸 유대인들의 지혜가 단편적으로 드러난다.

엔에이치 아미스타드 코르도바 NH Amistad Cordoba

주소 Plaza Maimónides, 3, 14004 Córdoba **전화번호** 957 42 03 35 **웹사이트** www.nh-hoteles.es

마이모니데스 동상 근처에 위치한 18세기 맨션을 보수한 호텔로, 객실은 모던하게 꾸며져 있어 깔끔하다. 옥상의 수영장에서는 메스키타의 경치를 감상할 수 있고, 뒷문을 이용하면 알모도바르 문이 있는 성벽이 나온다.

코르도바
대사원–대성당

MEZQUITA-CATEDRAL DE CÓRDOBA

메스키타 카테드랄 데 코르도바

주소 Calle del Cardenal Herrero 1, 14003 Córdoba **전화번호** +34 957 47 05 12 **웹사이트** www.mezquitadecordoba.org **운영시간** 3월~10월 월요일~토요일 10:00~19:00, 일요일 및 공휴일 8:30~11:30, 15:00~19:00 11월~2월 월요일~토요일 10:00~18:00, 일요일 및 공휴일 8:30~11:30, 15:00~18:00 **입장료** 성인 €8, 10세~14세 €4, 10세 미만 무료, 월요일~토요일 8:30~9:30 무료입장

CÓRDOBA 코르도바

해가 질 무렵 메스키타의 문에서 새어 나오는 빛은 신비로움 그 자체이다. 메스키타의 동쪽에 위치한 마히스트랄 곤살레스 프란세스 거리^{Calle Magistral González Francés}에 있는 산타 카탈리나 문^{Puerta de Santa Catalina}을 통해서 메스키타로 들어갈 수 있다. 이 문이 있는 곳은 산타 카탈리나 광장^{Plaza de Santa Catalina}으로, 16세기에 세워진 문의 기둥의 정교한 조각은 조각가 에르난 루이스 2세^{Hernán Ruiz II}(1514~1569)의 작품이다. 뛰어난 조각가이자 건축가였던 그는 세비야 대성당의 중앙제단 및 여러 예배당 건축을 했던 중요한 건축가 가운데 한 명이다.

문을 지나면 오렌지 나무와 야자수가 가득한 오렌지 중정 파티오 데 로스 나란호스^{Patio de los Naranjos}가 보이고, 중정 한쪽에 있는 야자수의 문^{Puerta de las Palmas}이 메스키타의 입구이다. 메스키타는 5세기경 세워진 서고트족의 산 비센테 마르티르 성당^{Basílica De San Vicente Mártir}이었는데 코르도바 무슬림 왕조의 창시자인 압델라흐만 1세^{Abdal-Rahman I}(731~788)에 의해 785년 건설되기 시작했다. 다마스쿠스에서 온 옴미아드^{Umayyad} 왕조의 후손이었던 그를 이민자라는 뜻의 '엘 인미그란테^{El Inmigrante}'라고 부르기도 하였다. 무슬림 교도들의 인구가 늘어남에 따라 이 사원을 짓기 시작했을 때에는 무력으

왼쪽 위-메스키타의 내부. 오른쪽 위-미라브
오른쪽 가운데-미라브 천장
왼쪽 아래-비야비시오사 예배당
오른쪽 아래-성자 페르난도의 조각상

로 빼앗은 것이 아니라 가톨릭인들이 다른 곳에 성당을 세울 수 있도록 돈을 주고 매입한 것이다. 그를 시작으로 무슬림 교도들은 15세기 말 그라나다 왕국을 떠날 때까지 이베리아 반도에 남아 있었다. 야자수의 문이라는 입구의 이름처럼 사원 내부의 대리석, 화강암, 벽옥으로 만든 1,300개의 기둥은 야자수가 가득한 다마스쿠스의 모습을 코르도바에 그대로 재현해 놓은 듯하다.

사원 가장 안쪽의 화려한 황금빛 장식의 벽들이 있는 미라브^{Mihrab}는 무슬림들의 기도실이다. 미라브는 원래 메카를 향하게 되어 있는데, 코르도바 사원의 미라브는 완전히 메카를 향하고 있지는 않다. 그 이유는 이미 이 부분을 기도실로 사용하고 있어서 예전에 있던 성당의 예배당을 허물 필요가 없었기 때문이라고 전해진다. 벽뿐만 아니라 천장과 미라브 주변의 기둥들도 역시 화려하고 섬세하게 장식되어 있는데, 로마, 그리스 그리고 동방의 문화가 융합된 비잔틴 양식의 특성을 띠고 있다.

무슬림 왕조가 코르도바를 떠나고 1236년 성자 페르난도 3세^{Fernando III el Santo}에 의해 가톨릭 성당으로 거듭났다. 그 가운데 가장 처음으로 선왕 페르난도 3세를 이어 알폰소 10세^{Alfonso X}(재위 1252~1284) 때 세워진 예배당은 중앙에 십자가와 양쪽으로 촛대가 있는 비야비시오사 예배당^{Capilla De Villaviciosa}과 벽 안에 성자 페르난도의 조각상이 세워져 있는 독특한 구조의 왕실 예배당^{Capilla Real}이다. 이와 더불어 모스크의 미나렛이었던 종탑을 지금의 모습으로 재건했다. 무슬림 교도들의 모스크에서 가톨릭 성당으로 탈바꿈한 후 르네상스 양식의 대성당으로 모습을 갖춘 것은 카를로스 5세의 재위 기간인 1526년이 되어서이다. 건축이 시작되기 전인 1523년 당시 코르도바의 주교였던 그의 조카 알론소 만리케^{Alonso Manrique}(1476~1538)가 청탁하여 대성당의 건축을 허가하게 되었다. 그러나 완성된 대성당을 감상한 후 카를로스 5세는 전 세계에서 독특한 것을 어느 도시에서나 찾을 수 있는 것으로 만들었다는 부정적인 평을 남겼다. 같은 시기 카를로스 5세는 알함브라 궁전 안에 그의 이름을 딴 궁전 Palacio de Carlos V의 건축을 지시했는데, 이 궁전 역시도 기존의 건축양식과 동떨어진 것이 그다지 궁전 전체와 조화를 이루는 것 같지는 않다. 건축을 허락했던 카를로스 5세는 부정적인 평을 했지만, 르네상스 양식의 제단과 양옆으로 가득한 무슬림들이 남긴 야자수와 같은 아치형 기둥들이 독특하고 신비로운 분위기를 자아내는 것만큼은 부정할 수가 없다.

핑크빛의 대리석으로 장식된 대성당의 중앙제단과 더불어 대성당의 성가대석은 바로크 시대 세비야의 조각가 페드로 두케 코르네호^{Pedro Duque Cornejo}(1677~1757)가 사망할 때까지 심혈을 기울인 작품으로, 그가 남긴 작품 가운데 가장 뛰어난 작품으로 평가받는다. 바로크 시대의 스페인 조각은 바야돌리드와 마드리드를 중심으로 하는 카스티야 학파^{Escuela castellana}와 세비야와 그라나다를 중심으로 발전한 안달루시아 학파^{Escuela andaluza}로 나뉘는데, 카스티야 학파는 아픔이나 피를 흘리는 것을 노골적으로 표현하는 사실주의를 바탕으로 하였다. 이에 반해 안달루시아 학파의 작품들은 부드

CÓRDOBA 코르도바

럽고 아름다움을 강조하는 이상화된 표현법을 사용한 것이 특징으로, 대표적인 작가로는 그라나다 태생의 알론소 카노^{Alonso Cano}(1601~1667), 페드로 데 메나^{Pedro de Mena}(1628~1688)와 세비야 태생의 페드로 롤단^{Pedro Roldán}(1624~1699)이 있다. 105개 성가대석의 아랫부분은 구약성서 그리고 윗부분은 신약성서의 이야기를 모티브로 한 것인데, 중앙에 솟아오른 조각의 가장 위에는 코르도바의 수호성인 미카엘 대천사가 있다.

다시 오렌지 중정으로 나오면 분수대와 미나렛이 보이고 옆으로 면죄의 문^{Puerta del Perdón}이 보인다. 이 문을 지나가면 죄를 사해준다고 하여 면죄의 문으로 불리게 되었는데, 사원의 북쪽에 위치하는 이 문은 14세기에 세워진 것이다. 문을 나가면 카르데날 에레로 거리^{Calle Cardenal Herrero}가 나오는데, 기념촬영이나 웨딩화보를 찍으려는 사람들로 언제나 붐빈다. 사진을 찍기에 가장 좋은 시간은 이른 아침이나 사원이 닫는 시간 즈음으로, 한가해서 보다 여유롭게 시간을 보낼 수 있다.

〈돈 키호테〉에 등장하는 코르도바의 광장

구스타브 도레의 〈라 만차의 돈 키호테와 산초 판사〉(1863)

불가능한 것을 얻기 위해서는 터무니 없는 것을 시도해야만 한다

미겔 데 세르반테스 Miguel de Cervantes (1547~1616)

포트로 광장 PLAZA DEL POTRO

유럽 근대 소설 가운데 최고의 작품으로 평가받는 미겔 데 세르반테스^{Miguel de Cervantes}

(1547~1616)의 소설 〈라 만차의 기발한 기사 돈 키호테〉(1605)에 등장하는 포트로

광장으로 떠날 차례다. 메스키타의 남쪽으로 카르데날 곤살

레스 거리^{Calle Cardenal González}, 루카노 거리^{Calle Lucano}를 차례로

지나면 약 500m 거리에 포트로 광장이 보인다. 강을 등지

고 광장으로 향하는 길에 보이는 높은 탑은 메스키타 남쪽

에 있는 것과 같은 코르도바 수호성인 미카엘 대천사 탑이

다. 광장 한가운데 망아지가 서 있는 분수대는 후엔테 델 포

트로^{Fuente del Potro}라고 부르는데, 포트로^{Potro}는 수컷 망아지를

뜻한다. 이 분수대는 세르반테스가 생존해 있을 때인 1577

후엔테 델 포트로

'세계 최고의 소설'이라고 쓰인 세라믹 타일

년에 세워진 것으로 광장의 이름은 이 분수대에서 비롯되었다. 세르반테스의 소설에 등장하는 여인숙은 광장의 10번지 포사다 델 포트로Posada del Potro를 배경으로 한다. 지금은 포스포리토 플라멩코 센터Centro Flamenco Fosforito•로 사용되고 있는데, 내부에는 15세기 코랄 데 베시노스Corral de vecinos••의 모습이 그대로 남아 있다. 광장의 반대편 미술관 외벽에는 소설 〈라 만차의 기발한 기사 돈 키호테〉(1605)를 '세계 최고의 소설'이라고 쓴 세라믹 타일이 장식되어 있다. 소설의 주인공인 알론소 키하노Alonso Quixano는 라 만차 지방의 이달고Hidalgo라고 하는 하급귀족의 신분인데, 기사도에 관한 소설에 빠져 산초와 함께 하는 모험을 그린 내용이다.

• 포스포리토Fosforito(1932~)는 코르도바의 푸엔테 헤닐Puente Genil 태생의 플라멩코 가수로, 1956년 코르도바에서 개최된 플라멩코 국립 콩쿠르Concurso Nacional de Arte Flamenco de Córdoba 1위를 시작으로 2005년에는 최고의 플라멩코 가수에게만 주어지는 칸테 황금 메달Medalla de Oro del Cante을 수상하였다. 또한 2006년 안달루시아를 위해 공로를 세운 사람에게 주어지는 안달루시아 메달Medalla de Andalucía을 수상하면서 생존하는 플라멩코 가수로서는 최고를 인정받았다.

•• 가운데 안뜰이 있고 이를 둘러싸고 집들이 모여 있는 타운하우스 같은 개념으로, 일반 서민들이 살던 안달루시아의 주택들은 이 방식으로 지어진 경우가 많다.

훌리오 로메로 데 토레스 미술관 MUSEO JULIO ROMERO DE TORRES

<u>주소</u> Plaza del Potro, 1, 14002 Córdoba <u>전화번호</u> +34 957 47 03 56 <u>웹사이트</u> http://cultura.cordoba.es/es/equipamientos/
museo—julio—romero—de—torres <u>운영시간</u> 화요일~금요일 8:30~19:30, 토요일 8:30~16:30, 일요일 9:30~14:30(월요일 휴무)

광장에 있는 15세기 고딕양식의 건물은 자선병원^{Hospital de la Caridad}으로 사용되다가 1862년 코르도바 미술관^{Museo de Bellas Artes de Córdoba}으로 재탄생하였는데, 코르도바를 중심으로 활동하던 바로크 시대 화가들의 작품이 전시되어 있다. 미술관은 코르도바의 근대 화가 훌리오 로메로 데 토레스^{Julio Romero de Torres}(1874~1930)의 대부분의 작품이 소장되어 있는 훌리오 로메로 데 토레스 미술관^{Museo Julio Romero de Torres}과 함께 사용되고 있다. 코르도바 태생인 그는 코르도바의 광장, 거리, 사람들을 테마로 한 작품을 많이 남겼는데, 춤을 추는 여인과 이를 지켜보는 사람들을 묘사한 〈알레그리아스^{Alegrías}〉(1917), 오렌지를 가득 안고 있는 여인을 그린 〈오렌지와 레몬^{Naranjas y limones}〉(1927) 등과 같은 다양한 여인들의 아름다움을 화폭에 담았다. 코르도바의 미술관을 비롯해 말라가의 카르멘—티센 미술관에서도 그의 작품을 찾아볼 수 있다.

오감을 자극하는
코르도바

CÓRDOBA 코르도바

마히스트랄 곤살레스 프란세스 거리 CALLE MAGISTRAL GONZALEZ FRANCÉS

마드리드에서 기차로 2시간, 세비야에서는 45분 정도 걸리는 코르도바에 처음 방문했을 때 보았던 메스키타^{Mezquita}는 나에게 스페인의 어떤 건물보다도 충격적이었다. 그리고 그 메스키타가 창밖으로 보이는 호텔은 고급호텔도 아니지만 내가 묵어 본 어떤 호텔과도 비교할 수 없을 만큼 나에게는 감동이었다. 코르도바 여행 전 기대했던 호텔 콘키스타도르^{Hotel Conquistador}●에 간 것은 2월 말 즈음으로 아직 꽤나 쌀쌀했지만 철로 만든 창살 사이로 햇살이 가득 들어왔다. 호텔을 마주하고 있는 아랍인들이 이베리아 반도에 남긴 상징적인 건축물 메스키타를 끼고 있는 마히스트랄 곤살레스 프란세스 거리^{Calle Magistral González Francés}는 신비스러운 분위기가 가득하다.

● 위치나 서비스, 객실의 상태 모두가 추천할 만한 곳으로, 관광객들에게 친절하게 관광지에 대한 안내를 해주는 직원들이 인상적이다. 메스키타를 향하고 있는 객실을 갖추고 있어 발코니에서 차를 한잔 마시며 메스키타의 매력을 감상할 수 있다.

주소 Calle Magistral González Francés 15-17, 14003 Córdoba 전화번호 +34 957 48 11 02 웹사이트 www.execonquistador.com

발코니로 손이 닿을 만큼 가까운 이 거리에 대해 내가 관심을 갖기 시작한 것은 페드로 알모도바르Pedro Almodóvar의 영화 〈그녀에게Hable con Ella〉(2003)를 통해서다. 헨리 퍼셀의 오페라 〈요정의 여왕〉(1692)의 5막에 등장하는 '오, 나를 울게 하소서O Let Me Weep, For Ever Weep'가 흘러나오고 슬픔에서 나오는 절규를 표현하는 20세기 최고의 현대 무용가인 피나 바우쉬Pina Bausch(1940~2009)의 작품으로 영화는 막을 올린다. 그녀의 등장과 브라질의 국민가수 카에타누 벨로주Caetano Veloso가 등장한다는 것 자체가 눈길을 끌었는데, 예술적인 요소를 통해 쉽게 공감할 수 있으면서도 우아하게 표현했다. 백색과 같이 너무나 순수한 의도이지만 비극적인 사랑의 결말을 다루는 영화에는 감미로운 목소리를 가진 카에타누 벨로주가 파티에 초대된 가수 역할로 출연하여 직접 노래를 부르기도 한다. 다양한 장르의 음악이 등장인물들의 심리나 상태를 섬세하게 그려 나는 스페인 영화가 가진 예술성을 인식하게 되었다. 투우사와 무용수와 같이 스페인의 전형적인 캐릭터의 이야기를 다루면서도 플라멩코와 같은 스페인 음악이 아닌 어울리지 않을 듯한 음악을 적합하게 사용한 점이 다양한 민족의 문화가 혼합된 알-안달루스 시대를 떠올리게 한다. 한 여인을 사랑했던 남자가 죽어서 부르는 비둘기의 노래 〈쿠쿠루쿠쿠 팔로마^{Cucurrucucu Paloma}〉(1954)가 죽음을 암시한다. 포스터의 붉은빛으로 칠해진 여인은 스페인의 가수 로사리오 플로레스^{Rosario Flores}인데, 가수가 아닌 여자 투우사를 연기했다. 우베다^{Úbeda} 태생의 작가 안토니오 무뇨스 몰리나^{Antonio Muñoz Molina}(1956~)는 코르도바가 '쇠퇴한 도시가 아닌 과거를 품고 있는 도시이고 고유의 우아한 자태를 지니고 있다'라고 묘사했는데, 사진으로 보는 것과 직접 이 거리를 걸어 보는 것은 전혀 다른 기분이다.

해가 진 후 메스키타를 향해 걸어보는 로마 다리는 파리 센느 강의 다리 주변과 같은 화려함은 없지만, 코르도바가 가진 가장 큰 매력인 작은 도시 안에서 풍겨나는 소박하고 우아한 향기를 느끼게 해 준다. 오렌지 빛과 같은 조명이 비추는 어두운 밤거리에 여주인공이 한 호텔로 들어가는 장면이 있는데, 이 거리는 영화에서 그린 것처럼 낮보다는 밤에 더욱 아름답다. 슬픈 선율의 볼레로를 연주하는 오케스트라 연주로 시작하여 플라멩코 기타리스트 비센테 아미고^{Vicente Amigo}의 연주와 플라멩코 가수 엘 펠레^{El Pele}의 노래, 그리고 팔메로^{Palmero}의 박수 소리로 안달루시아의 풍미를 입혀 클래식 음악의 우아함과 플라멩코의 정열이 한껏 담긴 주제곡을 들으며 이 거리를 마지막으로 코르도바를 보냈다.

꽃의 골목 CALLEJA DE LAS FLORES

코르도바의 역사 지구는 유네스코가 지정한 세계유산으로는 가장 넓은 시가지를 자랑한다. 코르도바는 피렌체 다음으로 유럽에서 두 번째로 큰 구시가지가 남아 있는 곳인데, 메스키타를 제외하고는 눈에 띌 만한 웅장한 문화재가 있는 것은 아니지만 몇 번이고 되돌아와도 코르도바의 후데리아만큼 중세의 기분을 느끼게 해 주는 곳이 없다. 메스키타의 북쪽 외벽에 11개의 등불과 함께 성모 마리아가 승천하는 제단화가 모셔져 있는데, '등불의 성모^{Virgen de los Faroles}'라고 부른다. 등불의 성모 맞은편으로

보이는 벨라스케스 보스코 거리^{Calle Velázquez Bosco}를 따라 30m 정도 걸어가면 흰색 벽에 꽃 화분이 장식되어 있는 길이 나타난다. 코르도바에서 가장 예쁘다고 하는 이 길의 이름은 '꽃의 골목^{Calleja de las Flores}'이다. 좁은 골목 안으로 들어가면 로마 시대부터 서 있는 기둥과 함께 분수대가 세워져 있는데, 골목에서 메스키타의 종탑이 보이는 곳에서 사진을 찍는 사람들로 북적거린다.

꽃의 골목 안에는 '코르도바의 발코니'라는 뜻의 발콘 데 코르도바^{Balcon De Cordoba}● 호텔이 있는데, 집들이 몇 채 안 되는 이 좁은 골목에서는 유일한 숙박시설이다. 해가 진 후에 메스키타의 미나렛이 보이는 이 골목을 걷노라면 멀리서 로맨틱한 세레나데가 들릴 것만 같다.

● 2012년 콩데나스 트래블러 매거진에서 선정한 스페인 최고의 호텔 6개 가운데 하나인 발콘 데 코르도바는 낭만적인 신혼여행을 보내는 이들에게 매력 만점이다. 고급 호텔이면서도 객실의 수가 총 10개밖에 없기 때문에 미리 서둘러서 예약을 하지 않으면 원하는 날짜에 숙박하기 어렵다. 10개의 객실은 각각 다른 이름으로 불리며, 6개의 일반 더블룸과 메스키타가 보이는 최고급의 테라스가 딸린 스위트가 있다. 더블룸은 €250부터, 스위트는 €400 정도로 테라스 유무에 따라 가격이 다르다.

주소 Calle Encarnación, 8, 14003 Córdoba 전화번호 957 49 84 78 웹사이트 www.balcondecordoba.com

코르도바의 중심이 되는 곳은 메스키타이기 때문에 메스키타 주변으로 호텔을 정하는 것이 편리하다. 코르도바 시내 안에서는 교통수단을 이용하지 않고 걸어서 이동이 가능하니 예산에 맞는 곳으로 정하면 된다. 대부분 객실의 수가 30개 정도의 작은 호텔들이고, 분위기가 비슷하기 때문에 어떤 호텔이든 걱정할 필요가 없다. 코르도바의 호텔들 대부분은 내부에 파티오 레스토랑이 있으니 이용해 보기 바란다. 메스키타를 둘러싸고 있는 호텔들의 발코니나 창문에서는 메스키타의 외부가 보이기도 하니, 메스키타가 보이는 방으로 요청을 해 보는 것도 좋은 방법이다. 밖에서 보는 경치와 프라이버시가 보장되는 객실 안에서 보는 기분은 또 다르다. 예약 메시지에 "Prefiero un habitacion con la vista de la mezquita, Gracias(메스키타-뷰가 있는 객실을 선호합니다. 감사합니다)."라는 문구를 추가하면 된다.

파티오에서
플라멩코를 보며 즐기는
'살모레호 코르도베스'

파티오(스페인 주택의 중정)가 있는 레스토랑에서 살모레호Salmorejo를 즐기며 관람하는 플라멩코는 시각, 청각, 후각, 미각, 촉각의 오감을 자극한다. 코르도바가 낳은 플라멩코 기타리스트 비센테 아미고가 단골인 타베르나에서 그의 음반을 들으며 즐긴 식사 후에는 오감을 넘어 육감까지 더해질 것만 같다. 문화재와 더불어 시대를 초월한 철학자들의 가르침을 다시 한 번 되새기며, 오렌지 향기가 가득한 신비스러운 코르도바 여행을 통해 '영혼의 힐링'을 체험했으면 한다.

레스토란테 파티오 데 라 후데리아 RESTAURANTE PATIO DE LA JUDERÍA

<u>주소</u> Calle del Conde y Luque, 14003 Córdoba <u>전화번호</u> +34 957 48 78 61 <u>영업시간</u> 매일 12:30~16:00, 19:00~23:00

'후데리아의 파티오'라는 이름의 이 레스토랑은 이름처럼 내부에 파티오가 있는 곳으로 코르도바에서 가장 예쁜 레스토랑이다. 안달루시아 전통양식의 가정집을 개조한 곳이라 가든에서 즐기는 파티와 같은 분위기를 낼 수 있는 곳인데, 높은 천장에서 들어오는 빛으로 인해 실내에 있어도 답답하지가 않다. 매주 토요일 오후 4시에는 플라멩코 공연을 관람하면서 식사를 즐길 수 있는데, 입장료는 따로 없고 식사를 하는 손님들에게 제공된다. 프로그램은 매번 바뀌며, 주로 노래와 기타 연주를 하고 세비야나스 춤을 선보인다. 시간은 변경될 수도 있으니 식사를 계획하기 전에 미리 방문해서 확인해 보는 것이 좋다.

살모레호 코르도베스 Salmorejo Cordobés

안달루시아의 대표적인 음식인 살모레호는 코르도바에서 유래한 전통 타파스이다. 코르도바의 살모레호라고 하여 살모레호 코르도베스Salmorejo cordobés라고 부른다. 대부분의 타파스 바나 레스토랑의 메뉴에 있는 보편적인 음식인데, 토마토와 빵을 수프 베이스로 하는 것은 어느 곳이나 같지만 레스토랑에 따라 하몬, 삶은 계란 등 가니시를 올리는 방식은 조금씩 차이가 있다.

재료만 있다면 집에서도 만들어 먹을 수 있다. 토마토와 빵 그리고 올리브유, 마늘, 식초가 주재료인데, 가스파초gazpacho보다 빵을 더 많이 첨가해 퓌레purée와 비슷하다. 세라노 하몬과 삶은 계란을 으깬 가니시를 올려 차갑게 먹는 음식으로, 특히 여름에 즐겨 먹는다.

- 재료(2~3인분 기준)

  토마토 450그램, 마늘 반쪽, 흰 빵(바게트) 50그램, 식초 1~2테이블스푼, 올리브 오일, 소금 조금, 가니시(세라노 하몬, 삶은 계란)

- 레시피

  1. 토마토를 4등분으로 썰어 토마토, 마늘, 식초, 소금을 넣고 믹서를 사용해 수프 형태로 만든다.
  2. 바게트 빵을 부드러워질 때까지 물에 불린 후 꺼내어 먼저 만들어 둔 수프에 올리브 오일을 넣어 믹서를 사용해 섞는다.
  3. 차갑게 냉장한 후, 가니시를 올리면 완성이다.

바르 산토스 BAR SANTOS

주소 Calle Magistral González Francés, 3, 14003 Córdoba　영업시간 매일 14:00~1:30

스페인 사람들이 즐겨 먹는 토르티야 데 파타타스Tortilla de patatas는 감자를 넣은 두툼한 오믈렛이다. 코르도바에서 가장 맛있는 토르티야를 만드는 집으로 주인 프란시스코 산토스Francisco Santos가 1966년부터 계속해서 영업을 하고 있다. 플라스틱 일회용 접시에 주는 2.50유로의 저렴한 가격을 믿을 수 없을 정도로 맛만큼은 고멧 푸드와 같다. 이 집은 감자를

이용해 만든 음식을 전문으로 하는데, 토르티야말고도 감자튀김 파타타스 브라바스 Patatas bravas와 감자 샐러드 엔살라디야 루사 Ensaladilla rusa가 있다. 점심에 이 집의 토르티야를 먹으려면 꽤나 긴 줄을 서야 하는데, 내부가 워낙 비좁아 불편함을 감수하고 메스키타 옆에 서서 먹는 것이 다반사이다.

● 토르티야 데 파타타스 Tortilla de Patatas는 '스페인식 토르티야'라는 뜻의 '토르티야 에스파뇰라 Tortilla española'라고도 부른다. '파타타스'는 감자인데 감자 토르티야는 스페인 사람들이 즐겨 먹는 타파스로 우리가 알고 있는 옥수수로 만든 멕시코의 토르티야와는 다르다. 스페인식 토르티야는 계란을 사용하여 만든 '감자 오믈렛'으로 생각하면 된다. 아침 식사나 간식으로 먹기 좋은 음식이다.

타베르나 가스트로노미카 **TABERNA GASTRONÓMICA**

주소 Calle Deanes 5, 14003 Cordoba 웹사이트 www.tabernaloscalifas.com 영업시간 매일 12:00~24:00

플라멩코 아티스트들과 투우사들이 자주 드나들던 타베르나를 모던한 감각으로 리노베이션한 곳으로, 이탈리아 요리와 코르도바의 타파스를 즐길 수 있으며 코르도바에서 개최하는 요리경연대회에서 수상한 경력도 있다. 여행을 하는 도중에 밥 생각이 나면 이곳에 가 보면 좋은데, 갈비찜과 비슷한 스페인식 소꼬리찜인 라보 데 토로Rabo de toro와 육류나 해산물을 넣은 밥이 있다. 스페인 사람들이 즐겨 먹는 돼지 뒷목살 구이 프레사 이베리카Presa Ibérica, 각종 샐러드 등도 맛볼 수 있다. 내부에는 타베르나의 역사를 증명하듯 플라멩코 아티스들의 사진과 투우사들이 입던 옷들이 진열되어 있어 다양한 볼거리도 제공한다. 한쪽 벽에는 플라멩코 기타리스트 비센테 아미고Vicente Amigo●의 사진이 그의 친필 사인과 함께 걸려 있다.

● 전 세계인들에게 사랑받는 플라멩코 기타리스트 비센테 아미고Vicente Amigo는 코르도바의 대표적인 아티스트로, 이 레스토랑을 자주 찾는 유명인사이다. 〈트레스 노타스 파라 데시르 테 키에로Tres Notas Para Decir Te Quiero〉라는 대표적인 그의 곡을 들어 보자.

미로와 같은 길들이 가득한 후데리아 Judería의 작은 골목에는 많은 상점들이 있다. 코르도바를 기념할 메스키타를 모티브로 만든 장식품은 빼놓을 수 없는 기념품인데, 은세공으로 유명한 코르도바인 만큼 은으로 만든 액세서리와 다양한 색상의 플라멩코 의상과 함께 할 수 있는 제품들이 가득하다. 메스키타를 주변으로 마히스트랄 곤살레스 프란세스 거리 Calle Magistral González Francés의 산타 카탈리나 광장 Plaza de Santa Catalina을 지나 카르데날 에레로 거리 Calle Cardenal Herrero를 둘러싸고 다양한 기념품을 판매하는 상점들이 위치하고 있어 쇼핑하기 편리하다.

익스클루시바스 카르멘 EXCLUSIVAS CARMEN

주소 Cardenal Herrero 30–32, 14003 Córdoba 전화번호 +34 957 486 176 웹사이트 www.exclusivascarmen.com

세련된 디자인의 부채, 만톤 데 마닐라, 장신구를 판매한다. 길에서 파는 관광객용 기념품이 아닌 고가의 제품들이 대부분인데, 빨강, 베이지, 파랑 등 다양한 색상에 따라 디스플레이를 해 놓아 원하는 제품을 찾기 편리하다. 현지인들은 이 장신구들을 축제 때 멋을 내기 위해 사용하는데, 고급 소재로 만든 이국적인 액세서리를 찾는다면 투자할 만하다.

라파엘 모랄 RAFAEL MORAL

주소 Calle Deanes 4, 14003 Córdoba 전화번호 +34 957 29 39 62

알–안달루스 시대부터 코르도바 유대인들의 은세공업은 유명했다. 은세공사 라파엘 모랄Rafael Moral이 1950년에 개업한 이 상점은 은제품이 특히 유명하다. 다른 상점에서 보기 드문 다양한 디자인의 액세서리 제품으로 가득하다. 종류가 워낙 많아 원하는 것을 찾으려면 시간이 꽤 걸릴지도 모른다. 내부에는 주인이 수집한 유명 투우사들의 의상이 전시되어 있으며, 그 가운데는 미남 투우사로 알려진 말라가 태생의 하비에르 콘데Javier Conde의 옷도 있다. 빨간색, 검은색 등으로 만드는 투우복은 보통 완성되기까지 한 달 정도 걸리는데, 노란색은 불길하다고 해서 입지 않는다.

코르도바에서 다른 지역으로 이동하기

마드리드에서 코르도바까지는 고속열차 AVE를 이용하여 1시간 40분 정도가 소요된다. 코르도바에서 기차로 세비야, 말라가까지는 50분 남짓한 거리에 있다. 그라나다까지는 약 3시간이 소요된다.

코르도바 기차역 Estación de Córdoba

주소 Glorieta de las Tres Culturas, 14011 Córdoba 전화번호 +34 902 432 343

마드리드 – 코르도바

렌페Renfe 소요시간 약 1시간 40분, 요금 €47～63

세비야 – 코르도바

렌페Renfe 소요시간 약 50분, 요금 €13～30

그라나다 – 코르도바

렌페Renfe 소요시간 약 3시간, 요금 €34～38

기차역까지는 메스키타의 남쪽 푸에르타 델 푸엔테Puerta del Puente에서 코르도바 기차역까지 가는 3번 버스를 타거나, 택시를 이용하는 방법이 있다.

SEVILLA

세계에서 가장 큰 고딕 양식의 대성당이 있는 이 도시는 16세기 중세시대 부의 중심지였다. 카스티야 왕국의 일부가 되기 전인 12세기에는 무슬림들이 이곳을 수도로 삼아 세비야의 상징인 히랄다 종탑을 남겨 오늘날에도 도시를 환하게 비추고 있다. 거대한 대성당, 알카사르를 비롯하여 20세기 초반에 세워진 스페인 광장은 많은 영화와 CF의 배경이 되어 관광객들에게 더욱 잘 알려지게 되었다. 매년 봄에 열리는 부활절 축제와 페리아를 비롯해 일 년 내내 활기가 가득한 세비야에서는 혼자 여행을 하더라도 외로움을 느낄 시간이 없다.

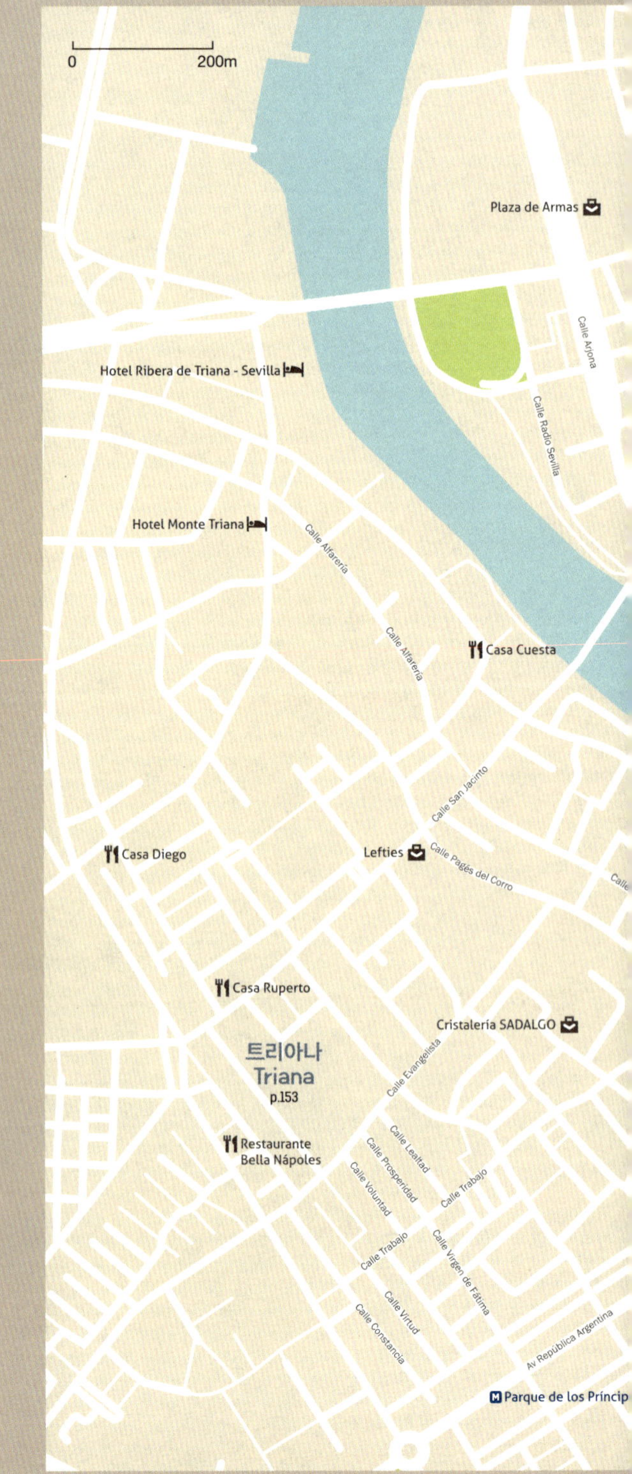
0
200m
Plaza de Armas
Calle Arjona
Calle Radio Sevilla
Hotel Ribera de Triana - Sevilla
Hotel Monte Triana
Calle Alfarería
Calle Alfarería
Casa Cuesta
Calle San Jacinto
Casa Diego
Lefties
Calle Pagés del Corro
Calle
Casa Ruperto
Cristalería SADALGO
트리아나
Triana
p.153
Calle Evangelista
Restaurante
Bella Nápoles
Calle Leañad
Calle Prosperidad
Calle Trabajo
Calle Voluntad
Calle Trabajo
Calle Virgen de Fátima
Calle Virtud
Calle Constancia
Av República Argentina
Parque de los Princip

엘 코르테 잉글레스
El Corte Inglés / p.167
El Rinconcillo
두께 광장
Plaza del Duque
p.166
Calle Alfonso XII
La Campana
Calle Imagen
Calle Azafrán
무세오 광장
Plaza Del Museo / p.157
Calle Santiago
Calle Alhondiga
세비야 미술관
Museo de Bellas Artes de Sevilla
p.159
Taberna Coloniales
Calle San Eloy
오도넬 거리
Calle O'Donnell
p.165
벨라스케스 거리
Calle Velázquez
p.164
Calle Cuna
Calle Imperial
그란 멜리아 콜론
Gran Melia Colon
p.160
Calle Canalejas
리오하 거리
Calle Rioja
p.163
Horno San Buenaventura
Calle Águilas
Calle San Pablo
Calle Moratin
테투안 거리
Calle Tetuán
p.162
시에르페스 거리
Calle Sierpes
p.165
Calle Conde de Ibarra
Calle Carlos Cañal
Calle Zaragoza
누에바 광장
Plaza Nueva / p.161
산 프란시스코 광장
Plaza De San Francisco
p.155
Museo Del Baile
Flamenco
La Carbonería
Calle Santas Patronas
Calle Galera
프낙
Fnac / p.101
엘 콜모
El Colmo / p.128
Calle Aire
Calle Céspedes
1km
세비야 산타
후스타 기차역
Calle Pastor y Landero
카사 로블레스 플라세티네스
Casa Robles Placetines / p.128
Calle Genil
돈 후안 데 알레마네스
Don Juan de Alemanes / p.127
엘 히랄디요
El Giraldillo / p.104
Calle Adriano
세비야 투우장
Plaza de toros de la
Real Maestranza de
Caballería de Sevilla
p.151
Calle García de Vinuesa
왕들의 성녀 광장
Plaza Virgen de los
Reyes / p.103
세르베세리아 히랄다
Cervecería Giralda / p.105
Paseo de Cristóbal Colón
Calle Antonia Díaz
콘스티투시온 대로
Avenida De La Constitución
p.98
호텔 무리요
Hotel Murillo / p.101
세비야 대성당
Catedral de Santa María
de la Sede de Sevilla
p.112
알파로 광장
Plaza Alfaro / p.148
Calle Dos de Mayo
Calle Tomás de Ibarra
삶의 길
Calle Vida / p.149
물의 길
Calle Agua
p.145
Calle Rastro
Calle Betis
Calle Pureza
세비야 알카사르
Real Alcázar de Sevilla
p.129
Calle Capitán Vigueras
호텔 알카사르
Hotel Alcazar
p.109
Calle Santander
Av de Cádiz
엘 그란 카페
El Gran Café
p.101
Av Málaga
Calle Almirante Lobo
황금의 탑
Torre del Oro
p.154
Calle Almirante Lobo
Puerta de Jerez
알폰소 13세 호텔
Hotel Alfonso XIII
p.100
Calle Troya
Calle Roma
더 굿 버거
The Good Burger
p.102
Prado de San Sebastián
Puente de S. Telmo
왕립담배공장
Real Fábrica de Tabacos
p.142
Av Carlos V
Paseo de las Delicias
Plaza de Cuba
Av Portugal
호텔 멜리아 세비야
Hotel Meliá Sevilla
p.109
Calle Virgen de Regla
Av de María Luisa
스페인 광장
Plaza de España
p.106
Calle Virgen del Valle
Calle Monte Carmelo
94 >>> 95

세비야의 사진작가가 이야기하는 세비야

설정된 과장된 표정보다는
신랑 신부의 평소 모습을 담으려고 해요
세비야는 로맨틱한 웨딩화보를 남길 수 있는 최고의 장소예요

- PACO -

아버지가 사준 카메라를 목에 걸고 다니며 5살 무렵부터 사진을 찍었다는 파코는 세비야 태생의 사진작가이다. 세비야에서 태어나 자라고 지금도 살고 있기에 그는 누구보다도 이 도시의 아름다움과 특별함을 잘 알고 있다. 어쩌면 진부할지도 모르겠지만, 그는 세비야에서 가장 아름다운 곳은 구시가지 Casco Antiguo라고 전하는데, 12세기 세비야에 살던 무슬림들의 기도 시간을 알리던 히랄다 종탑과 거대한 고딕 양식의 세비야 대성당, 20세기에 세워진 네오-무데하르 양식의 건물까지 이 도시를 지배하는 문화의 정체가 궁금하다. 세비야에서 웨딩화보를 찍는 사람은 누구나 대성당과 히랄다 종탑을 배경으로 하는 사진은 남기는데, 조명이 아닌 강렬한 태양의 자연광이 독특한 사진을 만들어 준다고 한다. 또한 아주 무더운 7-8월을 제외하고는 거의 일 년 내내 날씨가 좋아 세비야의 커플들뿐만 아니라 해외에서도, 웨딩화보를 찍으러 많이 오기 때문에, 파코의 스케줄은 언제나 분주하다.

세비야 사진작가가 추천하는 웨딩화보 촬영 스폿 BEST 5

1 콘스티투시온 대로

관광객들을 위한 구식 마차와 최첨단 트램이 함께 지나다니는 이 대로에서는 빈티지 분위기가 나는 흑백이나 세피아 사진이 잘 어울린다. 대로에 있는 사르라리오 성당Iglesia del Sagrario은 대성당의 부속성당이다. 대로의 네오–무데하르 양식의 라 아드리아티카La Adriática●를 배경으로 하는 사진은 시간을 초월해 과거로 돌아가는 것과 같은 낭만을 남긴다.

2 왕들의 성녀 광장

무어인들의 기도 시간을 알리는 모스크의 미나렛으로 세워진 히랄다 종탑과 고딕 양식의 대성당이 있는 세비야의 랜드마크가 있는 왕들의 성녀 광장은 영화 〈나잇 앤 데이Knight and Day〉(2010)의 배경이 되었던 곳이다. 피렌체의 두오모보다도 더욱 로맨틱한 세비야 대성당과 히랄다는 웨딩화보 촬영 장소로 빼놓을 수 없는 곳이다.

3 알카사르

신성 로마 제국의 황제 카를로스 5세와 같은 역대 군주, 가장 최근에는 스페인의 국왕 후안 카를로스 1세의 딸 엘레나 왕녀와 같은 스페인 왕가의 일원들의 결혼식이 열렸던 곳으로, 왕과 왕비가 되어 마치 동화 속의 한 장면과 같은 달콤한 화보를 남길 수 있는 특별한 장소이다.

4 스페인 광장

영화, CF의 배경이 되어 대성당과 함께 세비야를 상징하는 광장이 된 스페인 광장에서는 세라믹 타일로 장식된 계단, 다리, 의자를 배경으로 하얀 웨딩드레스가 더욱 돋보이는 사진을 만들 수 있다.

5 트리아나

과달키비르 강이 흐르고 이사벨 2세 여왕의 다리가 있는 트리아나는 세비야에서 야경이 가장 아름다운 곳이다. 집시들이 추는 플라멩코의 열정이 느껴지는 트리아나 다리, 강물에 비치는 황금의 탑과 멀리 보이는 히랄다 종탑을 배경으로 남기는 사진은 신비로움 그 자체이다.

● 알폰소 13세 호텔과 함께 아니발 곤살레스Aníbal González가 설계한 건물이다.

콘스티투시온 대로

AVENIDA DE LA CONSTITUCIÓN

아베니다 데 라 콘스티투시온

SEVILLA 세비야

왼쪽-라 아드리아타카, 오른쪽-헤레스 문

붓으로 그려놓은 것과 같은 뭉게구름이 가득한 파란 하늘 아래 손을 잡은 노부부가 느긋한 산책을 즐길 수 있는 세비야의 거리를 걷다 보면 여행을 즐기는 커플들을 많이 본다. 그들을 바라보며 미래에 대한 꿈을 꾸고 나면 나에게도 행복한 나날들이 계속될 것만 같다. 부케를 들고 가는 신부와 신랑이 중앙에 지나가고 자전거를 타는 사람들, 그리고 트램과 마차가 거리의 한복판을 누비는 콘스티투시온 대로Avenida De La Constitución는 현재와 과거가 교차하는 곳이다. 대로 가운데 보이는 돔 모양의 지붕을 한 화려한 건물은 1920년대에 세워졌는데, 네오-무데하르 양식의 건물로 라 아드리아티카La Adriática●라고 부른다. 유럽이라기보다는 오리엔탈의 분위기를 풍기는 이 건물은 세비야 대성당과 더불어 대로의 랜드마크인데, 이곳을 배경으로 사진을 남기지 않는 여행객이 없다. 남북으로 이어지는 대로의 남쪽으로는 헤레스 문Puerta de Jerez이 있는데, 알폰소 13세 호텔과 그 옆으로 이어지는 산 페르난도 거리에는 오페라 〈카르멘〉의 배경이 되는 옛 담배공장이 있다. 이 대로는 도보 전용 도로로, 대로 중심에 대성당이 자리하고 있어 이곳을 거점으로 하여 여행을 다니면 길을 잃을 일이 없다.

● 알폰소 13세 호텔과 함께 아니발 곤살레스Aníbal González가 설계한 건물로 1층에는 제과점 필레야Filella가 1935년부터 3대째 그 자리를 지키고 있다.

왼쪽-알폰소 13세 호텔, 오른쪽-콘스티투시온 대로

1987년 유네스코가 지정한 세계문화유산인 세비야 대성당, 알카사르, 인디아스 고문서관을 비롯해 오페라 〈카르멘〉의 배경이 되었던 산타 크루스 구역Barrio de Santa Cruz 등과 같은 대부분의 관광지는 구시가지에 위치하고 있는데, 이 지역을 '오래된 껍질'이란 뜻의 카스코 안티구오Casco Antiguo라고 부른다. 구시가지의 중심은 대성당이 있는 콘스티투시온 대로이다. 트램이 지나다니는 호텔, 레스토랑, 카페 등이 대로를 따라 가득해 숙박을 하거나 식사를 하기에 편리하다.

알폰소 13세 호텔 HOTEL ALFONSO XIII

주소 Calle San Fernando, 2, 41004 Sevilla, Spain 전화번호 +34 954 91 70 00 웹사이트 www.hotel-alfonsoxiii-seville.com

독특한 무데하르 양식의 이 건물은 스페인 광장과 더불어 1929년 이베로아메리카나 박람회에 초대된 귀빈을 영접하기 위하여 세워진 호텔이다. 알폰소 13세 호텔은 1929년 알폰소 12세가 호텔에서 있었던 이사벨 왕녀Infanta Isabel의 결혼식을 기념하여 개관하였다. 다이애나 비, 그레이스 켈리, 재클린 케네디 오나시스 등과 같은 유명인들이 방문했던 세비야를 상징하는 최고급 호텔이다.

왼쪽-프낙. 오른쪽-엘 그란 카페

호텔 무리요 HOTEL MURILLO

주소 Calle Lope de Rueda 7, 41004 Sevilla 전화번호 +34 954 21 60 95 웹사이트 www.grupoadhra.com

일반 가정집같이 꾸며진 객실은 여행이 아니라 세비야에 살고 있는 기분을 느끼게 해 준다. 고급 호텔은 아니지만, 대성당과 타파스를 즐길 수 있는 알레마네스 거리까지 도보로 5분 거리에 있어 편리하다.

프낙 FNAC

주소 Av de la Constitución, 8, 41001 Sevilla 전화번호 +34 902 10 06 32 영업시간 월요일~토요일 10:00~22:00

구시가지의 중심지인 콘스티투시온 대로에 있는 음반, 도서, 스피커, 컴퓨터 용품 등을 판매하는 대형매장이다. 국내에서 구하기 어려운 영화나 음반, 도서 등이 필요하다면 이곳을 들러 보면 좋은데, 때때로 가수들의 음반 프로모션이나 쇼케이스 등이 열리기도 하여 볼거리를 제공한다.

엘 그란 카페 EL GRAN CAFÉ

주소 Calle Maese Rodrigo 3, 41001 Sevilla

1856년부터 이 자리를 지키고 있는 그란 카페는 160년 가까이 된 역사를 자랑한다. 커피부터 시원한 맥주, 아이스크림까지 다양한 음료와 디저트를 즐길 수 있는 곳이

다. 옛 담배공장이나 스페인 광장으로 향하는 길목에 있어 지나가다가 들르기 편하
다. 그란 카페의 건너편에는 스타벅스나 하겐다즈 같은 카페도 있는데, 이런 커피 체
인점은 일반 카페와 비교해 가격이 2~3배 정도 더 비싸다. 현지에서는 스타벅스보
다는 스페인식 '카페 콘 레체'를 즐겨 보자!

스타벅스 Starbuck's

산 페르난도 거리

주소 San Fernando 1, 41001 Sevilla 전화번호 +34 954 21 47 19 웹사이트 www.starbucks.es

콘스티투시온 거리

주소 Av Constitución 36, 41004 Sevilla 전화번호 +34 955 57 19 71

더 굿 버거 THE GOOD BURGER

주소 Av Paseo de Cristina, 3, 41013 Sevilla 전화번호 +34 902 19 74 94 웹사이트 www.thegoodburger.com

타파스를 먹던 세비야 젊은이들도 최근에는 미국식 버거를 즐기는 추세이다. 비프,
베이컨, 토마토, 양상추, 치즈가 들어간 'TGB 버거'는 우리 입맛에 가장 잘 맞는 메
뉴로, 색다른 맛을 즐겨 보고 싶다면 닭고기가 들어간 Pollo BLT, 돼지고기에 달콤
한 바비큐 소스를 넣은 버거 Pull Pork BBQ를 추천한다.

왕들의
성녀 광장

PLAZA VIRGEN DE LOS REYES

플라사 비르헨 데 로스 레예스

할리우드 최고의 미남배우 톰 크루즈가 오토바이에 카메론 디아즈를 태우고 질주하는 영화 〈나잇 앤 데이Knight and Day〉(2010)의 배경 가운데 하나가 이곳 왕들의 성녀 광장이다. 콘스티투시온 대로에서 대성당 방향으로 걸어가면 등불과 가톨릭을 상징하는 십자가가 우뚝 선 화려한 장식의 석재 분수대를 가운데 두고 거대한 세비야 대성당이 한눈에 들어온다. 쏟아질 것 같이 높은 히랄다에서 뿜어져 나오는 아랍의 향기와 웅장한 고딕 양식의 대성당을 배경으로 사진을 찍는 사람들도 가득하다. 이 광장에 앉아 식사를 하거나 차를 마실 때만큼은 마치 내가 이 광장의 주인이 된 것 같은 기분이 든다. 옆으로 지나다니는 마차들, 사진을 찍는 사람들, 노래를 부르고 깔깔대며 담소를 나누는 세비야 사람들을 보고 있노라면 이 시간이야말로 영화 속 한 장면이 아닌가 싶다.

엘 히랄디요 EL GIRALDILLO

주소 Plaza Virgen de los Reyes 2, 41004 Sevilla　전화번호 +34 954 214 525

대성당과 히랄다 탑이 위치하고 있는 왕들의 성녀 광장의 한가운데를 지키고 있는 이 레스토랑은 대성당의 입구에 있는 히랄디요 동상의 이름을 딴 곳이다. 레스토랑 입구의 히랄디요를 작게 복제한 동상이 다시 한 번 대성당을 생각나게 한다. 광장의 유일한 레스토랑이라 음식 가격이 제법 비싼 편이지만 여행 중 한 번 정도 또는 특별한

왼쪽-엘 히랄디요. 가운데. 오른쪽-세르베세리아 히랄다

날에 즐겨 보는 것도 나쁘지 않을 것이다. 심플하고도 고급스러운 맛으로, 육류 메뉴를 추천한다. 소고기 꼬리뼈를 넣은 밥 아로스 크레모스 콘 콜라 데 토로^{Arroz cremoso con Cola de Toro}와 위스키 소스를 넣은 돼지고기 등심 요리 솔로미요 알 위스키^{Solomillo al whisky} 등이 추천 메뉴이며 가격은 약 €20 정도이다.

세르베세리아 히랄다 CERVECERÍA GIRALDA

<u>주소</u> Calle Mateo Gago 1, 41004 Sevilla <u>전화번호</u> +34 954 228 250 <u>웹사이트</u> www.bargiralda.es

세비야를 상징하는 히랄다 종탑의 이름과 같은 세르베세리아 히랄다는 '히랄다 맥줏집'이라는 뜻이다. 그렇다고 해서 맥주만 파는 것은 아니고 아침 식사부터 저녁까지 하루 내내 주방이 열려 있다. 1934년 개업하여 세비야에서 가장 오래된 레스토랑 중 하나인데, 12세기에 이 자리에 있던 아랍식 목욕탕이었던 곳을 개조한 것이기 때문에 건물 자체가 굉장히 오래되었다. 세라믹 타일로 장식된 내부로 들어서면 알카사르랑 비슷한 분위기여서 식사가 즐겁다. 저렴한 가격에 역사적인 건축물 안에서 즐기는 전통적인 세비야의 맛은 언제 들러도 변함없다. 감자를 넣은 오믈렛 토르티야 데 파타타스^{Tortilla de Patatas}와 병아리콩을 넣은 시금치 요리 에스피나카스 콘 가르밴조^{Espinacas con garbanzo} 등 약 €3~4대로 저렴한 타파스를 맛볼 수 있다.

스페인
광장

PLAZA DE ESPAÑA
플라사 데 에스파냐

세비야 태생의 건축가 아니발 곤살레스^{Aníbal González}(1876~1929)에 의해 설계된 이 광장은 아르데코, 네오–무데하르 양식 등이 조합된 '레히오나리스모 안달루스^{Regionalism andaluz}'라고 하는 안달루시아의 지방색이 두드러지는 독특한 건축 양식을 자랑한다. 죽기 전에 꼭 봐야 할 영화 1001 가운데 하나로도 선정되었던 〈아라비아의 로렌스^{Lawrence of Arabia}〉(1962)를 비롯하여 최근에는 독재자를 풍자하는 코미디 영화 〈독재자^{The Dictator}〉(2012)까지 다양한 장르의 영화와 CF의 배경이 되었다. 호텔 알폰소 13세와 함께 1929년 세비야에서 열렸던 에스파냐 · 아메리카 박람회^{Exposición Ibe roamericana de Sevilla}를 위해 세비야를 상징하는 세라믹 타일들을 이용하여 스페인의 역사와 문화를 나타냈는데, 오색의 세라믹 타일들을 배경으로 찍는 사진은 다른 어떤 곳보다도 신부의 하얀 드레스를 돋보이게 한다. 강물이 흐르는 원형의 광장 가운데에는 커다란 분수대를 비롯하여 카스티야, 레온, 아라곤, 나바라 네 개의 왕국을 상징하는 다리가 한눈에 들어오고, 그 주변으로 스페인의 48개 주를 상징하는 세라믹 타일로 만든 의자들이 가득하다. 영화 〈스타워즈 에피소드 2: 클론의 습격〉(2002)에서 아미달라 여왕 역을 맡았던 나탈리 포트만과 앳된 모습의 미남 배우 헤이든 크리스텐슨이 다리를 지나 광장의 갤러리를 걷는 로맨틱한 모습을 그대로 재현해 볼 수 있다.

광장의 남쪽으로 꽃과 나무가 가득한 마리아 루이사 공원Parque de María Luisa를 지나면 1929년 세비야 박람회 때 무데하르관으로 사용되었던 세비야 예술 풍습 박물관이 나오는데, 구시가지에서 마차를 타고 이곳까지 이동할 수 있다. 또는 헤레스 문에 위치한 호텔 알폰소 13세에서 옛 담배공장이 있는 방향으로 산 페르난도 거리Calle San Fernando를 따라 동쪽으로 향한다. 버스와 차들이 지나다니는 큰 도로가 메넨데스 펠라요 거리Av. de Menéndez Pelayo인데, 오른쪽 대각선 방향으로 길을 건너면 스페인 광장이다. 도보로 15분 정도 소요되며, 헤레스 문이나 누에바 광장에서 트램을 타고 프라도 산 세바스티안Prado San Sebastián에서 하차하는 방법도 있다.

호텔 멜리아 세비야 HOTEL MELIÁ SEVILLA

<u>주소</u> Av de la Borbolla 41004 Sevilla <u>전화번호</u> +34 954 53 97 80 <u>웹사이트</u> www.melia.com

멜리아는 체인호텔로 구시가지에 있는 호텔과 비교해 모던하게 꾸며져 있으며 객실이 쾌적하다. 스페인 광장까지는 도보로 5분 정도 거리에 있고, 대성당과 알카사르까지는 15분 정도 소요된다. 구시가지에서 조금 떨어져 있지만, 공원을 둘러싸고 있어 도심 안에서 조용한 휴가를 보낼 수 있다.

호텔 알카사르 HOTEL ALCAZAR

<u>주소</u> Av de Menéndez Pelayo 10, 41004 Sevilla <u>전화번호</u> +34 954 41 20 11 <u>웹사이트</u> www.hotelalcazar.com

객실이 비교적 작은 이 호텔은 교통의 중심지인 프라도 산 세바스티안^{Prado San Sebastián}에 위치하여 공항이나 역으로 이동하기에 편리하다. 건너편의 공원을 가로지르면 알카사르와 대성당까지 걸어서 10분 안에 도착할 수 있다.

SEVILLA 세비야

2014년 4월

나의 아술^{Azul}에게…

츠지 히토나리와 에쿠니 가오리 두 사람이 편지 형식으로 쓴 소설

〈냉정과 열정 사이〉(1999)를 읽어 봤는지 궁금하네.

10년 후에 두 사람이 피렌체^{Firenze} 두오모^{Duomo}에서 만나기로 하는 이야기가 나오는데,

나는 영원한 사랑을 약속하는 연인들의 장소인 두오모의 쿠폴라가 아닌

세비야의 히랄다 종탑^{La Giralda}●에 서서 사랑을 약속하고 싶어.

두오모의 큐폴라는 464개의 계단을 올라가는데,

히랄다 종탑은 계단이 아닌 경사면을 따라 올라가게 되어 있어.

말을 타고 올라갈 수 있도록 설계된 것인데,

100m 정도 되는 탑을 경사가 진 길을 따라 올라가기 때문에 쉽지는 않겠지만

만약 부모님이 연로하셔서 힘들어도 부축을 해서 올라갈 수 있을 것 같아.

나는 가끔씩 답답해지면 이 탑에 올라가서 세비야의 풍경을 감상하곤 했는데,

탑 정상에 올라가 이 도시만이 가지고 있는 이국적이고 독특한 향기를 느끼고 나면

내가 이곳에 살고 있음에 행복해져.

히랄다 종탑 앞으로 하얀 웨딩드레스를 입은 신부가 너무 사랑스럽지 않아?

● 왕실 예배당^{Capilla Real}을 지나 'Giralda'(히랄다)라고 쓰여 있는 표지판을 따라가자.
대성당의 북쪽에 위치한 히랄다 종탑으로 올라가는 입구가 보인다. 이 탑을 보면 대성당이 들어서기
전 이곳이 모스크였다는 것을 짐작할 수 있는데, 98미터 높이의 히랄다는 세비야 시내 어디에서든 눈
에 띄기 때문에 이 탑을 중심으로 길을 익혀 두면 지도 없이도 길을 잃을 일이 없다. 1172년 아부 야
쿱 유수프가 세비야를 수도로 정한 후 세워진 히랄다 탑은 스페인에서 종교건축물로는 가장 높은데,
레콘키스타 이후 세비야 대성당이 고딕식 성당으로 재건되면서 종탑으로 개조되며 원래의 정사각형의
탑 위에 1568년 5층의 종루가 세워졌다. 히랄다^{Giralda}는 스페인어에서 '돈다'라는 뜻의 'Girar(히라르)'
에서 기원하였는데, 12세기 술탄 야쿠브 알 만수르에 의해 건설되었다.

세비야
대성당

CATEDRAL DE SANTA MARÍA DE LA SEDE DE SEVILLA
카테드랄 데 산타 마리아 데 라 세데 데 세비야

주소 Avenida de la Constitución, 41080 Sevilla　**전화번호** 954 21 4971　**웹사이트** www.catedraldesevilla.es　**운영시간** 9월~6월 월요일~토요일 11:00~17:30, 일요일 14:30~18:30 7월~8월 월요일~토요일 9:30~16:30, 일요일 14:30~18:30 **입장료** €8, 어린이 무료 입장

SEVILLA 세비야

세비야 대성당은 유네스코 세계유산 가운데 하나로 1401년부터 100년에 걸쳐 지어진 거대한 성당이다. 대성당의 입구에는 청동상이 세워져 있는데, 나는 이 청동상을 보고 15세기 프랑스와 영국 사이에 있었던 백년전쟁에서 영웅으로 남은 용감한 소녀 잔 다르크가 떠올랐다. 대성당 입구에 서 있는 이 청동상은 히랄디요Giraldillo라고 불리는데, 히랄다 종탑 정상에 있는 원본을 복제한 레플리카Réplica 작품이다.

소설 〈돈 키호테Don Quixote〉(1605)를 쓴 스페인 소설가 미겔 세르반테스Miguel Cervantes는 이곳 세비야에도 살았었다고 전해지는데, 히랄다 종탑 꼭대기에 있는 청동상을 인상 깊게 봤었던 것 같다. 무게가 1,500kg에 달하는 원본 청동상은 이탈리아의 라이몬디Raimondi(1488~1534)의 판화 작품을 모티브로 한 것인데, 한 손에는 커다란 방패를, 그리고 다른 손에는 야자수 잎을 들고 있다. 세비야에도 오렌지 나무와 야자수가 길에 가득한데, 히랄다 종탑을 세운 무슬림들이 북아프리카에서 세비야로 전해온 것이라고 한다. 미드 〈스파르타쿠스〉에 나오는 여인들이 입고 있는 튜닉 블라우스를 걸치고 있는 여인의 상은 청동으로 만든 풍향계인데, 기독교 신앙을 상징하는 것처럼 여인의 모습이 참 용감하게 보인다.

이제 대성당 내부로 들어간다. 거대한 대성당의 내부로 들어서면 16세기에 만들어진 테네브라리오Tenebrario가 보이는데, 이 어마어마한 크기의 촛대를 구경하느라 정신이 팔려서 40m가 넘는 대성당의 천장은 나중에 보게 되었다. 파리의 노트르담 대성당처럼 세비야 대성당은 12~15세기에 걸쳐 파리를 중심으로 유행했던 고딕양식으로 지어졌는데, 스페인에서는 쉽게 찾아볼 수 없는 드문 건축물이다. 바닥에 거울을 설치해 두어서 높은 천장을 가까이에서 구경할 수 있는데, 거울에 비친 사물을 찍는 것은 기분이 묘하다. 괴테는 "인간의 행실은 각자가 자기의 이미지를 보여주는 거울이다."라는 말을 남겼는데, 복잡하게 설명을 하지 않아도 우리가 하는 말이나 행동 하나하나가 자신에 대해 많은 것을 이야기해 주는 것 같다. 배우자는 자신의 거울이라는 말도 있듯, 결국 나의 행실에 따라서 거울과 같은 사람이 나타나지 않을까.

대성당으로 들어가는 방법
성 크리스토발의 문 Puerta de San Cristóbal
"세비야의 이 거인은 청동으로 만들어진 것과 같이 무척 용감하고 강하다"

– 미겔 세르반테스 –

콘스티투시온 거리에서 대성당과 인디아스 고문서관 사이로 가면 흰색의 높은 승리의 성모Virgen del Triunfo 기념탑이 보인다. 1755년 리스본 대지진 후에 세워진 이 기념탑이 있는 트리운포 광장Plaza del Triunfo에 있는 성 크리스토발의 문Puerta de San Cristóbal을 통해 대성당으로 들어갈 수 있다. 일 년 내내 방문객이 많다 보니 개관 시간 전부터 와서 기다리는 사람이 많다.

중앙 예배당 CAPILLA MAYOR

이제 대성당의 중심인 중앙 예배당으로 가 본다. 세비야 대성당 내부에서 가장 눈에 띄는 곳인 중앙제단에는 '세계에서 가장 큰 목재 제단화'가 있다. 크기도 그렇지만 무엇보다도 3천 톤이나 되는 금을 사용해서 도금한 것에 입이 벌어지지 않을 수가 없

다. 이 금은 15세기 무렵 항해사 콜럼버스가 신대륙에서 세비야로 가져온 건데, 제단화는 플랑드르계 조각가 단카르트의 작품이다. 중앙제단 뒤로 보이는 고딕 양식의 성가대석은 구약성서와 신약성서의 내용을 바탕으로 각기 다른 장면을 조각으로 표현했다. 총 127개의 성가대석은 16세기에 만들어진 것으로, 두 개의 파이프 오르간과 함께 중앙 예배당을 가득 메우고 있다.

바티칸의 산 피에트로 대성당, 런던의 세인트 폴 성당과 함께 세계에서 세 번째로 큰 세비야 대성당은 고딕 양식의 성당으로는 가장 큰 규모다. 그중에서 무데하르 양식[•]의 세비야 대성당이 가장 마음에 드는데, 무슬림들이 세운 히랄다 종탑과 오렌지 중

<hr>

• 무어인의 건축 양식과 후세의 유럽 건축 양식이 만나 독특한 건축 양식으로 발전된 것을 '무데하르^{Mudéjar}' 라고 부르는데, 아랍어의 '무다쟌^{Mudajjan}'에서 비롯되었으며 무데하르 양식은 레콘키스타 이후 가톨릭교도가 국토를 회복한 지역에 남아 있던 무어인들을 칭하는 단어인 무데하르에서 기원되었으며 스페인어로 '잔류자'를 의미한다.

정은 그대로 둔 채로 대성당으로 증축한 건물이나 작품을 무데하르 양식이라고 부른다. 이 무데하르 양식 덕분에 프랑스, 독일, 이탈리아와 같은 컨티넨탈 유럽과는 다르게 이베리아 반도의 스페인과 포르투갈은 이국적인 분위기가 가득하다. 사람들은 이곳이 이국적이고 건축 양식이 독특하다는 것은 비교적 잘 알고 있는데, 이베리아 반도에 아랍인들이 살았다는 것에 대해서는 의외로 잘 모르는 것 같다. 성당이 아무리 아름답다고 해도 아는 게 없으면 2~3개쯤 보고 나면 거기서 거기다. 가이드북 말고 〈스페인 역사 다이제스트 100〉(2012)를 보면 조금은 깊이 있는 감흥을 느낄 수 있을 것이다.

금은 보물이다.
그리고 이것을 지니는 사람은
그가 이 세상에서 소망하는 것은 모두 할 수 있으며,
영혼들을 파라다이스로 인도하는 것에 성공한다.

– 크리스토퍼 콜럼버스 –

콜럼버스의 영구대

크리스토퍼 콜럼버스^{Christopher Columbus}는 우리가 즐겨 먹는 페스토 소스가 유래한 이탈리아의 제노바^{Genova}에서 태어났다. 그가 살았던 15세기의 제노바는 해상무역의 중심지였기 때문에 바다를 건넌 항해에 대한 꿈을 품을 수 있었던 것 같다. 그런데 왜 스페인 왕실의 이사벨 여왕에게서 원조를 받아 항해를 떠났을까? 당시 스페인은 유럽에서 가장 부유하고 막강한 나라였다는 것인데, 카스티야의 이사벨 1세 여왕^{Isabel I de Castilla}과 그녀의 부군인 아라곤의 페르난도 2세^{Fernando II de Aragón}가 결혼함으로써 카스티야와 아라곤 연합왕국이 되었다. 두 사람 모두 개별적인 왕국의 왕위를 이었기 때문에 그들을 가톨릭 양왕^{Reyes Católicos}이라고 부르는 것이다. 그들이 1492년 그라나다를

함락시킨 것으로 카스티야 왕국은 완전한 가톨릭 국가가 되었고, 같은 해 콜럼버스는 첫 번째 항해를 떠나게 되었다. 당시 포르투갈과 항해와 식민지 탐사로 경쟁구도에 있었기 때문에 콜럼버스의 제안에 이사벨 여왕은 구미가 당겼을 것이다. 총 4번의 항해는 실패로 끝나고 콜럼버스는 1506년 바야돌리드Valladolid에서 54세의 일기로 생을 마감했다. 처음에는 그의 아들 디에고가 세비야에 있는 카르투하 수도원Monsterio de la Cartuja에 그의 시신을 안치했다가, 이스파니올라Hispaniola의 제독으로 가면서 산토 도밍고 대성당에 묻었다. 무장을 한 네 명의 사람이 커다란 영구대를 하늘로 들어 올려 어깨로 지탱하고 있다. 영구대를 메고 있는 사람들은 스페인의 레온, 카스티야, 나바라, 아라곤 왕국의 왕들이다. 왜 이런 모습으로 그것도 세비야 대성당에 영구대가 세워졌는지 궁금하지 않을 수 없다. 프랑스가 이스파니올라를 점령한 후 영구대는 쿠바로 옮겨가게 되었는데, 쿠바가 식민지에서 독립한 후 마지막으로 세비야 대성당으로 오게 되었다. 콜럼버스는 자신의 유해가 스페인 영토에 닿지 않게 묻어 달라고 유언을 남겼다고 하는데, 망자가 되어서도 정치적인 상황으로 인해 생전과 같이 시신이 스페인 본토와 대서양을 오가는 등의 수난을 겪었던 것이 조금 안쓰럽게 느껴진다. 물론 항해사로서는 존경할 만한 인물이지만, 그가 남긴 말들을 보면 욕심이 과했던 사람이 아닌가 싶다. 그가 가졌던 개척정신과 포기를 모르는 진취적인 태도는 나도 닮고 싶은 부분이지만, '금'이라는 것이 소망을 이루어지게 해주는 길이고 영혼을 천국으로 이르게 한다는 말은 재물에 집착이 있었던 사람으로 비춰진다. 그렇지만 이사벨 여왕에게 약속받았던 귀족 신분과 그가 발견한 식민지에서 생기는 수입의 10%를 받는 것을 그의 후손들이 누리고 있으니, 헛된 일이었다고는 말할 수 없을 것이다. 그럼 이제 영구대 옆에 있는 예배당 하나를 소개해 볼까 한다.

라 안티구아 성모의 예배당 CAPILLA DE LA V IRGEN DE LA ANTIGUA

내가 이 예배당을 좋아하는 이유는 이곳이 화려하지는 않지만, 뭔가 오래된 냄새가 나는 곳이기 때문이다. 프레스코화가 있는 제단화는 15세기에 그려진 것인데, 성당이 세워지기 전에 있던 모스크에서 남은 벽면에 그려 넣은 것이다. 모스크를 전부 허문 것이 아니라 이렇게 조금씩 필요에 따라 남긴 것이 흥미로운데, 여기 그려진 성모 마리아는 비르헨 데 라 안티구아 Virgen de la Antigua•라고 부른다. 이곳은 카스티야 왕국의 성자 페르난도 3세 Fernando III 가 13세기 알모하드 왕조로부터 세비야를 되찾은 것을 기념하는 예배당으로, 1248년 페르난도 왕에게 환영으로 나타나 그를 안전하게 보호해 준다는 메시지를 받은 며칠 후 세비야를 탈환하게 되었다는 이야기가 전해진다. 예배당 입구 쪽에 촛대 옆으로

라 안티구아 성모

• 여기에 모셔진 성모의 이름은 레온 지방의 '라 안티구아 La Antigua' 라는 마을의 이름에서 유래한 것이다. 콜럼버스는 카리브 해에서 발견한 섬에 성모의 이름을 붙였는데, 영국 연방 내의 독립국인 지금의 앤티가바부다 Antigua and Barbuda 라고 불리게 되었다.

작은 미니어처 그림에 페르난도 3세가 그려져 있다. 화려한 분홍빛의 대리석 장식과 주변의 조각들은 코르도바 대성당의 성가대석을 만든 바로크 시대 세비야의 대표적인 조각가인 페르도 두케 코르네호^{Pedro Duque Cornejo}의 작품이다.

주요 성물실 SACRISTÍA MAYOR

정교하게 조각된 어두운 색의 목재 문을 지나면 진귀한 성물들과 회화 작품이 전시되어 있는 주요 성물실**이 나온다. 이 문에 새겨진 두 여인은 산타 후스타와 루피나^{Santa Justa y Rufina}라고 하는 자매로, 세비야의 수호 성녀들이다. 이 문은 16세기에 만들어진 것이라는데 세월이 지났어도 문틈이 낡은 것 말고는 보존이 잘 되어 있다.

** 16세기에 세워진 성물실에는 자선병원 안의 산 호르헤 성당과 더불어 바로크 시대 세비야를 대표하는 회화와 조각품을 비롯해 귀중한 성물들이 전시되어 있다. 바로크 시대의 세비야를 대표하는 무리요와 수르바란, 그리고 고야, 벨라스케스 등과 같이 스페인을 대표하는 화가들이 남긴 종교화들이 여러 점 전시되어 있는 의미 있는 곳이다.

수호 성녀들을 그린 〈산타 후스타와 루피나^{Santa Justa y Rufina}〉(1817)는 〈옷을 입은 마하〉, 〈옷을 벗은 마하〉라는 유명한 작품을 남긴 스페인 화가 고야^{Goya}(1746~1828)가 남긴 여러 작품 가운데 하나로, 전설에 따르면 1755년 리스본을 폐허로 만들었던 대지진으로부터 세비야의 상징인 대성당과 히랄다를 보호해 주었다고 전해진다. 그들이 살던 3세기경 스페인은 '히스파니아^{Hispania}'라는 이름으로 불렸는데 히스팔리스^{Hispalis}라고 불리던 세비야는 고대 로마 제국의 일부로 히스파니아의 수도였다. 로마인들은 여러 신들과 동물을 숭배하는 민속신앙을 믿었는데, 도자기를 만드는 장인이었던 자매는 가톨릭 신앙을 가지고 있어 우상 숭배를 하는 로마인들의 축제 기간에는 도자기 팔기를 거부했다고 한다. 이로 인해 자매는 신앙을 버리도록 고문을 받고 맨발로 시에라 모레나 산으로 걸어가라는 명령을 받아 결국 물과 음식을 먹지 못한 채로 순교하여 성녀로 시성되었다. 그렇게 성물실에는 세비야 대성당과 관련된 성인들을 묘사한 작품들이 대부분인데, 그중 가장 중요한 몇 점을 소개하고자 한다.

왼쪽-이시도로 성인
오른쪽-레안드로 성인

■ 무리요의 〈성 이시도로 San Isidoro**〉(1655) 〈성 레안드로**San Leandro**〉(1655)**

고대 제국의 일부였던 스페인은 그 후 5세기 말 서고트족의 침입을 받게 되었는데, 그들도 역시 가톨릭이 아닌 아리우스파의 기독교를 믿는 이교도들이었다. 6세기 중반이 되어 서고트 귀족의 아들로 태어난 레안드로 성인San Leandro de Sevilla(산 레안드로 데 세비야)(534~596)과 이시도로 성인Isidoro de Sevilla(이시도로 데 세비야)(556년경~636)은 서고트족을 가톨릭 교회로 인도하는 데에 커다란 공헌을 했다. 그리하여 서고트족의 레카레도 왕(재위 586~601)이 가톨릭 세례를 받게 되었고 589년 스페인의 국교는 가톨릭이 되었다. 두 성인 모두 흰색의 주교 옷을 입고 있어서 잘 구분이 안 가는데, 레안드로 성인은 좀 더 당당한 포즈를 취하고 있다.

책을 보고 있는 이시도로 성인은 레안드로 성인의 뒤를 이어 세비야의 주교를 지냈는데, 학자로서도 존경받는 인물이었다. 이 작품들을 남긴 화가 무리요는 세비야 태생으로 바로크 시대를 대표하는 화가 가운데 한 사람이다. 뒤에 나올 성 안토니오 예배당에도 그가 남긴 작품이 또 하나 있고, 그가 살았던 집이 산타 크루스 지역의 산타 테레사 거리Calle Santa Teresa에 있다.

■ 〈성녀 테레사 Santa Teresa**〉(1641~58)**

무리요와 같이 17세기에 세비야를 중심으로 활동했던 화가인 수르바란Zurbarán(1598~1664)이 남긴 〈성녀 테레사Santa Teresa〉는 스페인 아빌라Ávila 태생의 테레사 성녀Santa Teresa de Ávila(1515~1583)를 묘사한 작품이다. 가톨릭 신자라면 많이 보았을 낯익은 수녀님의 모습인데, 1576년 세비야에 산 호세 수도원Convento de San José을 세웠다. 〈성녀 테레사〉는 화가의 노년기 작품 가운데 하나로, 세비야 미술관에는 그의 작품 〈성 토마스 아퀴나스〉(1627)가 전시되어 있다.

■ 〈성 페르난도의 조각상 Escultura de San Fernando**〉(1671)**

바로크 시대를 대표하는 세비야 태생의 조각가 페드로 롤단Pedro Roldán(1624~1699)이 남긴 작품이다. 머리에는 화려한 금관을 쓰고 갑옷을 입고 있는 이 왕은 역대 군주 중 가장 존경받는 왕 가운데 한 사람인 페르난도 3세Fernando III(1199~1252)이다. 앞서 나왔던 안티구아 성모에게서 계시를 받았다는 페르난도 3세는 현왕 알폰소 10세의 아버지이다. 어머니 베렝겔라Berenguela로부터 카스티야 왕국을, 아버지 알폰소 9세에게서 레온 왕국을 물려받은 후, 1233년 우베다Ubeda를 시작으로 코르도바, 세비야를 함락시켜 카스티야와 레온을 하나의 왕국으로 통합한 업적을 남겼다. 그만큼 세비야에서는 중요한 왕으로 추대받는데, 세비야의 표어인 NO8DO● 역시 그에게서 비롯된 것이다.

● 세비야의 표어 'NO8DO'는 '노 메 아 데하도'라고 읽는데, 말 그대로 해석하면 '나를 버리지 않았다'는 뜻이다. 알폰소 9세의 아들인 산초 4세Sancho IV가 그로부터 왕권을 빼앗으려 했을 때 충성심을 보여준 시민들에게 남긴 말이다.

왼쪽-성 안토니오의 환상. 오른쪽-왕실 예배당

성 안토니오 예배당 CAPILLA DE SAN ANTONIO

오렌지 중정으로 나가기 전에 북쪽에 있는 성 안토니오 예배당으로 가 본다. 대성당 안의 여러 예배당 가운데 성 안토니오 예배당의 재미있는 이야기를 알게 되었다. 우선 스페인어로 '카피야 데 산 안토니오'라고 하는데, 카피야^{Capilla}는 '예배당'을 뜻하는 말이다. 파두아의 안토니오 성인^{San Antonio de Padua}(1195~1231)은 본래 포르투갈 리스본 태생의 성인이다. 그런데 성인이 생을 마감한 곳이 리스본이 아닌 이탈리아의 파두아이기 때문에 파두아의 안토니오 성인으로 불리게 되었다. 예배당 안에는 세비야의 바로크 화가 무리요^{Murillo}가 그린 〈성 안토니오의 환상^{La visión de San Antonio}〉(1656)이라는 작품이 제단화로 장식되어 있는데, 안토니오 성인에게 환영으로 나타난 아기예수를 보고 두 팔을 뻗어 올리고 있는 것을 묘사한 것이다. 안토니오 성인은 여러 가지 능력을 가진 듯하다. 미혼자가 기도를 바치면 동반자를 만날 수 있고, 연인 또는 부부가 싸웠을 때는 화해를 할 수 있게 해 준다고. 그리고 잃어버린 물건을 찾을 수 있게 도와주는 신비로운 능력을 가졌다는데, 내가 마드리드에서 잃어버린 2개의 선글라스도 찾을 수 있을까?

주요 성물실을 나와 우측 대각선 방향(동쪽)으로 보이는 왕실 예배당은 1551년부터 건축이 시작된 것으로, 대성당 안에서도 가장 오래된 예배당 중 하나이다. 르네상스 양식으로 만들어진 이곳은 천장이 돔 모양이며 작지만 화려한 면에서는 빠지지 않는다. 예배당의 이름에서도 알 수 있듯이, 이곳에는 역대 군주 중 위대한 왕으로 꼽히는 페르난도 3세, 알폰소 10세 등과 같은 카스티야 왕들이 잠들어 있는 곳이다. 예배당 안에서 사진을 촬영하는 것은 금지되어 있으니, 미사 시간에 들어가 조용히 구경을 하고 나오기 바란다.

오렌지 중정 PATIO DE LOS NARANJOS

이제 대성당에서 나가본다. 오렌지 나무가 가득한 이곳은 대성당의 일부 가운데 가장 오래된 곳이다. 분수대가 있고 수로가 잘 설계되어 있는 이 아랍식 정원을 '파티오 데 로스 나란호스^{Patio De Los Naranjo}'라고 부르는데, 파티오^{Patio}는 중정을, 나란호스^{Naranjos}는 오렌지 나무를 뜻한다. 중정에 가득한 오렌지 나무는 북아프리카에서 온 무어인

들이 가져온 것으로, 이곳은 그들이 세운 모스크의 일부였다. 12세기 세비야는 알모하드^{Almohad} 왕조의 수도이면서 북아프리카의 모로코, 알제리, 튀니지 등의 지방을 포함하는 마그레브^{Maghreb} 전체를 지배하던 무슬림 제국의 수도였다고 하니 히랄다 종탑과 같은 중요한 문화재가 남아 있을 것이다. 현재 대성당의 출구인 면죄의 문^{Puerta del Perdón}은 모스크의 일부였으며 무슬림들은 이 문을 통해서 출입을 하고 기도를 하기 전 손과 발을 씻었다고 한다. 모스크의 문을 지나가면 죄가 사해진다고 하는데, 세비야의 타파스에 빠져 식탐이 심해진 것도 죄일까?

세비야의
타파스 거리

왼쪽-알레마네스 거리. 오른쪽-라스 에스코바스

자전거를 타고 달리는 행복한 사람들이 지나다니는 이 거리는 대성당의 오렌지 중정을 지나 면죄의 문을 나오면 만나는 알레마네스 거리 Calle Alemanes이다. 의외로 이 부근은 관광지이면서도 관광객보다는 세비야 현지인들이 더욱 많이 찾는 곳이다. 대부분의 호텔과 같은 숙박시설, 레스토랑과 주요 관광지는 대성당 근처에 있기 때문에 어디에서든 히랄다 종탑을 보고 시내 중심으로 돌아오면 된다. 스타일리시한 부티크 호텔, 레스토랑 등이 가득한 알레마네스 거리의 끝은 콘스티투시온 대로와 만나는데 택시를 타고 다른 장소로 이동하려면 스타벅스 앞의 정류장에서 타는 것이 편리하다. 면죄의 문 정면으로 이어지는 아르고테 데 몰리나 거리 Calle Argote de Molina에는 콜럼버스, 세르반테스 등과 같은 유명 인사들이 왔었다는 세비야에서 가장 오래된 타베르나 라스 에스코바스 Las Escobas를 비롯해 세비야의 맛집들이 모여 있다.

이 주변의 타파스 바나 레스토랑에서는 대성당은 물론 히랄다 종탑이 보이는 곳도 종종 있기 때문에 자리를 물색해 보는 재미가 있다. 알레마네스 거리의 외부좌석이 있는 곳에서는 면죄의 문과 히랄다 탑이 조화를 이루어 식사나 음료의 맛은 물론 눈도 즐겁다. 이 지역은 관광객뿐만 아니라 세비야인들이 즐겨 찾는 레스토랑이 대부분이니, 세비야의 맛을 체험해 볼 수 있는 곳이다.

돈 후안 데 알레마네스 DON JUAN DE ALEMANES

주소 Calle Alemanes 7, 41004 Sevilla 전화번호 +34 954 56 32 32 웹사이트 www.donjuandealemanes.es 영업시간 월요일~일요일 12:00~1:00

알레마네스 거리에 있는 돈 후안 레스토랑은 내가 가장 즐겨 찾는 레스토랑 중 하나이다. 이곳을 최고의 레스토랑으로 꼽은 데에는 여러 가지 이유가 있는데, 운치 있는 분위기의 노천좌석에서 맛있는 요리를 경제적인 가격에 즐길 수 있는 매력 만점의 곳이기 때문이다. 이곳의 메뉴는 샐러드부터 튀김, 부리토, 고기 요리 등 없는 것이 없이 다양한데, 같은 메뉴라도 디테일이 살아 있다. 모든 메뉴는 현지에서 가장 즐겨 먹는 전통적인 재료를 사용하면서도 햄버거나 부리토 등의 외국 음식을 안달루시아 스타일로 완성한다. 서비스부터 맛, 가격까지 가장 만족할 만한 곳으로, 외부 테라스에 앉으면 대성당이 보여 분위기도 최고다. 밥으로 만든 요리나 파에야^{Paella}는 라시온^{Racion} 사이즈로만 주문 가능한 경우가 대부분이지만, 이곳에서는 소량의 타파^{Tapa}로도 즐길 수 있으니 혼자 방문해도 좋은 곳이다. 타파스와 음료의 가격은 €2.50~€5 정도로 무척 저렴한데, 음료의 경우 바에서 마시는 것과 좌석에서 마시는 경우 가격에 차이가 있다. 이곳에서 커피가 담겨 나오는 잔은 세라미카 픽만에서 만드는 세라믹 잔으로, 170여 년 전통의 스페인 왕실에 납품을 하는 명품 커피 잔에 마시는 카페 콘 레체^{Café Con Leche}의 맛은 최고이다.

카사 로블레스 플라세티네스 CASA ROBLES PLACETINES

주소 Calle Placentines 2, 41004 Sevilla 전화번호 +34 954 21 31 62 웹사이트 www.casa-robles.com 영업시간 12:00~1:30

간판에 금색 포크 3개가 그려져 있는 것으로 보아 뭔가 등급을 받은 레스토랑이라는 것을 알아차릴 수 있다. 이는 레스토랑을 분류하는 등급 중 3등급을 나타내는 것으로 전채, 생선, 고기 요리와 디저트 등 다양한 메뉴를 제공하는 것을 의미한다. 카사

로블레스는 세비야에 여러 개의 레스토랑을 가지고 있는데, 알바레스 킨테로 거리에 있는 레스토랑은 1954년에 오픈하여 60년째 이 자리를 지키고 있다. 미슐랭 가이드에도 소개가 된 만큼 맛, 분위기, 서비스가 모두 훌륭한 곳으로 정오부터 새벽 1시 반까지 휴식 없이 식사를 제공한다. 근처에는 타파스를 위주로 하는 로블레스 타파스 바가 있어, 간단한 식사를 즐기는 사람들로 붐빈다.

엘 콜모 El Colmo

주소 Alvarez Quintero 58, 41004 Sevilla 전화번호 +34 954 21 31 50

캐주얼하고 보다 여유로운 공간에서 타파스를 즐길 수 있는 곳이다. 햄버거나 케밥 등 점심으로 즐길 수 있는 간단한 타파스부터 전통 파타스까지 다양하다.

*안달루시아 지방을 여행하는 묘미는 무엇보다도 재료가 다양한 타파스, 플라멩코, 그리고 시에스타 시간에 즐기는 여유로운 커피 한 잔이 아닐까 싶다. 대도시에는 체험하기 힘든, 우연히 만난 낯선 이와도 웃으며 대화를 하고 아무 계획 없이 '느리게 걷기'를 해도 이상할 것이 없는 곳이다.

세비야
알카사르

REAL ALCÁZAR DE SEVILLA

레알 알카사르 데 세비야

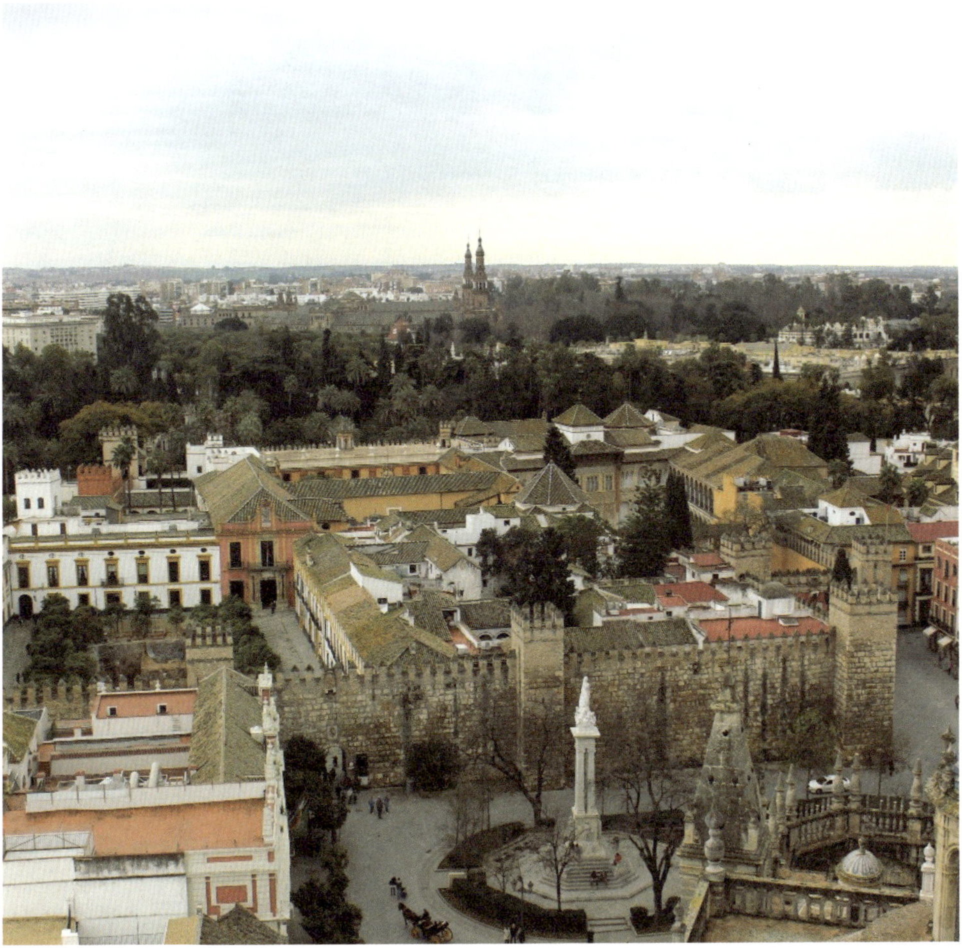

무데하르 궁전을 배경으로 손을 맞잡고 있는 신랑과 신부를 보며 만약 세비야에서 웨딩화보를 찍게 된다면 참 좋겠다는 생각을 했다. 지금도 사용되고 있는 궁전 안에서 웨딩화보를 찍을 수 있다는 점이 매력적이지 않은가. 레알 알카사르 데 세비야^{Real Alcázar De Sevilla}라고 불리는 이곳은 세비야에 남아 있는 무어인들의 모스크 일부였던 히랄다 종탑과 더불어 12세기에 세워진 알모하드 왕조의 궁전인데, 지금까지 왕실 사람들이 거주하는 궁전으로는 세계에서 가장 오래된 곳이다. 무어인들은 이곳을 '축복받은'이라는 뜻을 지닌 '알-무와라크'라는 이름으로 불렀는데, 스페인과 포르투갈의 '알카사르^{Alcázar}'는 왕을 위해 세워진 요새, 성채 또는 궁전을 뜻한다. 세비야의 알카사르는 무어인들이 세비야를 정복하면서 과달키비르 강 주변을 통치하기 위해 세운 요새로, 대성당과 더불어 유네스코에서 지정한 세계유산으로 등록되어 있다.

세비야에는 대성당, 알카사르 그리고 인디아스 고문서관까지 이렇게 세계유산이 3개나 있다. 프랑스의 거대한 베르사유 궁전의 화려함과는 차이가 있지만, 이 궁전이 특별한 이유는 수세기 동안 변화를 거쳐 다양한 건축 양식의 녹아들었기 때문인데, 지금도 스페인 왕가의 공식적인 궁전의 하나로 사용되고 있다. 히랄다 종탑에서도 트

왼쪽-사자의 문. 오른쪽-정의의 방

리운포 광장Plaza del Triunfo과 알카사르의 모습이 보이는데, 이 광장에 있는 사자의 문 Puerta del León●을 통해서 들어갈 수 있다.

정의의 방 SALA DE LA JUSTICIA

사자의 안뜰에는 알카사르에서 가장 오래된 방인 정의의 방Sala de la Justicia이 있는데, 이 방은 대신들이 왕을 알현하던 장소인 메수아르Mexuar의 역할을 하던 곳이다. 13세기 초 알모하드 족이 이베리아 반도를 떠난 후, 알폰소 11세가 모로코에서 온 아랍인들을 상대로 살라도 전투Batalla del Salado에서 승리한 기념으로 이 방을 개조했다. 방 안으로 들어가면 작은 분수대가 있고, 커다란 연못이 있는 석고 안뜰Patio del Yeso이 나온다. 석고를 사용해서 만들었기 때문에 이렇게 불리는데, 아치 사이사이에 공간이 있는 이유는 무더운 날씨에 통풍이 되도록 하기 위한 것이다. 이곳은 도니제티Donizetti의 오페라 〈라 파보리트La Favorite〉(1840)의 주인공 알폰소 11세Alfonso XI(1311~1350)와 그의 애첩인 레오노르가 유희를 즐기던 곳으로 전해진다. 알폰소 11세는 '정의로운 왕El

● 인디아스 고문서관과 대성당의 입구가 있는 대성당 남쪽의 트리운포 광장Plaza del Triunfo에서 대성당을 마주보고 있는 성벽으로 향하자. 입구를 지나면 가장 먼저 사자의 안뜰Patio del León이 나온다.

Justiciero'이라고 불리는데, 후에 그가 레오노르와의 사이에서 둔 엔리케 2세가 그의 적자인 페드로 1세를 몰아내고 왕위를 이었다. 이로 인해 스페인 버건디 왕가의 계통이 사라지고, 이사벨 여왕을 배출한 트라스타마라Trastámara 가로 카스티야 왕국의 왕위가 교체되는 일이 있었다. 페드로 1세는 그렇게 비운의 삶을 마감했지만, 성채 안에 그의 이름을 붙인 '페드로 1세의 궁전'을 남겨서 지금도 사람들에게 잊히지 않고 있다.

페드로 1세의 궁전 PALACIO DE PEDRO I

좀 전에 얘기했던 불운한 페드로 1세Pedro I•(1334~1369)의 궁전은 로마네스크, 고딕 그리고 아랍적인 요소가 융합된 '무데하르 궁전Palacio mudéjar'이라는 이름으로도 불린다. 무데하르 양식은 스페인에 거주하던 모리스코 장인들에 의해 발전된 것인데, 14세기에 세워진 이 궁전은 세라믹, 나무, 회반죽을 이용하여 만든 것이다. 무슬림들은 알라신 이외에는 영원한 것이 없다고 믿기 때문에, 시간이 지나면 마모되고 사라지는 재료들을 사용한 것이다. 외관이 전통적이면서도 세련된 아름다움이 있는데, 대각선 방향에 있는 2층 복도 창문에서 바라보는 것도 색다르다.

• 카스티야 왕가의 혈통을 바꾸어 놓은 치열한 싸움은 영국의 작가이자 시인인 제프리 초서의 〈캔터베리 이야기〉(1478)에도 등장한다. 페드로 1세 재위 기간이었던 14세기 중반 유럽 각지를 돌아다녔던 그는 페드로 1세를 알현하게 되었는데, 단편이야기 〈수도사 이야기〉에서 페드로 1세를 훌륭한 군주로 묘사했다.

왼쪽-제독의 방. 오른쪽-항해사들의 성모

제독의 방 CUARTO DEL ALMIRANTE

무데하르 궁전의 우측으로 콜럼버스** 선장이 신대륙으로 항해할 때 타고 갔던 산타 마리아 호의 모형을 볼 수 있는 제독의 방Cuarto del Almirante이 있다. 신대륙을 탐험하는 이들이 국왕을 알현하던 곳으로, 두 번째 항해에서 돌아온 후인 1496년부터 콜럼버스는 이 방에서 이사벨라 여왕을 알현했다. 1503년 이곳에 '카사 데 콘트라타시온Casa de Contratación'이 세워졌는데, 신대륙 탐험과 무역을 관장하고 식민지 통치에 대한 회의를 하던 최초의 기관이었다. 제독의 방 안으로 들어가면 오른쪽으로 제독의 방 예배당Capilla del cuarto del Almirante이 있다.

예배당의 제단화 〈항해사들의 성모la Virgen de los Navegantes〉는 세비야에서 활동하던 독일계 화가 알레호 페르난데스Alejo Fernández(1475~1545)의 작품으로 콜럼버스가 사망한 후인 1535년에 그려진 것이다. 제단화 중앙에는 16세기 항해사들의 이름을 붙인 그들을 수호하는 성모가 묘사되어 있고, 발 아래로 바다를 누비는 선박들이 그려져 있

** 영화 〈1492 콜럼버스Christophe Colomb〉(1992)
콜럼버스의 항해 500주년을 기념하기 위해 제작된 리들리 스콧 감독의 영화 〈1492 콜럼버스 Christophe Colomb〉(1992)는 콜럼버스가 아들과 함께 수도원에 도착하는 것으로 시작된다. 귀족들의 반대에도 불구하고 이사벨라 여왕의 지원을 받아 신대륙 항해를 하는 과정을 그리고 있다. 이 영화를 보면 당시의 배경을 이해하는 데에 도움이 될 것이다.

왼쪽 위-처녀들의 안뜰. 오른쪽 위-인형의 안뜰
왼쪽 가운데-대사들의 방. 오른쪽 가운데-춤의 정원
왼쪽 아래-메르쿠리오의 정원. 오른쪽 아래-춤의 정원

SEVILLA 세비야

다. 양팔을 벌리고 있는 성모의 주변으로 무릎을 꿇고 손을 모아 기도하는 항해사들이 있는데, 그중 왼쪽으로 하얀 수염이 난 사람이 콜럼버스이다.

처녀들의 안뜰 PATIO DE LAS DONCELLAS

대사의 방의 왼쪽 내부로 펼쳐지는 처녀들의 안뜰은 궁전에서 가장 큰 면적을 차지하고 있다. 대사의 방과 함께 페드로 1세 궁전의 심장부라고 할 수 있는 이 안뜰은 석고 안뜰의 셉카 양식에서 영감을 받아 만든 14세기의 구조물이다. 108개의 기둥과 60개의 아치형 문이 아라베스크 양식과 종교를 상징하는 오브제들과 조화를 이루고 있다.

인형의 안뜰 PATIO DE LAS MUÑECAS

사진이라는 것이 참 흥미로운 점이 있다면, 눈으로 볼 때랑 렌즈를 통해 표현되는 이미지가 너무 다르다는 점이다. 사실 인형의 안뜰은 직접 보면 그렇게 예쁘다는 생각이 들지는 않는다. 여기 있는 대리석 기둥을 보면 코르도바 메스키타 내부에 있던 것들과 비슷한데, 메디나 아자하라^{Medina Azahara} 궁전이 무너진 잔해에서 가져온 것들이다.

대사들의 방 SALÓN DE EMBAJADORES

천장이 금으로 장식된 대사들의 방이라고 불리는 이 방은 궁전에서 가장 화려하게 장식되어 있는 곳이다. 이 장소도 역시 보기에는 금빛이 과하다 싶다는 생각이 드는데, 화려한 사진을 만들기에는 여기가 최고의 장소인 것 같다. 이 방은 왕의 접견실로 사용되었는데, 방의 중앙 벽에 3개의 말발굽 모양의 아치문 왼쪽으로 천장을 바라보면 신성 로마 제국의 황제인 카를로스 5세가 새겨져 있다. 여기는 다름 아닌 카를로스 5

세가 1526년 포르투갈의 마누엘 1세의 딸인 이사벨라를 왕비로 맞아 혼인서약을 한 곳이다. 500여 년 전 로열패밀리가 결혼했던 곳에 발을 들여놓을 수 있다는 게 흥미롭다.

메르쿠리오의 정원 JARDINES DE MERCURIO

고딕 궁전의 커다란 창문들이 있는 곳으로 가까이 가면 밖으로 커다란 연못이 나온다. 궁전의 2층 갤러리 벽을 통해 연못으로 물이 뿜어져 나오고, 한가운데 날개가 달린 지팡이를 들고 있는 남자의 동상이 세워져 있다. 16세기에 세워진 이 동상은 로마 신화에 등장하는 상업과 금융거래의 신 머큐리 신^{Mercurius}의 형상인데, 손에 들고 있는 지팡이는 카두케우스^{Caduceus}라고 부른다.

춤의 정원 JARDÍN DE LA DANZA

메르쿠리오의 정원에서 계단을 내려오면 춤의 정원이다. 이 정원은 삼단으로 나뉘는 독특한 구조로 이루어져 있는데, 공작새가 지나다니기도 해서 마치 동물원에 온 기분이다. 정원 입구의 두 기둥은 신화에 나오는 비평가와 춤추는 요정을 상징하는데, 기둥을 지나 한 계단 내려가면 세라믹으로 장식된 아름다운 벤치와 분수대가 나온다.

알카사르 정원 JARDINES DEL ALCÁZAR

다시 춤의 정원으로 나와 빗물 저장소를 지나 교차로 정원^{Jardín de la Cruz}을 지나면 거대한 알카사르의 정원이다. 세비야 알카사르 안의 정원은 〈죽기 전에 꼭 가야 할 세계 휴양지 1001〉(2011)에도 실릴 만큼 역사적인 유적을 넘어 도시 안에 있는 사막의 '오아시스' 같은 곳이다. 세비야를 상징하는 오렌지, 레몬 등이 열리는 나무와 이와 더불어 무어인들이 전해온 야자나무가 가득하다. 유럽 같지 않은 이국적인 향기가 가득한 이곳은 그 넓이가 6만 평방미터에 달한다. 이 거대한 정원에는 약 170종 이상의 식물이 서식하고 있다. 나무 사이사이로 그늘이 만들어지기는 하지만, 여름의 세비야 태양 아래에서는 10분 정도 걷는 것도 쉽지가 않다. 그렇기 때문에 정원을 거닐고 싶다면 이른 오전에 알카사르에 방문하기를 권하고 싶다.

카를로스 5세의 누각 PABELLÓN DE CARLOS V

알카사르 정원에 있는 이 누각*은 카를로스 5세의 혼인을 기념하기 위해 세워진 것이다. 카를로스 5세의 결혼식에 맞추어 지어진 것이니까 16세기 초에 세워진 건데, 누각을 둘러싼 담장은 카를로스 5세의 모토인 'PLUS ULTRA'라는 문구가 새겨진 세라믹 타일로 장식되어 있다. '풀루스 울트라'라는 말은 라틴어로 '더 많이 나아가'라는 뜻인데, 스페인 국기에도 새겨지게 되었다. 말라가에 있는 카르멘−티센 미술관^{Museo Carmen Thyssen}에 가면 이 누각을 배경으로 한 프랑스 화가 드오당크^{Dehodencq}(1822~1882)의 작품 〈알카사르의 정원에서의 집시 춤, 카를로스 5세의 누각 앞에

* 오렌지 나무로 둘러싸여 있는 이 누각은 우리나라의 정자와 비슷한 역할을 하는데 사방이 트여 있는 것이 차이점이다. 누각을 둘러싼 벽과 담장은 화려한 세라믹 타일들로 장식되어 있고, 누각의 내부도 역시 화려하기는 마찬가지이다. 내부에는 아랍식 안뜰과 같이 작은 연못이 가운데에 있고, 커다란 창문으로 빛이 들어와 환하다.

서〉(1851)라는 작품이 있는데, 춤을 추는 집시여인과 관객들은 없지만 160여 년 전이나 지금의 모습이나 변한 것이 없는 것 같다. 세비야에서는 격년으로 플라멩코 비엔날레가 열리는데, 알카사르 궁전 안에서 하는 공연도 있다. 언젠가는 그림과 같이 이 누각 앞에서 플라멩코 춤을 추는 아티스트들을 볼 수 있을까?

마멀레이드 MERMELADA

안달루시아를 비롯하여 스페인에는 오렌지 나무가 쉽게 눈에 띄는데, 당도가 높은 발렌시아 지방의 오렌지가 생과일로 먹기에는 더욱 적합하다. 세비야 오렌지라는 뜻의 나란호 데 세비야^{Naranjo de Sevilla}라고 불리는 이곳의 오렌지는 껍질이 두꺼우며 맛도 쌉싸름하고 신 맛이 강하기 때문에 대부분 마멀레이드^{Marmalade}•를 만드는 데에 사용된다. 카를로스 5세의 누각 주변으로 가득한 오렌지 나무의 오렌지는 봄에 수확한다. 영국의 엘리자베스 2세 여왕(1926~)이 아침 식사로 토스트에 곁들여 즐겨 먹는 것으로도 유명한 오렌지 마멀레이드는 스페인 국내보다 이웃나라 영국인들이 더욱 즐겨 먹는다. 3만 1천 그루에 달하는 세비야의 오렌지 나무에서 수확한 오렌지의 대부

• 전 세계 곳곳에서 생산되는 최상의 먹을거리가 소개되어 있는 〈죽기 전에 꼭 먹어야 할 세계 음식 재료 1001〉(2009) 책에도 선정된 세비야 오렌지 마멀레이드는 영국의 대표적인 음식인 피시 앤 칩스^{Fish&Chips}, 요크셔 푸딩 ^{Yorkshire Pudding} 등과 함께 영국인들이 가장 즐겨 먹는 음식이다.

분은 영국으로 수출되는데, 멕케이^{Mackay's}, 막스 앤 스펜서^{Marks&Spencer}와 같이 다양한 제조사에서 가공하여 판매하고 있다. 세비야산 오렌지를 사용하여 만든 마멀레이드 에만 라벨에 '세빌 오렌지^{Seville Orange}'라고 표기할 수 있는데, 페르난도 2세와 이사벨라 여왕의 외교대사였던 페드로 데 아얄라^{Pedro de Ayala}에 의해 15세기 말 세비야 오렌지가 영국으로 전해지게 되었다.

성채의 구경은 이것으로 끝인데, 떠나기 전 들러 간단하게 식사를 할 수 있는 카페테리아가 정원 안에 위치하고 있다. 나무 뒤로 보이는 기둥 안으로 좌석이 있는데, 나뭇잎에 가려져서 조금은 신비스러운 느낌이 든다.

엘 하르딘 에스콘디도 El jardin Escondido

'숨겨진 정원'이라는 이름의 카페테리아 '엘 하르딘 에스콘디도^{El Jardin Escondido}'는 알카사르의 정원 안에 있는 카페이다. 테라스에도 테이블이 있어서 정원의 공기를 마시며 세비야라는 것을 잊을 만큼 조용한 오후의 휴식을 즐길 수 있다.

〈우리는 연인이죠〉(1968)

우리는 사랑하죠
연인과 같이 키스를 하죠
서로를 갈망하죠
그리고 때로는
동기 없이, 이유 없이,
우리는 화가 나죠

– 아르만도 만사네로 –

세비야의 팝고 편단을 만나러 가는 길

SEVILLA 세비야

히랄다 종탑 정상에서 알카사르 성벽 너머로

파티오 데 반데라스^{Patio de las Banderas}라고 하는

정사각형 형태의 중정이 하나 보인다.

중정 뒤로 붉은색과 흰색의 작은 탑 모양의 성벽들이 있는 곳이

산타 크루스 지역^{Barrio de Santa Cruz}이다.

15세기 말까지 세비야에 살던 유대인들은 이 지역에 모여 살았기 때문에

이곳을 유대인 구역^{Juderia}라고 부르는데,

길이 일정하지 않고 아주 좁아서 미로를 탐사하는 것 같은 기분이 든다.

세비야를 '오페라의 도시'라고 부르는 만큼

오페라에 관련된 장소들은 대부분 이 지역에 있다.

〈카르멘〉 말고도 세비야를 배경으로 하는 오페라가 정말 많은데,

제목에서 이미 힌트를 주고 있는 〈세비야의 이발사〉,

카스티야의 왕 알폰소 11세, 그의 애첩 레오노르 그리고 페르난도의 삼각관계를 테마로

하는 도니제티의 〈라 파보리트^{La Favorite}〉(1840),

베르디의 〈운명의 힘^{La Forza del Destino}〉(1861)과 같은 오페라 작품이 있다.

"내가 당신을 언제 사랑하게 될까요? 신이여, 나는 몰라요.

어쩌면 절대로, 어쩌면 내일.

하지만 오늘은 아니에요, 그것은 확실하죠."

– 카르멘 –

여행자 안내소 Visitors Centre
주소 Plaza del Triunfo 1, 41004 Sevilla
전화번호 +34 954 210 005
웹사이트 www.visitasevilla.es
운영시간 매일 9:30〜21:00

왕립
담배공장

REAL FÁBRICA DE TABACOS
레알 파브리카 데 타바코스

주소 Calle San Fernando 4, 41004 Sevilla 전화번호 954 551 018 웹사이트 www.turismo.sevilla.org 운영시간 월요일~금요일 9:00~20:00 입장료 무료

바쁜 걸음으로 드레스를 입고 담배
공장*으로 향하는 이 여인들은 카
르멘과 같이 담배공장에서 일하는
여공들의 모습이다. 당시에는 손으
로 담배를 만들었는데, 담배를 만

* 대성당과 인디아스 고문서관이 있는 트리운포 광장에서 콘스티투시온 대로로 향하자. 옅은 밤색의 화
려한 네오-무데하르 양식의 건물이 알폰소 13세 호텔Hotel Alfonso XIII인데 오른쪽 담장을 따라가면 파란색 바탕에
'REALFÁBRICA DE TABACOS'라고 쓴 세라믹 간판이 보이기 시작한다.

드는 여공들을 시가레라스^{Cigarreras}라고 부른다. 대부분 고된 노동을 하던 집시나 하층민 사람들이었는데, 그들은 강 건너 트리아나 지역에서 이곳으로 일을 하러 왔다. 이 사진은 카르멘을 테마로 하는 영화 가운데 가장 최근에 만들어진 작품의 한 장면인데, 카르멘이나 다른 여인들이 입고 있는 의상이 너무나 멋지다고 생각해서 찾아보니, 스페인의 아카데미상이라 불리는 고야 영화제에서 최고 의상을 만든 작품으로 수상한 작품이었다. 여공들이 들어가는 이 건물은 지금 세비야 대학교가 되었는데, 에레리아노 양식**이라고 하는 16~17세기에 스페인에서 유행하던 건축 양식에서 영향을 받았다. 건물이 세워진 18세기 당시에는 스페인에서 종교건축물을 제외하고는 가장 규모가 큰 건물이었다.

프랑스의 작곡가 비제^{Bizet}(1838~1875)가 사망하기 전 마지막으로 남긴 오페라 〈카르멘〉(1875)은 안달루시아 집시들의 이야기에 빠진 소설가 메리메^{Mérimée}(1803~1870)의 소설을 바탕으로 쓰였는데, 세비야가 아닌 코르도바에 있는 로마 다리에서 만났던 한 집시여인에게서 영감을 받았다고 전해진다. 휴식 시간이 끝나고 카르멘이 요염한 포즈를 취하며 노래를 부르기 시작한다. "내가 당신을 언제 사랑하게 될까? 신이여, 나는 몰라요. 어쩌면 절대로, 어쩌면 내일. 하지만 오늘은 아니에요, 그것은 확실하죠."라는 레치타티보^{Recitativo}로 시작을 해서 우리가 잘 알고 있는 아바네라^{Habanera}를 부른다. "사랑은 반항적인 새와 같아"라는 가사로 시작하는 이 노래를 부르면 카르멘은 돈 호세를 유혹하기 시작한다. 얼마 후 여공들 사이에서 싸움이 벌어지고, 오페라의 배경은 산타 크루스 지역으로 옮겨간다. "그대가 날 사랑하지 않으면, 난 그대를 사랑하죠."라는 가사도 나오는데, '나쁜 남자'에게 끌리는 엉뚱한 팜므 파탈^{Femme Fatale} 아니었을까. 처음에 돈 호세는 약혼자가 있던 무뚝뚝한 바스크 태생

** 에레리아노 양식의 이름은 이를 고안해 낸 건축가 후안 데 에레라^{Juan de Herrera}(1530~1597)에서 온 것으로 대성당과 함께 유네스코가 지정한 세계유산인 인디아스 고문서관을 그가 설계하였다.

의 군인이었다. '파탈'이란 말은 '숙명적인'이란 뜻인데, 무엇인가에 중독되어서 헤어나올 수 없는 경지에 이른 상태를 설명하는 의미로 사용하기도 하여 꼭 나쁜 의미로만 사용되는 것은 아니다. 영화에서는 팜므 파탈을 마치 여성이 남성을 유혹해서 곤란한 상황으로 몰아가거나 죽음으로 이르게 하는 것으로만 몰아가는데, 사실 여성 자체가 치명적으로 거부할 수 없이 매력적일 수도 있으니 우리가 말하는 '악녀', '배드걸'이라고 정의하는 콘셉트가 반드시 옳다고 얘기할 수는 없을 것 같다. 대학교 건물 안을 걸어 다니며 생각해 보는 팜므 파탈에 대한 정의는 조금 철학적이었다. 이 대학교를 다니는 학생들은 공부를 하면서도 낭만에 빠질 수 있을 것 같다.

물의 길

CALLE AGUA

카예 아구아

세비야 성벽 가까이
내 친구 릴라 파스티아의 여인숙에서
나는 세기디야를 출 거야
그리고 만사니야를 마실 거야

– 카르멘 –

〈알함브라의 전설〉(1832)이라는 소설을 쓴 미국의 수필가 워싱턴 어빙^{Washington Irving}
(1783~1859)이 안달루시아를 여행할 때 이 근처에 살았다고 하는데, 이 골목 안에
있는 조용한 곳에서는 글이 정말 잘 써질 것 같다.

알카사르 춤의 정원 위에 커다란 분수대가 있는데, 이 거리의 수로를 통해서 물을
공급했기 때문에 '물의 길'이라는 이름이 붙었다. 물의 길이 시작되는 곳의 성벽은
11~12세기 사이 아랍인들이 세운 것으로, 카르멘이 부르는 세기디야 가사에 나오는
성벽이 바로 이곳이다. 산타 크루스 지역 안에 있는 대부분의 골목은 간격이 무척 좁
은데, 이 거리를 '물의 골목^{Callejón del Agua}'이라고도 부른다. 카르멘의 친구 릴라 파스티
아의 여인숙은 이 거리 6번지의 '코랄 델 아구아^{Corral del Agua}'를 배경으로 한 것인데, 타
베르나로 들어가는 입구의 붉은색 벽이 굉장히 독특하다. 붉은 벽의 입구에 하얀색
십자가가 그려져 있고, 그 옆에는 비제의 오페라 〈카르멘〉의 한 장면의 배경이 이곳

임을 알리는 표지가 걸려 있다.

"카르멘이 돈 호세와 에스카미요를 만났던 타베르나^{Taberna}가 이 길에 있다."

타베르나^{Taberna}인 '코랄 델 아구아^{Corral del Agua}•'는 레스토랑과 같은 곳으로, 와인의 종류가 많다. 돈 호세를 유혹하면서 부르는 세기디야^{Seguidilla}••는 스페인의 전통 춤인데, 왈츠와 같이 3박자 춤이다. 차이가 있다면 남녀가 한 쌍을 이루어 추기는 하지만 손을 잡지는 않고 독립적으로 추는 것으로, 세비야 페리아에서 추는 세비야나스^{Sevillanas}도 마찬가지로 마주보고 추기만 하지 손을 잡는 경우는 없다. 같이 즐기면서도 자신을 마음껏 표현할 수 있는 점이 마음에 든다.

카르멘이 마시는 술인 만사니야^{Manzanilla}는 카디스 지방의 산루카르 데 바라메다^{Sanlúcar de Barrameda}에서 나는 술로, 티오 페페^{Tío Pepe} 쉐리 와인^{vino de jerez}의 한 종류이다. 만사니야가 특별한 이유는 산루카르의 기후 덕분에 다른 곳에서는 생산할 수가 없기 때문인데, 처음엔 향이 강하다고 느껴질 수 있지만 점점 맛에 빠져들게 된다.

• 코랄 델 아구아 Corral del Agua

주소 Callejón del Agua 6, 41004 Sevilla　전화번호 +34 954 22 48 41　웹사이트 www.corraldelagua.es　영업시간 12:00~16:00, 20:00~00:00
무더운 여름 낮에 레스토랑 안에 있는 파티오의 그늘은 사막의 오아시스가 아닐 수 없다.

•• '세기디야^{Seguidilla}'는 세르반테스의 소설 〈돈 키호테〉의 무대인 카스티야-라 만차 지방에서 기원한 민속음악과 춤이다. '따라가다'라는 뜻의 스페인어 '세기르^{Seguir}'에서 유래했는데, 세비야에서는 이와 비슷한 세비야나스^{Sevillanas}를 즐겨 춘다.

알파로 광장

PLAZA ALFARO

플라사 데 알파로

오페라 〈세비야의 이발사〉(1816)의 여주인공 로지나가 살던 발코니는 물의 길에 들어가기 전 등 뒤에 보이는 건물에서 영감을 받은 것이다. 그래서 발콘 데 로시나^{Balcón De Rosina}라고 부르는데, 상대역인 알마비바 백작이 가난한 청년 린도르^{Lindor}로 가장해서 로지나에게 구애를 하는 내용이다. 마드리에서 우연히 그녀를 보고 세비야까지 따라 온 것인데, 정말 열정적이지 않을 수 없다. 후견인 바르톨로 박사의 방해에도 불구하고 로지나도 "린도르는 내 사람이에요"라는 노래로 사랑을 맹세하고 자신이 온순하고 친절한 사람이지만 자신을 괴롭히면 독사가 되겠다는 야무진 답을 하는 게 외유내강한 매력적인 성격을 가졌다. 이렇게 가볍고 코믹한 내용의 오페라를 오페라 부파^{Opera Buffa}라고 하며, 앞에서 소개했던 카르멘과 같이 비극적인 주제를 다루는 것은 오페라 세리아^{Opera Seria}라고 한다.

삶의 길

CALLE VIDA

카예 비다

삶의 길은 특별히 구경할 만한 것이 있는 것은 아니지만, 좁고 오래된 골목을 걸으며 이런저런 생각을 할 수 있다는 매력이 있는 곳이다.

스페인에서는 오렌지 주스와 복숭아 넥타 Zumo de Melocotón를 즐겨 마시는데, 로지나의 발코니에 가기 전에 마음씨 좋은 주인아저씨가 있는 바•에 들러서 복숭아 넥타 한 잔을 마시고 가는 것도 좋겠다. 넥타를 마신 후에는 옆에 있는 도자기 상점••에 들러 스페인의 느낌이 물씬 나는 도자기들을 구경하자.

삶의 길을 지나 유대인 거리^{Calle Judería}를 지나면 동굴 같은 곳이 나온다. 빛도 들어오지 않는 이곳은 예전에 유대인들이 살았던 곳인데, 유대인들이 떠난 후에는 알카사르에서 일하던 궁정하인들이 살았다고. 카르멘이 돈 호세를 피해서 이 길을 따라 도망쳤는데, 나는 뛰지 않고 천천히 걸으면서 깃발의 중정으로 향했다.

이 긴 동굴을 지나면 히랄다가 눈에 들어오고 파티오 데 라스 반데라스^{Patio de las Banderas}로 연결되는데, 알카사르 출구도 이 중정으로 통한다. 중정의 문 너머로는 대성당이 보이는데, 캄캄한 밤에 이 문을 통해서 빛이 나는 대성당을 바라보는 것이 얼마나 아름다운지 모른다.

● 바르 아구아 이 비다 Bar Agua y Vida

주소 Calle Vida, 19 Sevilla, 41004　**전화번호** +34 954 56 04 71

길의 이름을 딴 이 바는 50년 전통의 전통 세비야 타파스를 제공하는 곳으로, 삶의 길을 걷다가 잠시 쉬어갈 수 있는 곳이다. 한 여름의 세비야는 무척 덥기 때문에 하루에도 몇 번씩이나 카페나 바에 앉아서 주스^{Zumo(수모)}나 차가운 음료를 마시게 되니, 적당히 휴식을 취하며 관광을 즐기기를 바란다.

●● 세비야르테 Sevillarte

주소 Calle Vida 17, Sevilla 41004　**전화번호** +34 954 50 00 04　**웹사이트** www.sevillarte.com

스페인 발렌시아 지방에서 생산하는 야드로 도자기를 주로 취급하는 상점으로, 국내에서 보기 드문 플라멩코나 스페인을 모티브로 한 제품들이 많다. 넓은 매장에 보기 쉽게 진열되어 있어 도자기를 구매하려는 관광객들에게 인기가 좋다.

플라사
데 토로스

PLAZA DE TOROS DE LA REAL MAESTRANZA DE CABALLERÍA DE SEVILLA

플라사 데 토로스 데 라 레알 마에스트란사 데 카바예리아 데 세비야

주소 Paseo de Cristóbal Colón 12, 41001 Sevilla　전화번호 +34 954 22 45 77　웹사이트 www.realmaestranza.com　운영시간
매일 9:30∼19:00, 경기가 있는 날은 9:30∼15:00　입장료 €4, 투우 경기 €8∼70

복잡하고 긴 이름의 이곳은 세비야의 투우장으로, 긴 이름 대신에 보통 플라사 데 토
로스Plaza de Toros라고 부른다. 크리스토발 콜론 산책로에 기마상이 있는 흰색의 건물이
투우장이다. 황금의 탑에서 강을 뒤로하고 다시 크리스토발 콜론 산책로를 가로질러
건너면 산책로를 가득 메우는 가로수들 사이로 비행접시같이 생긴 지붕이 얹혀 있는

건물이 보인다. 여기는 세비야에서 가장 규모가 큰 마에스트란사 극장인데, 계속해서 산책로를 따라 극장을 지나면 다음 블록이 투우장이다. 만 4천 명이 한꺼번에 관람 가능하며, 4월부터 6월까지 경기를 관람할 수 있다. 오페라 〈카르멘〉에서 카르멘과 삼각관계를 이루는 투우사 에스카밀로Escamillo가 등장하며 '투우사의 합창'을 부르는 곳이기도 하다.

세비야 투우장은 론다 투우장과 함께 스페인에서 가장 오래된 역사를 지녔다. 세비야 투우장에서 승리하지 못하면 진정한 투우사가 아니라는 말이 있는데, 돈 호세가 카르멘을 단도로 찔러 죽이며 막을 내리는 것도 이곳을 배경으로 하였다.

기차역에서 시내 중심까지 재미있게 여행하는 방법

기차역에서 버스 C2를 타고 마카레나의 중심이 되는 레솔라나 거리Calle Resolana에서 내리면 노란색의 마카레나 문Puerta de la Macarena이 보인다. 마카레나에서 버스 C4를 타면 강변을 따라 크리스토발 콜론 가로수길에 있는 투우장, 황금의 탑을 지나 종점인 프라도 데 산 세바스티안까지 간다. 시간이 넉넉하다면 저렴한 요금으로 호텔까지 이동하는 동안 세비야의 풍경을 즐겨볼 수 있다. 마카레나에서 10번 버스를 이용하면 알라메다Alameda를 거쳐 쇼핑의 중심지인 두케 광장Plaza del Duque에 도착하는데, 여기에서 도보로 미술관, 콘스티투시온 대로 등으로 이동이 가능하다. 마카레나 지역에서 두케 광장까지 충분히 도보로 이동할 수 있는데, 걸어서 15~20분 정도 걸린다. 트리아나 또는 투우장이 있는 크리스토발 산책로에서 두케 광장으로 이동할 경우에는 도보로 레예스 카톨리코스 거리Calle Reyes Católicos를 따라 막달레나 광장Plaza de la Magdalena을 지나서 올 수 있다.

왼쪽-마카레나 문과 성당. 가운데-크리스토발 콜론 산책로. 오른쪽-프라도 데 산 세바스티안

호텔 TRYP 세비야 마카레나 Hotel TRYP Sevilla Macarena

주소 Calle San Juan de Ribera 2, 41009 Sevilla 전화번호 +34 954 37 58 00 웹사이트 www.tryphotels.com

에메랄드 원석이 달린 옷을 입고 있는 성모상이 모셔져 있는 마카레나 성당Basílica de La Macarena에서 가장 가까운 호텔로, 호텔 앞의 마카레나 문Puerta de la Macarena를 지나면 구시가지다. 구시가지에 있는 호텔들보다 객실이 넓은 편으로, 공항이나 기차역으로 이동하기가 수월하다.

트리아나

TRIANA

트리아나

세비야에 속해 있지만 전혀 다른 분위기의 멀리 떨어져 있는 작은 마을과 같은 분위기를 자아내는 곳으로, 낮에는 조용하지만 플라멩코 공연이 시작되는 밤에는 무척 활기찬 곳이다. 트리아나^{Triana}라는 지명은 세비야 태생의 로마 황제 트리아누스 ^{Trajanus}(재위 98~138년)에 의해 생겨난 곳이라는 전설이 있는데, 트리아누스는 로마 본국이 아닌 해외 영토에서 태어난 첫 번째 황제였다.

시내 중심의 헤레스 문에서는 걸어서 약 10분 정도면 도착할 수 있는 거리인데, 가로
등이 환하게 켜지고 강물에 비치는 황금의 탑 모습이 굉장히 멋있다.

트리아나로 가는 방법으로는 헤레스 문에서 산 텔모 다리Puente de S. Telmo를 건너 쿠바
광장Plaza de Cuba을 거쳐가는 방법이 있다. 황금의 탑Torre del Oro•을 보고 싶다면 크리스토
발 콜론 가로수길Paseo de Cristóbal Colón을 따라가다가 이사벨 2세의 다리Puente de Isabel II를 건
너는 방법도 있다. 이사벨 2세의 다리는 '트리아나 다리Puente de Triana'라고도 부르는데,
다리를 건너면 플라멩코의 본고장인 트리아나 구역Barrio de Triana이다. 황금의 탑은 달
빛 아래 서 있는 높은 탑이 과달키비르 강의 표면에 비치는 황금빛깔에서 유래된 이
름과 같이 달이 뜬 후에 먼발치의 트리아나 다리에서 달빛과 가로등에 비친 모습을
보는 것이 더욱 멋있다.

• 황금의 탑 Torre del Oro

주소 Paseo de Cristóbal Colón, 41001 Sevilla 전화번호 954 222 419 홈페이지 www.visitasevilla.es 운영시간 화요일~금요일
10:00~14:00, 주말 11:00~14:00 휴무일 월요일, 공휴일, 8월 전일 휴무 입장료 €2, 화요일 무료
'토레 델 오로'이라고 불리는 이 탑은 13세기 알모하드 왕조 때에 세워진 것으로, 과달키비르 강을 통과하는 배를 검문하는
역할을 하였다. 세비야는 17세기까지 유럽에서 가장 중요한 항구 중 하나였는데, 이 탑이 있는 항구에서 마젤란은 세계일
주를 시작했다. 현재 내부는 해양박물관으로 사용되고 있으며, 침입자를 막기 위해 맞은편의 은의 탑Torre De La Plata 사이
에 쇠사슬을 걸어 두었다고 한다.

산 프란시스코 광장

PLAZA DE SAN FRANCISCO

플라사 데 산 프란시스코

16세기까지 세비야의 중심이었던 산 프란시스코 광장을 비롯한 시에르페스 거리는 세비야에서도 가장 오래된 곳 가운데 하나이다. 이 주변 거리는 모두 도보 전용 도로이기 때문에 광장이 한산한 편이라 휴식을 취하기에는 그만이다. 광장 한쪽을 가득 메우는 핑크빛의 건물은 16세기 카스티야를 완전한 가톨릭 왕국으로 통일한 가톨릭 양왕들이 세운 옛 법원이다. 같은 시기에 지어진 화려한 플라테레스코 양식의 세비야 시청 Ayuntamiento de Sevilla은 내부 장식 또한 화려한데, 세비야의 커플들은 이곳에서 하는 결혼서약으로 결혼식을 대신하기도 한다. 정면의 스페인 은행 Banco de España●과 로블레스 라레도 Robles Laredo●● 카페가 있는 건물은 1920년대에 세워진 것으로, 명품 부티크가 모여 있는 누에바 광장에서 시청건물을 지나면 산 프란시스코 광장이다.

● 현금자동입출금기 ATM

스페인 은행을 비롯해 산탄데르 Santander , 바클레이스 Barclay's , 사바델 Sabadell , 라 카이사 La Caixa 등 은행의 현금자동입출금기(ATM)는 누에바 광장과 산 프란시스코 광장 사이의 그라나다 거리 Calle Granada 주변에 모여 있어 현금을 찾기에 편리하다.

●● 로블레스 라레도 Robles Laredo

<u>주소</u> Calle Sierpes 90, 41004 Sevilla <u>전화번호</u> +34 954 29 32 32 <u>웹사이트</u> www.casa-robles.com

로블레스 라레도는 세비야에 4개의 레스토랑을 소유하고 있는데, 산 프란시스코 광장의 로블레스 라레도는 타파스보다는 가볍게 디저트나 차를 즐기기에 좋은 곳이다. 커피 한 잔의 가격은 €5 정도로 다른 카페에 비해 비싼 편이지만, 광장이 넓게 트여 있어 답답하지 않고 지나다니는 사람들을 구경하는 재미가 있다. 고급스러운 내부의 인테리어와 세라믹 타일 장식은 세비야에서 가장 스타일리시하다.

무세오 광장

PLAZA DEL MUSEO

플라사 델 무세오

왼쪽 위-세비야 미술관
오른쪽 위-호르헤 마누엘 테오토코풀로스의 초상화
왼쪽 아래-산타 후스타와 루피나
오른쪽 아래-카르투하 수도원 식당 안의 성 후고

세비야 미술관 MUSEO DE BELLAS ARTES DE SEVILLA

<u>주소</u> Plaza del Museo 9, 41001 Sevilla <u>전화번호</u> +34 955 54 29 31 <u>웹사이트</u> www.museodebellasartesdesevilla.es <u>운영시간</u> 9/16~5/31 월요일~토요일 10:00~20:30 공휴일과 일요일 10:00~17:00 6/1~9/15 월요일~토요일 9:00~15:30 공휴일과 일요일 10:00~17:00 <u>휴무일</u> 매주 월요일, 1/1, 5/1, 12/24, 12/25, 12/31 <u>입장료</u> €1.50

두케 광장에서 알폰소 12세 거리^{Calle Alfonso XII}를 따라 서쪽으로 약 500m 정도 걸어가면, 거리 왼쪽으로 나무들 사이에 우뚝 선 동상이 하나 보인다. 동상이 있는 방향의 무세오 광장^{Plaza del Museo}으로 향하면 분홍빛의 화려한 건물이 보이는데 이 건물이 세비야 미술관이다.

세비야 학파^{Escuela Sevillana}의 주요 작품이 전시되어 있는 세비야 미술관은 스페인 국내에서도 프라도 미술관 다음으로 중요한 미술관으로 여겨진다. 무리요, 발데스 레알, 벨라스케스 등의 르네상스 시대를 대표하는 화가들의 대다수가 세비야 태생으로, 17세기 세비야는 미술의 중심이었다고 해도 과언이 아니다. 미술관의 작품은 15세기~17세기의 작품이 중점적이며, 세비야 태생은 아니지만 스페인 미술사를 대표하는 화가 엘 그레코^{El Greco}(1541~1614)가 그의 아들 호르헤를 그린 〈호르헤 마누엘 테오토코풀로스의 초상화〉(1600~1605) 작품도 전시되어 있다.

무세오 광장에는 17세기 스페인 회화 황금시대를 대표하는 화가 무리요의 동상이 방문객들을 환영하고 있다. 스페인의 라파엘로^{Rafaello}라고 불리는 그는 생애 대부분을 세비야에서 보냈다. 반면 같은 시기에 활동하던 세비야 태생의 화가 벨라스케스는 마드리드의 궁정을 중심으로 활동하였다. 산타 테레사 거리에 무리요가 살던 집은 현재 박물관이 되었고, 근처 산타 크루스 광장에 그가 잠들어 있다. 세비야 대성당의 성 안토니오 예배당의 제단화를 장식하는 〈성 안토니오의 환상^{La visión de San Antonio}〉(1656)은 한때 도난을 당해 화제가 되기도 하였으며, 미술관에는 세비야의 수호 성녀 자매 〈산타 후스타와 루피나〉(1666)가 전시되어 있다. 성녀 후스타와 성녀 루피나는 고대 로마 시대에 트리아나에서 도자기를 만들던 장인이었는데, 이 지역은 수도원을 비롯해 수세기 동안 도자기 장인이 모여 있는 곳으로 유명하다. '스페인의 카라바지오Caravaggio'라고 불리는 수르바칸Zurbarán•(1598~1664)이 남긴 16세기의 작품 〈카르투하 수도원 식당 안의 성 후고San Hugo en el refectorio de los Cartujos〉(1630~1635)는 세비야의 카르투하 수도원Monasterio de la Cartuja을 배경으로 하는데, 그림 속에서 당시 수도원에서 만들어진 도자기를 볼 수 있다. 지금은 이 수도원을 세라미카 픽먼Cerámica Pickman 사가 1840년 매입하여 '라 카르투하 데 세비야La Cartuja de Sevilla'라는 이름으로 도자기를 생산하고 있다.

그란 멜리아 콜론 GRAN MELIA COLON

주소 Calle Canalejas, 1, 41001 Sevilla 전화번호 +34 954 50 55 99 웹사이트 www.melia.com/es/hoteles/espana/sevilla/gran-melia-colon/

바로크 시대 세비야 최고의 조각가인 페드로 롤단Pedro Roldán과 화가 수르바란Zurbarán의 작품이 남아 있는 막달레나 성당Iglesia de la Magdalena 건너편에 위치한 그란 멜리아 콜론 호텔은 스페인의 가장 큰 호텔 체인인 멜리아Meliá 사에서 운영하는 호텔로 세비야에서 유일하게 세계리딩호텔연맹LHW에 가입되어 있으며 최고급 시설을 자랑한다. 다른 호텔들에 비해 최근에 지어졌기 때문에 내부가 깔끔하고, 레스토랑에서는 안달루시아 지방의 최고급 요리를 맛볼 수 있다. 쇼핑을 즐길 수 있는 두케 광장, 막달레나 광장, 미술관이 근처에 있다.

•카디스 박물관에는 그의 작품만을 전시하는 개별 전시관이 있다. 말라가의 카르멘-티센 미술관을 비롯해 마드리드의 프라도 국립미술관, 런던의 내셔널 갤러리에도 비슷한 시기에 그려진 그의 걸작품들이 전시되어 있는데, 그의 작품 속 흰색 옷감은 실제보다도 더 생생하게 표현되었다.

세비야 쇼핑하기

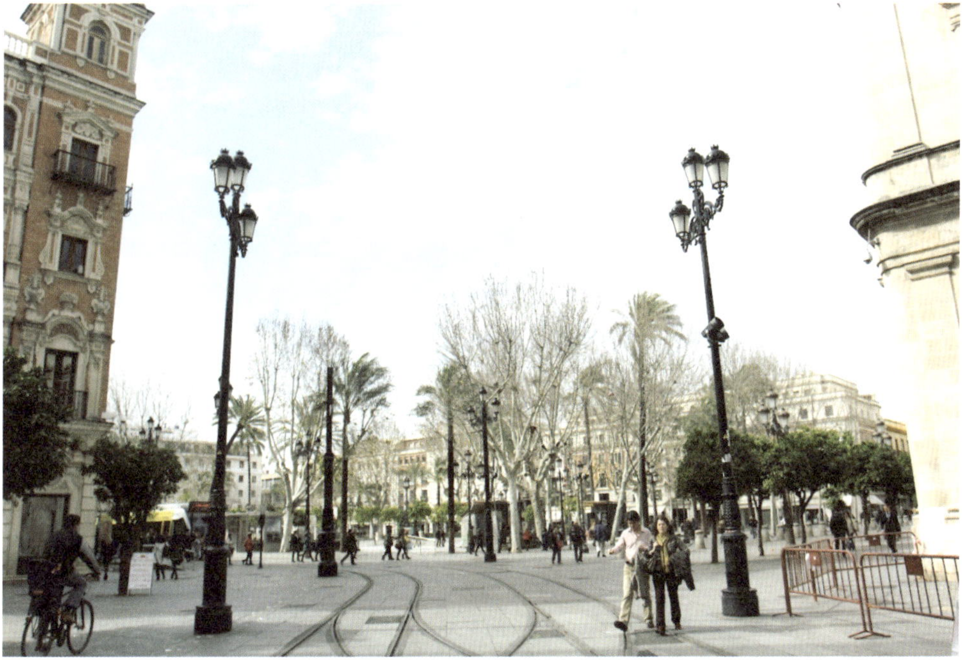

누에바 광장 PLAZA NUEVA

라 아드리아티카

대부분의 여행자들은 세비야 대성당이 있는 구시가지에서 두케 광장으로 이동하게 된다. 구시가지의 중심인 콘스티투시온 대로를 따라 대성당을 지나면, '라 아드리아티카' 건물이 보인다. 이 건물에서 45도 방향에 누에바 광장Plaza Nueva이 있는데,

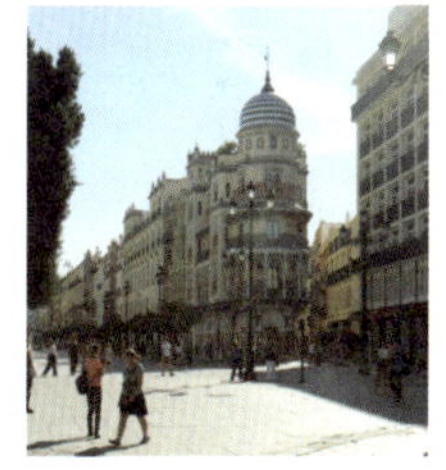

광장의 한가운데 커다란 기마상*이 방문객들을 기다리고 있다. 기마상은 역대 군주 중 가장 위대한 왕으로 꼽히는 페르난도 3세의 모습으로, 1248년 무어인들로부터 세비야를 되찾는 데에 기여한 것을 기념하기 위해 세워졌다. 누에바 광장에는 고급스러운 명품 부티크가 모여 있는데, 스페인 디자이너 브랜드 푸리피카시온 가르시아 Purificacion Garcia와 명품 브랜드 카롤리나 에레라Carolina Herrera, 막스마라MaxMara 등의 매장이 있다. 누에바 광장에서 북쪽으로 테투안 거리Calle Tetuán, 벨라스케스 거리Calle Velázquez를 차례로 지나면 알폰소 12세 거리Calle Alfonso XII와 만나는 곳이 두케 광장Plaza del Duque이다.

막스마라 MaxMara　　　　주소 Plaza Nueva 3, 41001 Sevilla　전화번호 +34 954 21 48 25　웹사이트 www.maxmara.com

카롤리나 에레라 Carolina Herrera　　　　주소 Plaza Nueva 8, 41001 Sevilla　전화번호 +34 954 50 04 18　웹사이트 www.carolinaherrera.com

푸리피카시온 가르시아 Purificacion Garcia　　　　주소 Plaza Nueva 8, 41001 Sevilla　전화번호 +34 954 50 11 29　웹사이트 www.purificaciongarcia.com

테투안 거리 CALLE TETUÁN

누에바 광장을 지나 테투안 거리Calle Tetuán를 따라 북쪽으로 향하면 스트라디바리우스Stradivarius, 자라Zara, 마시모 두띠Massimo Dutti 등의 매장이 모여 있는 사거리에 도착하게 된다. 이 사거리에 세워진 모든 브랜드의 매장은 스페인 최고의 의류회사인 인디텍스 사 소유인데, 어느 도시를 가도 대부분 가까운 위치에 각 브랜드의 매장을 세워 입지를 만드는 방식이 인상적이다. 이 거리에는 장난감을 파는 상점 이마히나리움Imaginarium, 신발 브랜드 캠퍼Camper, 필라르 부르고스Pilar Burgos, 마리파스MaryPaz, 프랑스 화장품 브랜드 이브 로셰Yves Rocher, 이탈리아 화장품 브랜드 키코KIKO 등이 있다. 이 사

* 광장 한복판의 페르난도 3세 기마상은 19세기 말에서부터 20세기 초까지 세비야 학파를 대표하는 곤살로 빌바오의 동생인 조각가 호아킨 빌바오Joaquín Bilbao(1864~1934)의 작품이다. 곤살로 빌바오는 담배공장의 여성들을 묘사한 작품 〈담배공장의 퇴근〉으로 유명하다.

거리의 양옆으로는 리오하 거리^{Calle Rioja}, 북쪽으로는 벨라스케스 거리^{Calle Velázquez}가 이어진다.

마리파스 MaryPaz　　주소 Calle Tetuán 27, 41001 Sevilla　전화번호 +34 954 22 20 08　웹사이트 www.marypaz.com

캠퍼 Camper　　주소 Calle Tetuán 24, 41001 Sevilla　전화번호 +34 954 22 28 11　웹사이트 www.camper.com

이마히나리움 Imaginarium　　주소 Calle Tetuán 22, 41001 Sevilla　전화번호 +34 954 21 15 29　웹사이트 www.imaginarium.es

스트라디바리우스 Stradivarius　　주소 Calle Tetuán 11, 41001 Sevilla　전화번호 +34 954 56 33 42　웹사이트 www.stradivarius.com

리오하 거리 CALLE RIOJA

리오하 거리에는 자라^{Zara}, 우테르케^{Uterqüe}, 빔바 이 롤라^{Bimba y Lola}와 같은 스페인 브랜드를 비롯해, 프랑스 브랜드 마쥬^{Maje}, 속옷 브랜드인 오이쇼^{Oysho}, 유아용품 브랜드 치코^{Chicco} 등이 자리하고 있다. 리오하 거리에서 자라 매장을 등지고 동쪽으로 향하면 부채, 만톤 등과 같은 전통 장신구를 파는 시에르페스 거리^{Calle Sierpes}가 나온다.

우테르케 Uterqüe　　주소 Calle Rioja 7, 41001 Sevilla　전화번호 +34 954 226 339　웹사이트 www.uterque.com

치코 Chicco　　주소 Calle Rioja 6, 41001 Sevilla　전화번호 +34 954 56 48 45　웹사이트 www.chicco.com

마쥬 Maje　　주소 Calle Rioja 5, 41001 Sevilla　전화번호 +34 954 212 296　웹사이트 www.maje.com

오이쇼 Oysho　　주소 Calle Rioja 3, 41001 Sevilla　전화번호 +34 954 22 77 74　웹사이트 www.oysho.com

위-리오하 거리
아래-벨라스케스 거리

벨라스케스 거리 CALLE VELÁZQUEZ

테투안 거리^{Calle Tetuán}에서 두케 광장 방면으로 이어지는 벨라스케스 거리^{Calle de Velázquez}에는 서점을 비롯해 다양한 의류매장이 있다. 10대를 타깃으로 하는 베르시카^{Bershka}, 이탈리아산 속옷 브랜드인 칼제도니아^{Calzedonia}, 자라와 함께 스페인 사람들이 즐겨 입는 마시모 두띠^{Massimo Dutti} 등의 매장이 위치하고 있다. 마시모 두띠는 남녀의류 및 장신구, 아동복까지 다양한 제품을 갖춘 브랜드이다. 자라보다 조금 더 고급스러운 스타일로 30~40대층이 즐겨 입는 브랜드이며 댄디한 스타일의 아동복을 찾는다면 마시모 두띠를 추천한다. 국내에도 최근 런칭이 되었는데, 스페인에서는 좀 더 다양한 제품을 부담 없는 가격에 만날 수 있다.

마시모 두띠 Massimo Dutti 주소 Calle de Velázquez, 12, 41001 Sevilla 전화번호 +34 954 22 57 72 웹사이트 www.massimodutti.com

칼제도니아 Calzedonia 주소 Calle de Velázquez 13, 41001 Sevilla 전화번호 +34 954 22 40 91 웹사이트 www.calzedonia.it

카사델리브로 Casa del Libro 주소 Calle Velázquez 8, 41001 Sevilla 전화번호 +34 902 02 64 10 웹사이트 www.casadellibro.com

베르시카 Bershka 주소 Calle Velázquez 1, 41001 Sevilla 전화번호 +34 954 56 43 04 웹사이트 www.bershka.es

오도넬 거리 CALLE O'DONNELL

플라멩코 손동작을 한 여인의 흉상*이 있는 곳은
두케 광장으로 가기 전 쇼핑거리의 끝인 오도넬
거리이다. H&M과 같은 저렴한 브랜드 매장, 자
라와 함께 스페인의 대표적인 브랜드 망고Mango,
속옷 브랜드인 우먼시크릿Women'Secret, 자라 홈Zara Home이 이 거리에 있다. 자라 의류라
인처럼 보편적이고 트렌디한 침구, 식기 등 다양한 인테리어 소품을 찾는다면 자라
홈은 더없이 좋은 곳이다.

에이치엔엠 H&M　　　　　　　주소 Calle O'Donnell 7, 41001 Sevilla　전화번호 +34 901 12 00 84　웹사이트 www.hm.com
우먼시크릿 Women'Secret　　　　　　주소 Calle O'Donnell 10, 41001 Sevilla　전화번호 +34 902 45 95 45
　　　　　　　　　　　　　　　　　웹사이트 www.womensecret.com
자라 홈 Zara Home　　　　　　주소 Calle O'Donnell, 18 41001　전화번호 +34 954 22 85 52　웹사이트 www.zarahome.com

시에르페스 거리 CALLE SIERPES

산 프란시스코 광장의 카페 로블레스 라레도Robles Laredo와 그라나다 거리Calle Granada가
만나는 곳이 시에르페스 거리Calle Sierpes의 시작이다. 스페인풍의 장신구와 기념품이
가득한 시에르페스 거리에는 100년 이상 된 세비야의 오래된 상점들을 비롯해, 전통
의상을 입을 때 사용하는 장신구, 도자기 등을 파는 상점들이 가득하다. 만톤, 부채,
머리에 꽂는 빗, 액세서리 등을 파는 상점들은 비슷한 제품을 취급하면서도 각기 특
색이 있다. 사이즈와 색상이 여러 가지로 가격도 실크의 등급과 자수에 따라 다양하
다. 옷이 아닌 장신구이지만 유명 장인이 만든 고급제품은 몇 백만 원을 호가하여 드

*세비야 태생의 파스토라 임페리오Pastora Imperio(1887~1979)는 20세기를 대표했던 플라멩코 무용수로
마누엘 데 파야의 〈사랑은 마법사El Amor Brujo〉와 같은 오페라 작품을 비롯해, 집시를 주인공으로 하는 많은 영화에 출연
했었다.

레스보다 더 비싼 것도 있다. 시에르페스 거리와 라 캄파가 거리가 만나는 시에르페스 거리 1번지에 있는 라 캄파나 La Campana 는 1885년부터 130여 년이나 이 자리를 지키고 있는 제과점으로, 이 거리의 랜드마크이자 사람들의 만남의 장소이다. 건너편에는 페레티 Ferretti 아이스크림과 스타벅스 카페도 있어 두케 광장의 백화점 앞과 더불어 언제나 사람들로 활기가 가득한 곳이다. 시에르페스 거리에 있는 상점들은 오전 10시에 오픈한 후 시에시타 시간에는 문을 닫았다가 오후 5시경에서부터 8시 반까지 영업하는 경우가 대부분이다.

라 캄파나 La Campana　주소 Calle Sierpes 1, 41004 Sevilla　전화번호 +34 954 22 35 70　영업시간 8:00~22:00

돈 레갈론 Don Regalón　주소 Calle Sierpes 76, 41001 Sevilla　전화번호 +34 954 56 14 13

디살 DIZAL　주소 Calle Sierpes 75, 41004 Sevilla　전화번호 +34 954 21 81 33

마르티안 Martian　주소 Calle Sierpes, 74, 41004 Sevilla, Spain　전화번호 +34 954 21 34 13　영업시간 10:00~14:00, 17:00~20:30 일요일 휴무

아바니코스 디아스 Abanicos Díaz　주소 Calle Sierpes 71, 41004 Sevilla, Spain　전화번호 +34 954 22 81 02　웹사이트 www.abanicosdiaz.com

두케 광장 PLAZA DEL DUQUE

작은 광장을 중심에 두고 버스와 차들이 복잡하게 지나다니는 세비야의 두케 광장 Plaza del Duque 주변을 다니다 보면 사람들이 하나둘씩 들고 다니는 흰색 바탕에 검은색

과 녹색 깃발 무늬가 들어간 쇼핑백이 눈에 띈다. 누구나 따라 하기 쉬운 춤으로 90년대 전 세계를 휩쓸었던 노래 '마카레나'(1994)는 스페인에서 흔히 들을 수 있는 여자 이름인데, 가사의 주인공 마카레나가 쇼핑을 즐기는 '엘 코르테 잉글레스El Corte Inglés'는 스페인 전역에 있는 백화점이다. 세비야 중심에는 두케 광장과 막달레나 광장Plaza de la Magdalena에 위치하고 있는데, 두케 광장에 있는 매장에는 슈퍼마켓, 레스토랑, 의류, 여행사 등이 있다. 막달레나 광장에 있는 매장에서는 집 안을 꾸미는 인테리어 소품, 침구류 등을 찾아볼 수 있다. 참고로 스페인에서는 도로에서 진입하는 입구가 있는 층을 1층이 아닌 플란타 바하Planta Baja라고 하며, 우리나라에서 말하는 2층을 플란타 프리메라Planta 1이라고 표시한다.

엘 코르테 잉글레스 El Corte Inglés

주소 Plaza del Duque de la Victoria, 8 Sevilla 41004 전화번호 +34 954 597 000 웹사이트 www.elcorteingles.es 운영시간 월요일~토요일 10:00~22:00

세비야에는 누에바 광장Plaza Nueva, 네르비온Nervion, 두케 광장Plaza Del Duque 세 곳에 위치하고 있는데, 현대에 개발된 지역인 네르비온점의 규모가 가장 크다. 두케 광장 지점은 슈퍼마켓, 화장품, 의류, 신발 등을 취급하는 메인 빌딩과 맞은편에 여성의류만을 취급하는 패션관, 전자제품과 음반, 책에 관련된 용품만을 파는 빌딩으로 나뉘어 있다.

쇼핑에 필요한 어휘

콤프라르	comprar	구매하다	엘렉트로니카	electrónica	전자제품
데볼루시온	devolución	환불	모다	moda	의류
캄비오	cambio	교환	타야	talla	사이즈
데스쿠엔토	descuento	할인	비아헤스	viajes	여행사
레바하스	rebajas	세일	리브로스	libros	도서
수페르메르카도	supermercado	슈퍼마켓	후게테스	juguetes	완구
플란타	planta	층			

왼쪽-카르멘 베르돈세스, 오른쪽-타이거

카르멘 베르돈세스 CARMEN BERDONCES

주소 Calle Amor de Dios, 36, 41002 Sevilla 전화번호 +34 670 84 34 19 웹사이트 www.carmenberdonces.com 영업시간 월요일~금요일 10:30~14:00, 18:00~21:00, 토요일 11:00~14:00

세비야의 디자이너 카르멘 베르돈세스가 만드는 가죽 액세서리 전문 브랜드이다. 보헤미안의 분위기가 물씬 풍기는 알라메다에 위치한 이 상점에서는 스페인산 송아지 가죽에서부터 뱀피로 만든 심플한 디자인의 지갑이나 핸드폰 케이스를 저렴한 가격에 구입할 수 있다.

타이거 TIGER

주소 Calle San Eloy, 9, 41001 Sevilla 전화번호 +34 954 50 10 70 웹사이트 www.tiger-stores.es 영업시간 월요일~목요일, 일요일 11:30~16:30, 15:00~23:30, 금요일~토요일 12:00~17:00, 19:00~00:00

타이거는 덴마크 브랜드로 '유럽의 다이소'라고 불리는 저렴한 가격의 생활용품을 파는 매장이다. 영국, 스페인, 이탈리아 등 유럽을 중심으로 314개의 매장이 있는데, 그 가운데 덴마크를 제외하고는 스페인에 42개로 가장 많다. 가위, 수면양말, 우산, 일회용 우비와 같이 우리나라에서는 저렴한 가격에 구매할 수 있는 물품이 유럽에서는 비싼 편인데, 이곳에서 아주 저렴한 가격에 구매할 수 있다.

왼쪽-세노비야. 오른쪽-안토니아 가르시아

세노비야 SENOVILLA

주소 Cuesta del Rosario, 16, 41004 Sevilla 전화번호 +34 954 22 62 27 영업시간 월요일~금요일 11:00~14:00, 17:00~20:30,
토요일 11:00~14:00

플라멩코용 슈즈에도 다양한 디자인이 있고 품질에 차이가 있다. 세노비야는 최고급
제품을 만드는 곳으로, 유명한 무용수들이 즐겨 신는 플라멩코 슈즈이다. 카르멘, 마
누엘라라는 디자인이 가장 인기가 좋은데, 25만 원 안팎으로 구매할 수 있다.

안토니오 가르시아 ANTONIO GARCIA

주소 Calle Alcaiceria de la Loza, 25, 41004 Sevilla 전화번호 +34 954 22 23 20 웹사이트 www.sombrerosgarcia.com 영업시
간 월요일~금요일 10:00~20:30, 토요일 10:30~14:00

오래된 시장 골목에 위치한 안토니아 가르시아는 3대째 수공업으로 모자를 만드는
상점이다. 수백여 가지의 모자에서부터 100% 양모 판초, 승마용품까지 안달루시아
에서 생산하는 제품들이 가득하다. 국내에서 고가에 판매되는 승마용품이 필요하다
면 이곳을 꼭 들러 보기 바라며, 다른 상점들과 달리 시에스타 시간에도 영업을 계속
한다.

포르타가욜라 **PORTAGAYOLA**

주소 Calle Alcaiceria de la Loza, 26, 41004 Sevilla **전화번호** +34 954 21 49 39 **영업시간** 월요일~금요일 10:30~14:30, 17:00~21:00, 토요일 10:30~14:30

세르반테스의 모범소설에 등장하는 알카이세리아 데 라 로사 거리에 있는 이 상점은 가죽용품 전문점이다. 카디스 지방의 코닐^{Conil}에서 3대째 가죽을 사용하여 부츠, 핸드백, 벨트 등의 핸드메이드 제품을 제작하고 있다. 가죽과 천에 실로 수놓은 스페인 전통을 살리면서도 모던한 감각이 돋보이는 제품들이 가득한데, 10만 원 안팎으로 스페인산 가죽 핸드백을 구매할 수 있다.

더 보우티케 **THE BOUTIKE**

주소 Calle Sales y Ferré, 18, 41004 Sevilla **전화번호** +34 955 29 31 48 **웹사이트** www.boutikehostel.com

우리말로 '버섯'을 뜻하는 '라스 세타스^{las setas}'라 불리는 세비야를 상징하는 건축물 메트로폴 파라솔^{Metropol Parasol}이 있는 엔카르나시온 광장^{Plaza de la Encarnación}에서 도보로 5분 거리에 있는 호스텔이다. 2인실, 4인실, 8인실까지 다양한 객실과 취사를 할 수 있는 키친과 다이닝룸, 헬스장, 테라스, 세탁실 등을 갖추고 있어 장기간 또는 단체로 여행하는 이들에게 적합하다.

세비야 아가씨들의
패션 따라잡기

로스 델 리오^{Los Del Río}의 노래 〈마카레나〉(1994) 가사 中

마카레나는 엘 코르테 잉글레스를 꿈꾼다
그리고 신상들을 쇼핑한다
그녀는 뉴욕에 살고 싶어 한다
그리고 새로운 남자친구를 만나고 싶어 한다

세비야 집시들의 본거지인 트리아나 태생의 가수 이사벨 판토하^{Isabel Pantoja}(1956~)가 스페인의 명품 로에베^{Loewe}의 아마조나^{Amazona} 가방을 즐겨 드는 것처럼 세비야 사람들도 패션 중심지인 마드리드나 바르셀로나 사람들과 다를 바가 없이 고급 브랜드를 즐긴다.
안달루시아에서 플라멩코를 발전시켜 온 집시들은 이제 더 이상 일정한 주거지 없이 여기저기를 떠돌아다니는 사람들이 아니다. D&G 선글라스를 쓰고, 에르메스 핸드백을 들고, 버버리 스카프를 하고, 신사들은 이탈리아의 브랜드 보스와 같은 명품 수트를 입는 최고의 멋쟁이들이다.

카르멘 같은 검은 머리의 집시여인들은 어디에 있나요?

영화 〈카르멘^{Carmen}〉(2003)의 주인공 파스 베가^{Paz Vega}, 2003년 스페인 대표로 미스 유니버스 대회에 참가했던 모델 에바 곤살레스^{Eva González}가 세비야의 대표적인 미인들이다. 세비야의 집시여인 카르멘과 같이 강렬한 눈빛과 매혹적인 자태를 가진 세비야에는 미인이 많기로 유명하다. 북유럽인들과 같이 하얀 피부에 금발 머리를 하고 파란 눈을 가진 사람, 아랍인을 연상케 하는 검은 빛깔의 곱슬머리를 가진 사람 등 고대 로마인, 서고트족, 아랍인, 유대인 등의 민족이 섞여 지금의 스페인 사람들은 머리카락 색깔, 피부색 등이 다양하다. 집시 혈통의 플라멩코 아티스트들과 같이 까무잡잡한 피부를 가진 사람들을 '히타노스^{Gitanos}'라고 부르는데, 그렇다고 해서 집시들이 모두 이렇게 생기지는 않았다.

스페인 부의 중심이 되었던 세비야의 경제적인 번영은 사라졌지만, 사람들은 아직도 그때의 관습이 남아 있어서인지 화려하게 꾸미는 것을 즐긴다. 할머니들도 시장에 가거나 동네를 잠시 돌아다닐 때에도 머리손질과 메이크업을 열심히 하는 모습이 인상적이다. 더운 지방이기 때문에 왠지 과감하게 노출이 되는 옷을 즐길 것 같지만 실은 이와는 반대이다. 안달루시아 사람들은 생각보다 옷을 입는 데에 있어서 꽤나 격식을 갖추는 편인데, 편안한 차림으로 외출할 때에도 남자들은 청바지 대신 면 소재의 바지에 셔츠를 입고 재킷이나 스웨터를 즐겨 입는 편이다. 검은 빛깔의 긴 생머리에 오드리 헵번과 같이 커다란 검은색 선글라스를 쓰고 타이트한 바지 차림에 부츠를 신은 세비야의 아가씨들은 아랍인과 같이 검은색으로 진하게 아이라인을 그리고 다닌다.

저자가 따라 잡는 세비야 스타일

작년 한 일본 잡지사의 화보 촬영을 하게 되었는데, 평소에 즐겨 입는 의상을 입어주기를 바란다고 하여 준비했던 옷과 신발, 액세서리 대부분이 스페인에서 샀던 것들

이었다. 자라, 망고, 아돌포 도밍게스, 빔바 & 롤라와 같은 스페인산 브랜드의 의류와 카스타네르^{Castañer}, 프리티 발레리나스와 같은 신발 브랜드도 즐겨 신는데, 걸어 다니는 시간이 많은 세비야에서는 편안한 신발을 신는 게 중요하다. 우리가 출근할 때 즐겨 신는 하이힐보다는 웨지힐이나 프랑스에서 '에스파드리유'라고 부르는 알파르가타스^{Alpargatas}를 더욱 유용하게 신을 수 있다. 카스타네르의 웨지힐은 청바지, 여름에 입는 선드레스, 마나 실크 소재의 바지에 매치하여 캐주얼하고 활동성이 있으면서도 격식을 갖춘 의상에 하이힐 샌들을 대신할 수 있다.

세비야 쇼핑 시크릿

1. 스페인의 보그^{Vogue}, 텔바^{Telva} 구독

스페인의 패션잡지인 텔바는 다른 유럽 브랜드와 더불어 스페인 브랜드를 중점으로 신상품을 소개하기 때문에, 쇼핑을 하기 전에 미리 마음에 드는 것을 확인하면 쇼핑이 좀 더 수월하다.

2. 세일REBAJAS 기간 활용하기

스페인의 세일 기간은 7~8월 사이 그리고 크리스마스가 지난 후 1월 초순이다. 세일 기간을 이용하면 좀 더 경제적으로 원하는 제품들을 구매할 수 있는데, 2월에도 세일 후 남은 상품을 더욱 큰 폭으로 할인하기 때문에 쇼핑을 즐길 수 있는 기회가 많다. 하지만 인기 상품의 경우 세일 기간이 되면 이미 다 팔리고 없으니 세일이 시작되자마자 서둘러야 한다.

3. 적극적으로 원하는 제품 찾기

봄 신상품이 나오는 2월 즈음에 가면 세일 후에 남은 물건과 신상품이 섞여 물건이 많다 보니 모든 제품을 매장에 진열하지 못한 경우도 더러 있다. 미리 원하는 브랜드의 홈페이지를 통해 어떤 제품이 있는지를 확인한 후, 매장에 가서 문의하면 창고에 재고가 있기도 하니 사진을 스크랩해 두는 것도 도움이 된다. 이렇게 보물찾기를 해서 원하는 것을 구매하는 재미도 있다. 언어가 통하지 않아도 사진만 보여주면 원하는 제품을 찾을 수 있으니 반드시 시도해 보기 바란다.

4. 환불 시스템 활용하기

같은 브랜드라도 매장마다 가지고 있는 재고물량이 다르기 때문에, 마음에 드는 제품을 발견하면 그 즉시 구매를 하는 것이 좋다. 혹시라도 구매한 후에 마음이 바뀌거나 더 좋은 제품을 찾으면 정해진 기간 안에 환불이 가능하고, 같은 브랜드인 경우 교환은 스페인 내의 어느 매장에서나 가능하다. 단, 환불하는 경우에는 구매한 매장에서만 가능하니 참고하기 바란다.

저자가 추천하는 브랜드 BEST 5

1. 자라 Zara

스트릿패션 브랜드의 대명사인 자라는 스페인 국내뿐만 아니라 전 세계 어디에 가도 쉽게 찾아볼 수 있는 브랜드가 되었다. 최신 유행 스타일부터 유행을 타지 않는 티셔 츠, 수트 등 기호에 따라 원하는 제품을 다양하게 찾을 수 있는데, 의심의 여지 없이 스페인 아가씨들이 가장 즐겨 입는 브랜드이다.

리오하 거리 주소 Calle Rioja, 10 전화번호 +34 954 21 10 58

두케 광장 주소 Plaza del Duque de la Victoria, 1 전화번호 +34 954 21 48 75 웹사이트 www.zara.com

2. 망고 Mango

자라와 더불어 스페인을 대표하는 브랜드인 망고는 의류보다는 직물로 만든 스카프 와 액세서리와 같은 제품이 디자인이나 품질이 가격에 비해 좋다.

주소 Calle O'Donnell 8, 41001 Sevilla 전화번호 +34 954 21 77 18 웹사이트 www.mango.com

3. 빔바 이 롤라 Bimba Y Lola

아직 국내에는 잘 알려지지 않은 브랜드이지만, 스페인의 멋쟁이들은 이 브랜드의 핸드백이나 액세서리 한두 개쯤은 가지고 있다. 경주용 개인 '그레이 하운드' 로고가 인상적인 브랜드 빔바 이 롤라 Bimba y Lola는 가죽으로 만든 핸드백과 신발을 전문으로 한다. 시즌마다 디자인이 바뀌기는 하지만 심플하고 실용적인 디자인을 위주로 하고, 스페인 느낌이 물씬 나는 컬러풀한 제품들도 선보인다. 모던하고 심플한 디자인의 옷들과 애스닉한 화려한 액세서리가 잘 어울린다. 액세서리의 가격은 €20~100 사이, 의류는 €200~500 정도로 퀄리티 대비 가격은 만족스럽다.

주소 Calle Rioja 5, 41001 Sevilla 전화번호 +34 954 219 375 웹사이트 www.bimbaylola.com

4. 아돌포 도밍게스 Adolfo Domínguez

우아함을 강조하면서도 착용감이 좋은 드레스 아이템은 독특한 디자인으로 개성을 살릴 수 있으면서도 매일 입기에도 부담이 없다. 캐시미어, 실크 등을 사용해 만든 제품의 소재가 최고급인 데에 반해 가격이 적당한 편으로, 세일 기간을 이용하면 국내에서 구매하는 가격과 꽤 차이가 난다.

주소 Calle Puente y Pellón 11, 41004 Sevilla 전화번호 +34 954 21 95 57 웹사이트 www.adolfodominguez.com

5. 필라르 부르고스 PILAR BURGOS

국내에는 잘 알려져 있지 않은 브랜드인 필라르 부르고스는 스페인의 대표적인 신발 브랜드이다. 컬러풀한 하이힐 펌프스, 웨딩드레스에 신을 만한 새틴 소재 샌들의 디자인이 다양한데, 볼이 좁은 대부분의 유럽산 신발과 비교하여 볼은 중간으로 한국인 체형에도 잘 맞는 편이다. 유행을 타지 않는 심플한 디자인의 가죽과 스웨이드로 만든 부츠 제품도 인기가 좋은 편이며, 가격은 €50~200 사이로 소재와 장식에 따라 달라진다. 스페인 귀족 가운데 최고의 부호인 알바 공작부인이 2011년 81세 고령의 나이에 24세 연하인 일반인과의 결혼으로 화제가 되었는데, 이 브랜드에서 디자인한 핑크색의 신발을 신었다.

주소 Calle Tetuán 16, 41001 Sevilla 전화번호 +34 954 56 21 17 웹사이트 www.pilarburgos.com

세비야 BEST SHOP 4

1. 사사 Sasa

구찌, 프라다, 발렌시아가와 같은 이탈리아, 프랑스의 명품 브랜드의 의류, 핸드백, 액세서리 등을 취급하는 편집매장이다. 파리나 밀라노에서는 쉽게 볼 수 있는 브랜드이지만 세비야에서 유일하게 스페인 밖의 브랜드를 접할 수 있는 매장인데, 평범하지 않은 디자인의 핸드백이나 신발이 많다. 가격은 파리나 밀라노와 비슷한 편으로, 시간이 날 때마다 틈틈이 들러 시즌이 지난 상품들을 할인된 가격에 노려보는 재미가 있다. 주소는 아돌포 로드리게스 후라도 거리라고 되어 있지만 콘스티투시온 대로변 스타벅스 옆으로 입구가 있으니 참고하기 바란다.

주소 Calle Adolfo Rodríguez Jurado, 2, 41001 Sevilla 전화번호 +34 954 22 43 97

2. 사비나 ^{Sabina}

신발 매장이 많은 테투안 거리에 위치한 작은 상점 사비나에는 세비야에서 가장 예쁘고 화려한 안달루시아풍의 액세서리가 가득하다. 종류가 너무나 다양하기 때문에 그린, 블루, 핑크, 레드 등 컬러별로 디스플레이가 되어 있는데, 산호초, 자개 원석을 이용하여 만든 제품들도 있다. 이 화려한 전통 스타일의 액세서리는 보통 플라멩코 무용수나 페리아에 입는 세비야나스 드레스에 매치하는데, 심플한 의상에 포인트로 귀걸이 하나만 매치하면 세련되면서도 보헤미안 느낌이 난다. 가격은 귀걸이의 경우 보통 €40~200까지 다양한데, 유행을 타는 제품이 아니기 때문에 과감하게 투자할 만하다.

주소 Calle Tetuán 7, 41001 Sevilla 전화번호 +34 954 22 86 34 영업시간 월요일~금요일 10:00~21:00, 토요일 10:00~20:30

3. 솜브레레리아 마케다노 ^{Sombrerería Maquedano}

안달루시아의 플라멩코 가수들이 쓰고 다니던 솜브레로 코르도베스^{Sombrero Cordobés}는 이제 플라멩코 가수뿐만 아니라 스페인풍의 패션 아이템으로도 매력 만점이다. 모자를 전문적으로 만드는 이 상점은 1896년에 오픈하여 세비야에서 모자를 만드는 장인

으로는 가장 오래되었다. 이미 만들어져 진열되어 있는 제품도 있지만, 대부분의 고객들은 자신의 사이즈에 맞게 주문 제작을 하는 것이 보통이기 때문에 시간이 필요하다. 가격은 €30~100 사이로, 여성들이 결혼식과 같은 격식을 갖출 때 의상에 쓰는 칵테일 모자와 머리를 장식하는 페시네이터 Fascinator 등의 종류도 다양하다.

<u>주소</u> Calle Sierpes, 40, 41004 Sevilla <u>전화번호</u> +34 954 56 47 71 <u>영업시간</u> 월요일~금요일 10:00~13:30, 17:00~20:30, 토요일 10:00~14:00

4. 후안 포론다 Juan Foronda

1923년부터 부채, 만톤과 같은 전통 장신구를 팔고 자수를 놓은 직물 수공예 제품을 만드는 상점으로 세비야에서 가장 오래된 역사를 자랑한다. 전통 장신구 거리인 시에르페스 거리, 테투안 거리, 왕들의 성녀 광장 등 여러 곳에 매장이 있는데, 가지고 있는 제품은 조금씩 차이가 있다.

<u>주소</u> Calle Sierpes, 79, 41004 Sevilla <u>전화번호</u> +34 954 21 40 50 <u>웹사이트</u> www.juanforonda.com <u>영업시간</u> 10:00~13:30, 16:30~20:30 일요일 휴무

세비야
교통

세비야 기차역에서 시내까지 이동하는 방법

마드리드 또는 다른 도시에서 기차를 이용하면 세비야의 산타 후스타 기차역^{Estación} ^{Santa Justa}에 도착하게 된다. 산타 후스타 기차역은 세비야 시내에서 북쪽으로 아베니다 칸사스 시티^{Avda. Kansas City}에 위치하고 있는데, 역에서 길을 건너 반대편에서 버스 C1을 이용하면 스페인 광장이 있는 프라도 데 산 세바스티안^{Prado de San Sebastián}에 도착한다. 버스 32번을 이용하면 두께 광장까지, 공항을 오가는 버스 EA를 이용하여 구시가지의 중심인 헤레스 문^{Puerta de Jerez}까지 이동한 후 호텔로 이동하는 것도 편리하다. 택시를 이용하여 호텔이나 관광지로 이동할 수 있는데, 기본 요금은 €1.31(0.91/km)이다. 구시가지 안에는 도보 전용 도로가 많아 택시를 이용하면 상당히 돌아가게 된다. 미리 주소를 확인하여 자동차가 다닐 수 있는 알레마네스 거리, 두케 광장, 헤레스 문, 프라도 데 산 세바스티안 등과 같은 곳에 내려서 도보로 이동하기 바란다.

웹사이트 www.tussam.es   편도 요금 €1.20   여행자 패스 €4.50(1일) €8.50(3일)

세비야 산 파블로 공항에서 시내까지

세비야 산 파블로 공항El Aeropuerto de San Pablo(SVQ)에서 시내까지 약 30분 정도 걸리는데, 공항에서 버스 EA를 이용하여 기차역 또는 프라도 데 산 세바스티안까지 갈 수 있다(운행시간 6:00~23:30, 약 30분 간격).

편도 요금 €4   왕복 요금 €6

세비야에서 다른 지역으로 이동하는 방법

스페인 국영철도 렌페RENFE는 운행하는 구간과 기차 종류에 따라 AVE, MD, AVANT, ALVIA 등으로 불리는데, 각 기차가 낼 수 있는 속력이 다르고 내부 구조도 다르다. AVE는 시속 310km의 속력을 내는 고속열차로, 마드리드에서 코르도바를 거쳐 세비야까지 운행한다. AVE를 이용하여 마드리드에서 세비야까지(편도 요금 €65~100)는 2시간 30분, 코르도바에서(편도 요금 €15~30)는 45분 정도 소요된다. MD는 메디아 디스탄시아Media Distancia의 약자로, 세비야에서 중거리에 있는 도시인 말라가(200km), 카디스(120km), 그라나다(250km) 등으로 연결된다. 코르도바와 마드리드를 연결하는 AVE보다 느린 기차이기 때문에 말라가까지는 2시간~2시간 30분(편도 요금 €20~50), 카디스까지는 1시간 40분(편도 요금 €15)이 소요된다. MD와 함께 AVANT, ALVIA 열차는 시간이 조금 더 오래 걸린다. 세비야에서 그

라나다까지 3시간이 조금 넘게 걸리는데, 다른 구간에 비해 운행편이 4회 정도로 제한되어 있어 때문에 미리 계획을 해 두는 것이 좋다. 그렇지만 요금은 €30로 저렴한 편이다.

▶ **시간표**는 렌페RENFE 스페인 국영 철도 웹사이트 참조 www.renfe.com

티켓을 판매하는 역의 매표소에는 대부분 영어로 매표소를 알리는 'TICKET SALE'이라고 표시가 되어 있어 알아보기가 쉽다. 기차표는 미리 인터넷으로 예매한 후 기차역의 기계에서 프린트하는 방법이 있는데, 구매할 때 사용했던 신용카드가 필요하다. 만약 인터넷 예매가 어렵다면 역에서 구매할 수 있는데, 자리가 없을 수도 있으니 미리 원하는 날짜와 시간의 티켓을 구매하기 바란다. 티켓의 조건에 따라 환불이나 교환이 가능하지만, 할인 가격이 적용된 티켓은 불가능할 수도 있으니 확인해야 한다.

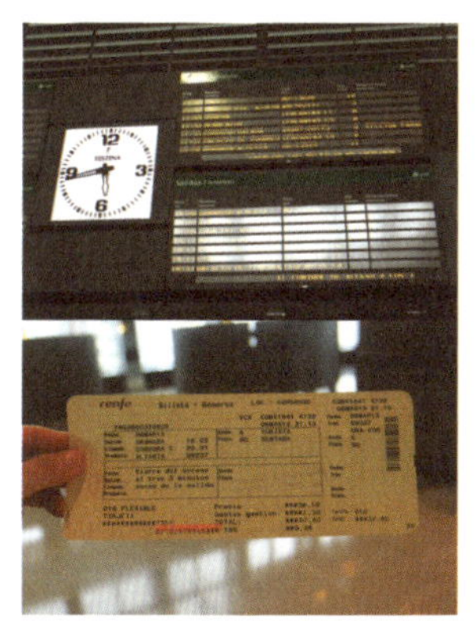

기차 탑승 방법

티켓을 지참하고 전광판에 표시된 플랫폼 번호를 확인한다. 기차는 출발 시간 2분 전에는 문을 닫기 때문에, 역무원에게 티켓을 보여 주고 플랫폼까지 가는 데 적어도 10분~15분 정도는 여유를 가지고 움직이기 바란다. 플랫폼에 도착한 후 티켓에 표시된 코체Coche(열차 칸) 번호를 확인하여 탑승한다. 기차에 타면 탑승구 가까운 곳에 짐을 보관할 수 있는 선반이 있고, 기차에 따라서 물이나 간식을 파는 자판기나 바가 있다. 기차 통로에 설치된 스크린에는 행선지와 다음에 정차하는 역을 알리는 안내가 표시되니, 참고하기 바란다.

트렌Tren **기차**
AVE, ALVIA 등과 같은 기차의 종류를 표시. 세르카니아스Cercanías라는 표시는 근교 지역을 연결하는 기차이다.

기차역에서 사용하는 용어

용어	발음	뜻
Venta De Billetes	벤타 데 비예테스	매표소
Salidas	살리다스	출발열차
Llegadas	예가다스	도착열차
Hora	오라	시간
Hoy	오이	오늘
Mañana	마냐나	내일
Esta Noche	에스타 노체	오늘 저녁
Lunes	루네스	월요일
Martes	마르테스	화요일
Miércoles	미에르콜레스	수요일
Jueves	후에베스	목요일
Viernes	비에르네스	금요일
Sábado	엘 사바도	토요일
Domingo	도밍고	일요일
Por la mañana	포르 라 마냐나	오전
Por la tarde	포르 라 타르데	오후
Destino	데스티노	행선지
Fecha	페차	날짜
Salida	살리다	출발지
Llegada	예가다	행선지
Producto	프로둑토	기차 종류
Coche	코체	열차 칸
Plaza	플라사	좌석번호
Vía	비아	플랫폼
Billete sencillo	비예테 센시요	편도
Billete Ida Y Vuelta	비예테 이다 이 부엘타	왕복

예) Quiero comprar un billete para Córdoba por esta noche.
(키에로 콤프라르 운 비예테 파라 코르도바 포르 에스타 노체)
오늘 저녁 코르도바로 가는 열차의 티켓을 사고 싶습니다.

CASERAS
Mahou

MÁLAGA

← Un Buen Día en Málaga →

20세기 최고의 화가 파블로 피카소를 모르는 사람은 없지만 그가 안달루시아의 말라가Málaga 태생이라는 사실을 아는 사람은 그다지 많지 않다. 영국의 텔레그라프 지에서 세계에서 가장 살기 좋은 곳 가운데 하나로 안달루시아를 뽑았는데, 안달루시아 중에서도 가장 대표적인 곳은 코스타 델 솔Costa del Sol 지역이다. 말라가 지역을 포함하는 '태양의 해안'이라는 이름의 이 지역은 일 년 내내 태양이 가득하기 때문에 이러한 이름이 붙었다. 은퇴한 유럽인들이나 세계적인 부호들이 즐겨 찾는 마르베야Marbella는 고급 휴양지로 호화 별장들이 있는 곳이다. 말라가에서 시간을 보내면 보낼수록 살기 좋은 곳이라는 생각이 들어 꼭 한번 살아보고 싶다는 생각이 든다. 야자수가 가득한 알라메다 프린시팔Alameda Principal 거리를 따라 크루즈선이 정박하는 항구, 말라게타 해변에 펼쳐지는 지중해를 바라보는 것만으로도 마음이 시원해질 것이다. 히브랄파로 요새와 알카사바에서 한눈에 들어오는 말라가 시내의 전망을 비롯해 르네상스 양식의 대성당, 피카소 미술관까지 체험할 수 있는 것이 다양한 도시이다.

Calle Ollerías
Calle Dos Aceras
Calle Montaño
Calle Peña
Calle Frailes
Av Rosaleda
Calle Don Rodrigo
Calle Purificación
Calle Ollerías
Calle Cárcel
안티게다데스
에우헤니아 사보릿
Antiguedades
Eugenia Saborit / p.208
세르반테스 극장
Teatro Cervantes / p.208
Av Fátima
Calle Francisco Monje
Calle Grama
Calle Viento
Navarro Hermanos
Calle Tejón y Rodríguez
Calle Álamos
인형의 집 박물관
Museo Casa De Muñecas / p.205
Calle Carretería
Museo del Vino-Málaga
Calle Nosquera
Calle Lascano
라 메르세드 광장
Plaza de la Merced
p.220
Plaza Jesús el Rico
Calle Trinidad
Calle Cañaveral
Calle Carretería
산 이그나시오 광장
Plaza de San Ignacio
p.216
Calle San Telmo
그라나다 거리
Calle Granada
p.228
말라가 피카소 미술관
Museo Picasso Málaga
p.221
Calle Mármoles
카르멘-티센 미술관
Museo Carmen Thyssen
p.209
Calle Compañía
산 아구스틴 거리
Calle San Agustín
p.224
알카사바
Alcazaba
p.190
Calle Puente
호텔 이비스 말라가 센트로 시우다드
Hotel Ibis Malaga Centro Ciudad
p.218
Calle Espercería
Pasaje Chinitas
Paseo
Calle Císter
Calle
Calle Agustín Parejo
Calle Cisneros
Calle Moreno Monroy
엘 하르딘
El Jardín / p.196
산타 이사벨 거리
Pasillo de Santa Isabel
p.217
말라가 풍속 박물관
Museo de Artes
y Costumbres Populares
p.218
살리나스 거리
Calle Salinas
p.232
말라가 대성당
Cathedral de Málaga / p.193
Calle Cerrojo
Calle Strachan
Calle Postigo de los Abades
Av de Cervan
Calle Liborio García
Calle Calvo
Calle San Jacinto
Calle Olózaga
Calle Guillén de Castro
Plaza Arriola
마르케스 데 라리오스 거리
Calle Marqués de Larios
p.230
Calle Molina Lario
AC 말라가 팔라시오
AC Hotel Málaga Palacio
p.196
Calle Sancha de Lara
Calle Hilera
Calle Atarazanas
Calle Panaderos
Calle Puerta del Mar
Plaza de la Marina
마리나 광장
Plaza de la Marina
p.197
알라메다 프린시팔 거리
Avenida Alameda Principal
p.231
Puente de Tetuán
Puente de Tetuán
Calle Trinidad Grund
Calle Vendeja
Av Manuel Agustín Heredia
Calle Casas de Campos
Calle Barroso
Calle San Lorenzo
Alameda Colón
Calle Martínez Campos
Calle Pinzón
500m
말라가 기차역
MÁLAGA 말라가

0 100m
Calle Mundo Nuevo
Calle Mundo Nuevo
Calle Ceibas
히브랄파로 요새
Castillo de Gibralfaro
p.202
Camino Gibralfaro
Calle Caobos
Calle Mimosas
Calle Mimosas
파라도르 데 말라가-히브랄파로
Parador de Málaga-Gibralfaro
p.204
Camino Monte
Calle Cañada de los Ingleses
Camino Monte
Hotel California
Plaza Jesús el Rico
Igh Eliseos
Paseo Reding
Paseo Reding
Circus Malaga
Av Pries
Calle Guillen Sotelo
Calle Navas de Tolosa
Calle Gutenberg
Av de Cervantes
Empresa Municipal de
Aguas de Málaga SA
Miguel Restaurante
Calle Santa Cristina
Parque
Calle Maestranza
Calle Cervantes
Calle Fernando Camino
Calle Keromnes
Paseo Marítimo Pablo Ruiz Picasso
Paseo de la Farola
Calle San Nicolás
Calle Reding
Calle Vélez Málaga
Café de París
라 말라게타 해변
La Malagueta
p.201
Restaurante
Lamoraga Antonio
Martín
Paseo de la Farola
Calle San Nicolás
Paseo Marítimo Ciudad de Melilla

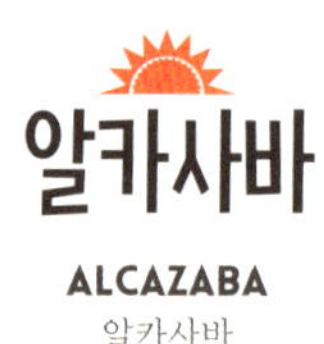

알카사바

ALCAZABA
알카사바

주소 Calle Alcazabilla 2, 29012 Málaga **전화번호** +34 630 93 29 87 **웹사이트** www.malagaturismo.com/es **운영시간** 4/1~10/31 9:00~20:00,
11/1~3/31 9:00~18:00 **휴무일** 12/24, 12/25, 12/31, 1/1 **입장료** €2.20, €3.55(알카사바~히브랄파로 공동 입장권)

ΛΛÁLΛGΛ 말라가

안달루시아 여행을 오는 이들은 어느 누구나 거대한 아랍식 궁전 알함브라를 기대하는 것 같다. 알함브라 궁전은 스페인을 통틀어 외국인 관광객이 가장 많이 찾는 곳으로, 정해진 수의 입장객만이 출입하는데도 번잡함은 부인할 수 없는 사실이다. 궁전 자체가 아름다워 화보 같은 사진을 남기기에는 최고이지만, 사색을 즐기며 분위기 있는 사진을 찍는 것은 조금 어렵다. 무슬림들의 타이파 시대의 요새*였던 알카사바 Alcazaba는 우리에게는 여유로운 산책을 즐길 수 있는 장소가 되었다. 색 보정을 한 것만 같이 완벽한 스카이 블루 하늘 아래 성벽을 따라 팔짱을 끼고 나란히 걸어가는 노부부의 뒷모습을 보며 이런 것이 진정한 행복 아닐까라는 생각이 든다.

구조 자체도 독특해서 어디에서 사진을 찍어야 할지도 난감했기 때문에 이곳에서 찍은 사진들은 대부분 우연히 남긴 것이다. 단순하게 생긴 아치형 문** 사이로 하늘에 떠다니는 구름, 빛, 그림자가 만나 독특한 분위기를 자아낸다.

* 아두아나 광장Plaza de la Aduana과 알카사비야 거리Calle Alcazabilla가 만나는 곳에는 커다란 로마원형극장의 모습이 남아 있다. 고대 로마의 초대 황제인 아우구스투스 재위 기간인 기원전 1세기경에 세워진 로마원형극장의 잔해 위에 10세기경 아랍인들이 방어요새를 세웠다.

** 입구를 지나면 아치형의 지붕의 문Puerta de la Bóveda을 지나게 되는데, 이중으로 성벽이 쌓여 있는 말라가의 알카사바는 아랍인들이 남긴 요새의 원형의 모습을 하고 있다. 계속해서 문을 하나 지나면 또 하나가 나오는데, 방어요새인 만큼 침입자들이 빨리 올라올 수 없도록 설계된 것이다.

그리스도의 문^{Arco del Cristo}를 지나면 작은 아랍식 정원이 나온다. 정원을 지나면 왕들이 거주하던 공간이 나오는데, 그라나다의 방^{Cuartos de Granada}이라고 부른다. 미로같이 생긴 성 안을 탐험하며 사진을 찍는 재미가 있다. 방을 지나기 전에 나오는 공간에는 3단으로 된 아치형 기둥이 가득한데, 11세기 아랍인들이 즐겨 사용하던 석고반죽을 이용해 만든 것들이다. 요새에서 가장 높은 이곳은 작은 계단과 좁은 길로 이루어져 있으며, 알카사바 옆으로는 또 다른 아랍식 요새인 히브랄파로^{Gibralfaro}를 비롯해 말라가 항구, 말라게타 해변까지 한눈에 들어온다. 별다른 기대를 하지 않고 방문했던 말라가의 알카사바에서 남긴 사진들은 기대 이상이었다. 요새에 특별한 역사나 이야기가 있는 게 아니기 때문에 관광객들이 드문 것인지도 모르겠지만, 그런 관심을 떠나 동화 속에나 나올 만한 아랍식 요새에서 여유로운 오후를 보내며 사진을 마음껏 찍고 싶다면 이곳은 최고의 장소이다.

알카사바에서 보이는
아두아나 광장

말라가 대성당

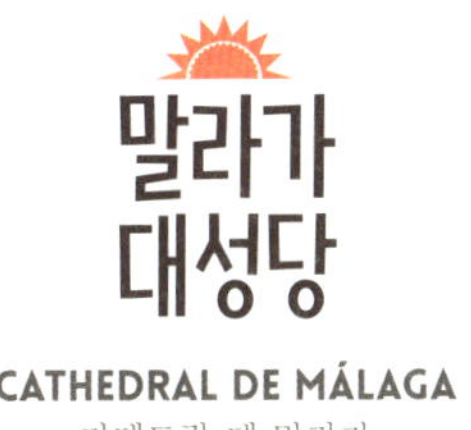

CATHEDRAL DE MÁLAGA

카테드랄 데 말라가

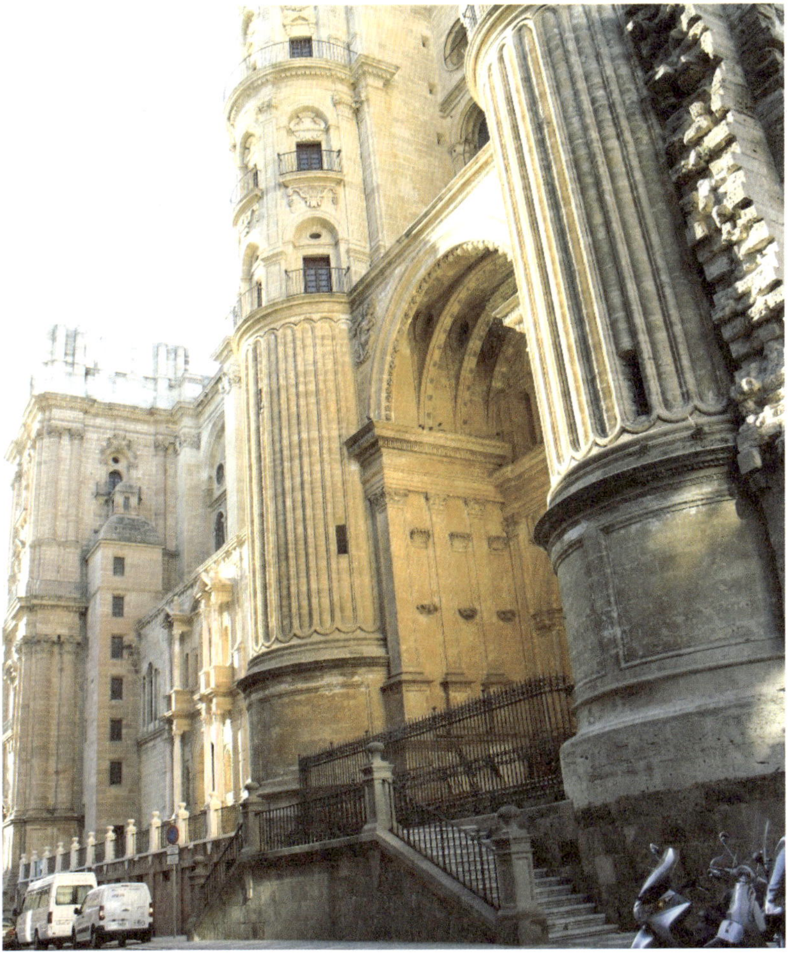

주소 Calle Molina Lario, 9, 29015 Málaga 전화번호 +34 952 21 59 17 웹사이트 www.malagaturismo.com 운영시간 월요일~금요일 10:00~18:00, 토요일 10:00~17:00, 일요일 및 공휴일 휴무 입장료 €5

16세기 르네상스 양식의 말라가 대성당은 그라나다 성당을 설계한 디에고 데 실로에 Diego de Siloé(1495경~1563)가 설계한 건축물이다. 말라가 대성당은 세비야 대성당, 코르도바 대성당과 마찬가지로 아랍인들이 세운 메스키타의 일부였는데, 입구 쪽에 있는 종탑과 오렌지 나무가 있는 정원이 남아 있다. 1775년 미국에서는 식민지 영국에 반발하여 독립전쟁이 일어났는데, 말라가 주교가 대성당 공사 비용으로 40만 레알을 기부하여 영국인들로부터 식민통치에서 벗어나는 데에 기여를 했다. 기부로 인한 재정 부족으로 대성당의 남쪽 타워는 결국 미완성으로 남아 '외팔이 여인'이라는 뜻으로 라 만키타 La Manquita라고 불리게 되었다. 고운 산호색 빛깔의 대리석으로 장식된 대성당의 정면과 그 앞에 있는 대주교 저택은 로버트 드 니로가 페루 리마의 대주교 역으로 출연하는 영화 〈산 루이스 레이의 다리〉(1927)의 배경이 되었으며, 퓰리처상을 수상한 손튼 와일더(1897~1975)의 원작 소설은 페루의 수도 리마 Lima를 배경으로 하였다. 몰리나 라리오 거리에 있는 입구에 들어서면 무릎에 예수를 앉힌 커다란 성모 마리아 상이 보이는데, 말라가를 수호하는 빅토리아의 성모 마리아 Santa María de la

Victoria의 모습이다.

이 대성당에서 가장 독특한 곳은 중앙 제단인데, 성당의 느낌보다는 제단화 주변 장식의 인테리어적인 요소가 돋보인다. 제단화는 16세기 이탈리아 화가의 작품으로, 제단화 사이에 금으로 장식된 기둥들이 인상적이다. 중앙 제단을 비롯해 예배당들도 성스럽다기보다는 화려하고 장식품들도 고급스러운 느낌이 나는데, 가톨릭 양왕의 예배당Capilla de los Reyes Católicos이 그 가운데 하나이다. 1487년 말라가를 탈환한 것을 기념하여 가톨릭 양왕이 직접 성당에 바친 것으로, 이 고딕 양식의 조각상은 페드로 데 메나Pedro de Mena의 작품이다. 로사리오 성모의 예배당La capilla de la Virgen del Rosario에는 그라나다 대성당을 설계한 알론소 카노Alonso Cano가 그린 제단화 작품(1665년)이 있는데, 성 도밍고 그리고 성 토마스 아퀴나스가 성모 마리아 아래에 묘사되어 있다.

앤티크 가구가 돋보이는 레스토랑
엘 하르딘 El Jardín

주소 Calle Cañón, 1, 29015 Málaga　**전화번호** +34 952 22 04 19　**웹사이트** www.eljardinmalaga.com　**영업시간** 매일 9:00~23:00

대성당 뒤로 핑크색 건물의 1층에 있는 이 레스토랑은 간편하고 푸짐한 식사를 하기에 좋은 곳이다. 앤티크 가구와 사진들로 고풍스럽게 장식되어 있어 아름다우면서도 음식의 가격은 저렴한 편이다.

말라가 최고의 호텔
AC 말라가 팔라시오 AC Hotel Málaga Palacio

주소 Cortina del Muelle 1, 29015 Málaga　**전화번호** +34 95 221 5185　**웹사이트** www.marriott.com/hotels/travel/agpmg-ac-hotel-malaga-palacio

말라가에서 가장 위치가 좋은 호텔로 대성당과 항구를 마주보고 있다. 객실 내부는 모던하게 꾸며져 있고 현대식 시설을 갖추고 있다. 호텔 내부의 레스토랑과 바에서는 대성당과 해변의 경치를 감상할 수 있으며 루프탑의 야외 수영장과 바는 파티 장소로 최고이다.

마리나 광장

PLAZA DE LA MARINA

플라사 데 라 마리나

대성당에서 몰리나 라리오 거리^{Calle Molina Lario}를 따라 바다가 보이는 방향으로 직진하면 마리나 광장과 만나게 된다. 마리나 광장에 다다르기 전에 만나는 알라메다 프린시팔^{Alameda Principal}과 야자수들이 가득한 공원 가로수길^{Paseo Parque}은 말라가 시민들이 산책이나 조깅을 즐기는 곳이다. 구시가지의 서쪽 끝에 있는 테투안 다리^{Puente de Tetuán}에서부터 공원 가로수길 끝에 있는 투우장까지는 1km가 조금 넘는 거리로, 천천히 걸어서 20분 정도면 도착할 수 있다. '항구 광장'이라는 뜻의 '플라사 데 라 마리나^{Plaza de la Marina}'는 말 그대로 말라가의 항구가 있는 광장이다. 이 항구에서는 페리를 이용해 8시간 정도면 모로코 북동부 도시인 멜리야^{Melilla}까지 갈 수 있는데, 비행기를 이용하는 것이 빠르지만 유럽 대륙과 아프리카 대륙이 만나는 곳의 전망을 구경하기에는 페리만 한 것이 없다. 럭셔리한 크루즈선과는 차이가 있지만, 왕복 €70 정도에 즐길 수 있어 부담 없다. 또 이 항구에는 로얄 캐리비안 크루즈선이 정박하는데, 이곳에 들르는 일정이 자주 있는 것은 아니지만 기회가 된다면 꼭 한 번 해 볼 만한 여행이다.

저자가 추천하는 크루즈 여행

항구 터미널로 들어가는 길에는 야자수들이 가득해서 벌써 어딘가로 여행을 온 것만 같은 기분이 든다. 통유리로 된 레스토랑의 정원에 앉아 커피를 마시며 크루즈선을 타고 여행할 것을 상상하니 벌써부터 설렌다. 크루즈 여행이 좋은 점은 잠을 자거나 선박 내부에서 신나게 놀고 나면 다음 목적지에 도착해서 정박한 후, 주어진 시간 동안 그 도시를 여행할 수 있는 것이다. 스페인 내륙을 여행할 때 가장 많이 이용하는 기차도 편리하지만, 열흘 이상 되는 여행 일정 동안 호텔과 기차역으로 번번이 이동하는 것이 사실 반갑지만은 않다. 그리고 크루즈선은 일반 고급 호텔보다도 내부에 즐길 것이 많고, 항해를 하는 동안 창밖으로 계속되는 풍경을 감상하다 보면 배 안에 있는 시간이 지루한지도 모르게 지나간다. 말라가에 정박하는 로얄 캐리비안 크루즈 Royal Caribbean Cruise를 타고 스페인의 주요 해안도시는 물론 영국, 프랑스까지 여행할 수 있는데, 이보다 더 로맨틱한 일정은 없을 것이다. 발코니가 딸린 객실에서 바다를 보며 잠을 청하면 너무 황홀해서 잠이 오지 않을지도 모르겠다.

말라가 항을 출발하여 칸느 영화제가 열리는 프랑스 남부의 고급휴양지 칸느, 사그라다 파밀리아 성당이 있는 바르셀로나, 마호리카 진주가 나는 아름다운 마요르카 섬, 달콤한 오렌지 향기가 가득한 발렌시아, 고대 카르타고인들이 세운 카르테헤나, 애절한 파두Fado(포르투갈의 민요)가 들리는 리스본, 갈리시아 스타일 문어요리인 풀포 알 라 가예가Pulpo a la gallega를 맛볼 수 있는 스페인 북동부의 비고를 거쳐 다시 사우샘프튼으로 돌아간다. 비슷한 여정으로 11일간 스페인과 포르투갈을 여행하는 일정은 유럽의 하바나라고 하는 카디스를 거쳐 말라가에 정박한다.

크루즈 정보 사이트 www.rccl.kr

라 말라게타 해변

LA MALAGUETA
라 말라게타

'유럽의 플로리다'라고 불리는 말라가에는 플로리다처럼 날씨가 좋으며 야자수 가득한 해변이 있다. '라 말라게타'라고 하는 이 해변은 크루즈선이 정박하는 말라가 항구와 라 칼레타La Caleta 해변의 중간 지점으로, 대성당이 있는 시내 중심에서 마리나 광장Plaza de la Marina을 지난 후 해안을 따라 카노바스 델 카스티요 거리Av. Cánovas del Castillo를 따라 도보 20분 정도 거리에 있다.

자동차를 이용하는 게 아까울 정도로 걷기에 날씨가 좋은 말라가는 한쪽에 해변이, 다른 한쪽에 도시에서 가장 높은 곳을 지키는 아랍식 요새가 있어 빼어난 경치를 자랑한다. 해변으로 가는 길에 산책을 즐기는 말라가의 시민들, 데이트를 즐기는 연인들, 산책 나와 뛰어 노는 강아지들, 정글짐에 기어오르는 아이들을 보고 있으면 시간 가는 줄을 모른다.

히브랄파로 요새

CASTILLO DE GIBRALFARO
카스티요 데 히브랄파로

주소 Camino Gibralfaro, 24 29016 Málaga 전화번호 +34 952 227 230 운영시간 화요일~일요일 9:00~20:00(여름), 9:00~18:00(겨울), 1/1, 2/28, 12/25 휴무 입장료 일반 €2.20, 알카사바 &히브랄파로 €3.55, 일요일 14:00 이후 무료입장

여러 일행이 함께 여행을 다니는 경우 각자 원하는 것이 달라 곤란한 상황이 생길 것이다. 한 사람은 빽빽한 일정으로 관광지를 구경하고 싶고 또 한 사람은 휴식을 취하고 싶다면, 히브랄파로 요새*는 이 모든 것을 충족시켜 줄 장소이다. 나무가 가득해 공기가 좋고 작은 정원에서 말라가의 전망을 감상하며 휴식을 취하기에는 이곳만 한 장소가 없다. 해발 130m 높이에 있는 이 요새의 이름은 페니키아인들이 사용하던 언어의 '빛의 바위'를 뜻하는 단어 'Jbel-Faro'에서 비롯되었는데, 입구에서부터 소나무와 유칼립투스 나무에서 나오는 향기가 그윽하다. 자연은 잘 보존되어 있어 소나무 사이로 다람쥐가 기어 다닐 정도로, 어린이들에게 즐거운 곳임에 틀림없다.

* 알라메다 프린시팔Alameda Principal에서 35번 버스를 타면 요새의 입구에 도착하며, 1시간 간격으로 운행한다. 택시를 이용하면 시내에서 10분 정도 소요된다. 봄이나 가을에는 3km가 조금 넘는 짧은 1시간 정도의 하이킹 코스를 즐기기에 좋은데, 알카사바, 빅토리아 광장Plaza Victoria을 지나 페란디스 거리Calle Ferrándiz를 따라가면 카미노 히브랄파로Camino Gibralfaro와 만난다.

입구 옆의 계단을 올라 경사면을 따라 천천히 걸어서 요새의 정상까지 올라갈 수 있다. 지중해 반대편으로는 산봉우리들이 보이고 산등성이를 따라 지어진 집이 있는 풍경은 또 분위기가 다르다. 말라가에서 가장 높은 곳에서 보는 끝없이 넓고 푸른 바다 위로 날아다니는 갈매기가 무척 가깝게 느껴진다. 전망대 정상에 있는 벤치에 앉아서 샌드위치를 먹거나 휴식을 즐기는 여행객들도 있다. 알카사바와는 다르게 이 요새에는 곳곳에 앉을 수 있는 곳이 있어서 노약자나 어린이를 동반하여도 큰 어려움이 없다.

요새에서 나와 언덕을 따라 내려가면 파라도르 호텔*이 나온다. 시내에서 요새까지 버스를 이용할 수도 있는데, 호텔에 들를 경우 이곳에서 택시를 타고 내려가면 된다. 말라가에서 가장 전망이 좋은 곳은 히브랄파로 아래 위치한 파라도르 호텔이다. 이곳에서는 말라가 항구는 물론 투우장, 대성당까지 시내 전체가 한눈에 들어온다. 요새의 정상이나 호텔의 전망대 등 높은 곳에서 말라가를 둘러본 후에 관광을 시작하면 도시가 어떻게 생겼는지를 좀 더 쉽게 알 수 있다.

* 파라도르 데 말라가–히브랄파로 Parador de Málaga-Gibralfaro
주소 Camino de Gibralfaro, S/N, 29016 Málaga 전화번호 +34 952 22 19 02 웹사이트 www.parador.es/es/parador-de-malaga-gibralfaro

인형의 집 박물관

MUSEO CASA DE MUÑECAS

무세오 카사 데 무녜카스

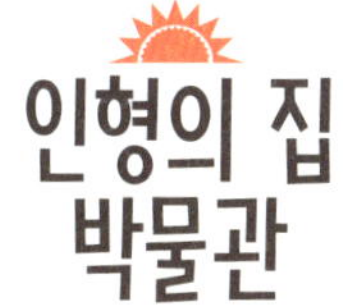

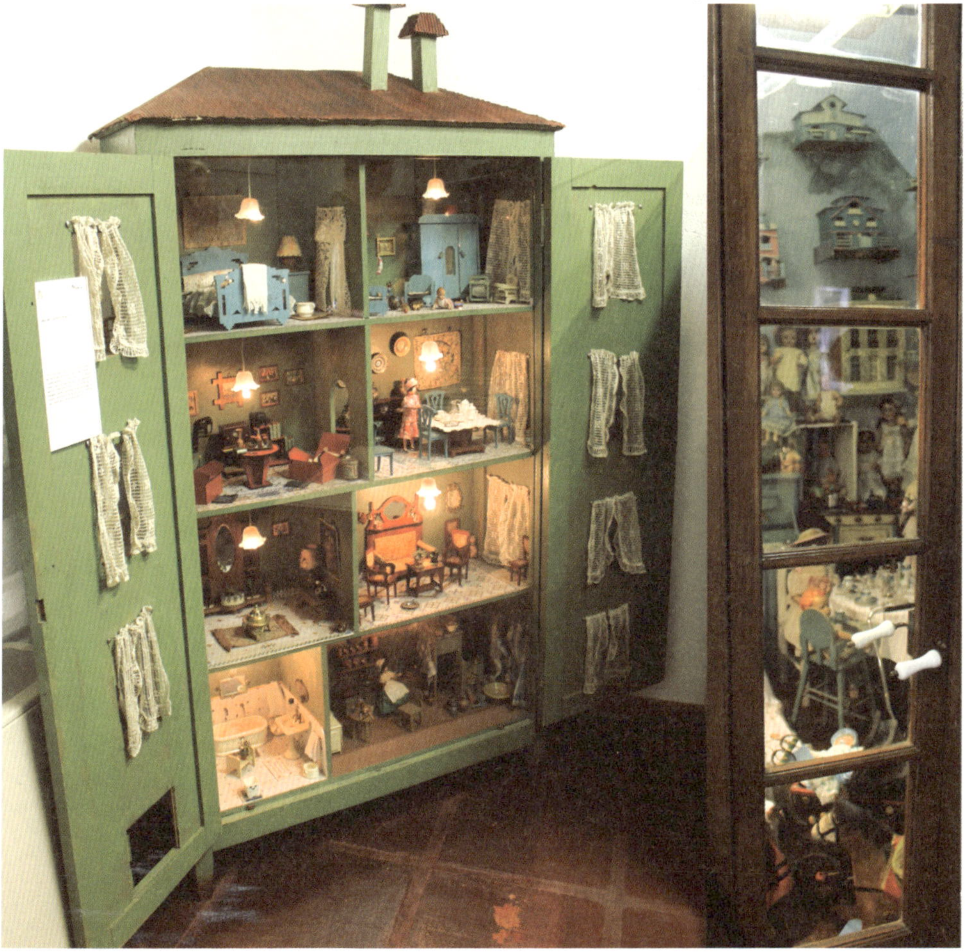

주소 Calle Álamos 32, Málaga 29012 전화번호 +34 952 210 082 웹사이트 www.museocm.com 운영시간 화요일~일요일 11:00~13:30 입장료 €6

어느 나라든 인형 박물관 하나쯤은 있지만, '인형의 집 박물관'이라는 곳은 처음 들어보는 것 같다. 이 박물관에는 인형만 있는 것이 아니라 인형이 사는 집들을 전시하고 있는데, 말라가 태생의 할머니 보리아^{Voria} 씨가 개인적으로 수집한 귀중한 앤티크 인형의 집과 장난감을 모아 박물관을 열게 되었다. 입구에 들어서 가장 먼저 보이는 3층으로 된 노란 저택은 카디스^{Cádiz}에 있는 실제 저택의 모습인데, 설계를 준비하는 단계에서 모델하우스로 만든 것이라고 한다. 내부의 벽지, 바닥, 가구, 그림 등은 실제 사이즈에 정확하게 비례하여 완성되었을 때의 상태를 재현하여 장난감의 개념이 아닌 건축과 인테리어에 필요한 모형과 같다. 층마다 다른 양식의 발코니와 창문의 몰딩까지 정교하게 만들어져 있다.

작은 계단을 따라 2층으로 올라가면 다양한 얼굴을 가진 수백 개의 인형을 비롯해 인형을 위한 재봉틀, 장난감, 옷 등이 진열장에 전시되어 있다. 전통양식으로 지어진 말라가, 하엔, 코르도바 등 안달루시아 여러 지방의 집들과 프랑스, 오스트리아의 건축양식으로 만들어진 집의 모형도 전시되어 있다. 집들의 크기는 단층으로 작은 것부터 성인 여성의 키만 한 것까지 다양하다.

전시되어 있는 인형의 집 대부분은 19세기를 전후로 만들어진 것인데, 현대에 만들어진 것과 비교해 손색이 없을 만큼 기술이 무척 진보적이다. 오랜 시간을 거쳐 고급 소재를 사용해 수공으로 만든 이 집들은 요즘에는 재현되기 힘들다고 한다. 벽의 몰딩, 아르누보 양식의 그림이 그려져 있는 액자, 페르시아 카펫, 레이스 커튼, 실크로 만든 의자와 그라나다의 전통 도자기가 올려져 있는 식탁이 있는 다이닝 룸, 목재 가구로 장식된 침실까지 일반 사람의 집과 다름없다. 심지어 전기까지 연결되어 불이 들어오는 화려한 조명까지 설치되어 있다.

가이드를 원할 경우 전화로 먼저 예약하면 되는데, 박물관 주인인 보리아 씨가 직접 설명해 주며 스페인어와 영어로 가능하다.

왼쪽-앤티크 제품을 판매하는 상점. 오른쪽-세르반테스 극장

인형의 집 박물관 찾아가기

간판이 눈에 잘 띄지 않는다. 라 메르세드 광장에서 피카소의 생가를 등지고 나와 우측으로 알라모스 거리를 따라 150m 거리에 박물관이 있다. 광장에서 향하면 알라모스 거리의 번지수가 높은 곳에서 낮은 순으로 줄어드는데, 박물관 다음에는 앤티크 제품을 판매하는 상점인 **안티게다데스 에우헤니아 사보릿**이 있다. 박물관을 나와 카르세르 거리 Calle Cárcer를 따라가면 5분 거리에 **세르반테스 극장**이 있다.

안티게다데스 에우헤니아 사보릿 Antiguedades Eugenia Saborit

주소 Calle Álamos, 30, 29012 Málaga **전화번호** +34 952 22 94 75 **웹사이트** www.antiguedadeseugeniasaborit.com **영업시간** 월요일~금요일10:00~14:00, 17:00~20:30, 토요일 10:00~14:00

인형의 집 박물관 옆에 자리한 이 상점은 장난감, 액세서리, 장식품 등 빈티지 소품을 판매하는 곳으로, 기념품으로 독특한 물건을 구입할 수 있는 흥미로운 곳이다.

세르반테스 극장 Teatro Cervantes

주소 Calle Ramos Marín, s/n, 29012 Málaga **전화번호** +34 952 22 41 09 **웹사이트** www.festivaldemalaga.com

세르반테스 극장은 말라가 페스티벌을 주관하는 곳으로 1년 내내 오케스트라, 플라멩코 등의 공연이 올려진다. 말라가 페스티벌은 매년 말라가에서 열리는 최대 행사로 영화 시상식 및 시사회, 미술 전시회 등 다양한 프로그램을 통해 스페인과 스페인 문화권의 문화를 알리는 행사이다.

카르멘-티센 미술관

MUSEO CARMEN THYSSEN

무세오 카르멘 티센

주소 Calle Compañía, 10, 29008 Málaga 전화번호 +34 902 30 31 31 운영시간 월요일 휴무, 화요일~일요일 10:00~20:00 입장료 €6

16세기에 지어진 바로크 양식의 비얄론 저택^{Palacio de Villalón}을 개조하여 만든 카르멘-티센 미술관에는 19세기 회화 작품들을 중심으로 전시되어 있다. 기업가이자 미술품 수집가였던 티센-보르네미사 남작^{Baron Thyssen-Bornemisza}(1921~2002)과 그의 마지막 부인인 카르멘 세르베라^{Carmen Cervera}(1943~)가 소장한 미술품들을 마드리드와 말라가에 나누어 전시하고 있다. 스페인 여러 지방을 비롯해 안달루시아 서민들의 생활상을 화폭에 담은 풍속화가 대부분으로 투우, 세마나 산타, 페리아, 플라멩코 등과 같은 안달루시아의 대표적인 문화를 비롯해 코르도바, 세비야의 랜드마크와 같은 광장이나 유적지를 배경으로 한 작품은 다른 미술관에서 찾아보기 힘들다.

플라세티네스 거리에서 본 히랄다의 풍경
La Giralda vista desde la calle Placentines
1836

세비야를 상징하는 히랄다 종탑은 18세기 말부터 19세기 중반까지 유럽의 낭만주의 화가들에게 인기 있는 장소였다. 호세 도밍게스 베케르^{José Domínguez Bécquer}(1805~1841)가 그린 이 작품은 지금은 상점과 카페가 들어서 있는 플라세티네스 거리*에서 바라본 것인데, 히랄다의 모습은 19세기나 지금이나 변함이 없다. 그는 스페인 후기 낭만주의를 대표하는 시인 구스타보 아돌포 베케르^{Gustavo Adolfo Bécquer}(1836~1870)와 화가 발레리아노 도밍게스 베케르^{Valeriano Domínguez Bécquer}의 아버지로 아주 짧은 생애를 보내고 간 세비야 태생의 화가이다. 그들은 플랑드르에서 온 귀족 신분의 후손으로 전해지는데, 그와 더불어 그의 사촌 호아킨 도밍게스 베케르도 역시 19세기를 대표하는 풍속화가로, 호아킨이 남긴 많은 작품 또한 이 미술관에 전시되어 있다.

* 대성당에서 마르케스 데 라리오스 거리^{Calle Marqués de Larios}를 지난 후 산 이그나시오 광장^{Plaza San Ignacio}과 콘스티투시온 광장^{Plaza de la Constitución} 사이에 있다.

세비야의 작은 광장
Plazuela Sevillana

세비야의 포스티고 델 아세테 시장
El mercado del Postigo del Aceite de Sevilla

19세기 중반에서 후반 사이 세비야의 거리를 배경으로 하는 이 작품들은 호아킨 투리나 아레알Joaquín Turina y Areal(1847~1903)의 작품이다. 세비야 태생의 화가인 그는 스페인을 대표하는 작곡가 호아킨 투리나(1882~1949)의 아버지로 그들은 각각 화폭과 음악 속에 세비야의 정취를 남겼다. 아가씨와 담소를 나누고 있는 군인, 꽃을 파는 청년과 아가씨들이 있는 광장, 아랍인들이 세운 성벽 근처에 있던 시장에도 세비야의 아가씨들이 두르고 다니던 수를 놓은 만톤 데 마닐랴가 안달루시아의 향기를 물씬 풍긴다.

세비야의 페리아
La Feria de Sevilla
1867

세비야의 헤노바 거리를 지나는 신도들
Una cofradía pasando por la calle Génova, Sevilla
1851

앞서 소개한 호세 도밍게스의 사촌 호아킨 도밍게스 베케르Joaquín Domínguez Bécquer(1817
~1879)의 작품 〈세비야의 페리아La Feria de Sevilla〉(1867)는 부활절 행사가 끝나고 2주
후에 세비야에서 열리는 4월의 페리아Feria de Abril의 모습을 그린 것이다. 1847년 말
이나 소를 거래하는 장터로 시작된 것이 지금은 안달루시아를 통틀어 가장 큰 축제
가 되어 매년 열리고 있다. 축제 기간에 세비야의 모든 시민들은 일을 하지 않고 일주
일이나 계속되는 파티를 즐긴다. 마차를 타고 퍼레이드를 즐기며, 타파스와 함께 쉐
리 와인을 마시고 세비야나스Sevillanas 춤을 추는데, 여인들은 한참 전부터 축제 때 입
을 드레스를 맞추는 것에 열을 올린다. 그 외에 알프레드 데오당Alfred Dehodencq(1822~
1882)과 같이 귀족들의 후원으로 세비야에 오게 된 외국 태생의 화가들도 안달루시
아의 집시를 화폭에 담았다. 부활절 행사인 세마나 산타Semana Santa 기간 부활을 상징

하는 십자가를 들고 거리를 지나가는 행렬을 그린 〈세비야의 헤노바 거리를 지나는 신도들Una cofradía pasando por la calle Génova, Sevilla〉(1851)을 비롯해 세비야의 알카사르 안에서 플라멩코를 추는 집시여인을 묘사한 〈알카사르 정원에 있는 카를로스 5세의 누각 앞에서 춤을 추는 집시의 춤Un baile de gitanos en los jardines del Alcázar, delante del pabellón de Carlos V〉(1851)도 19세기에 그려진 중요한 안달루시아 풍속화 가운데 하나이다.

점
La Buenaventura
1922

창틀에 앉아 우수에 찬 표정으로 앉아 있는 여인과 그 옆으로 다른 한 여인이 점을 치는 타로카드를 보여 주지만, 사랑에 대한 근심이 가득한 그 여인은 관심이 없어 보인다. 작품의 배경은 화가의 고향인 코르도바의 카푸치노스 광장Plaza de los Capuchinos 으로 등불로 장식된 커다란 십자가는 '등불의 그리스도Cristo de los Faroles'라고 불린다. 암흑 속의 십자가 옆으로 여인이 남자를 잡으려고 하지만 남자는 결국 떠나가는데, 주인공 여인이 유부남과 사랑에 빠진 듯한 모습이다. 훌리오 로메로 데 토레스Julio Romero de Torres(1874~1934)는 그의 작품 안에 대조적인 모습의 여인들을 그리는 것을 즐겼는데, 이 작품은 두 주인공들의 대조적인 기분을 묘사했다.

마리나 성녀
Santa Marina
1640~1650년경

스페인의 카라바지오^{Caravaggio}라고 불리는 수르바란^{Zurbarán}(1598~1664)은 펠리페 4세의 궁정화가로 그의 작품은 세비야 미술관을 비롯해 마드리드, 뉴욕, 런던 등과 같은 세계 각지의 대표적인 미술관에서 찾아볼 수 있다. 그의 대표적인 작품은 세비야 미술관에 전시되어 있는 〈성 토마스 아퀴나스의 제단화^{Apoteósis de Santo Tomás de Aquino}〉(1627), 런던 내셔널 갤러리에 있는 〈산타 마르가리타^{Santa Margarita}〉(1631), 프라도 미술관의 〈포르투갈의 성녀 이사벨^{Santa Isabel de Portugal}〉(1635년경), 〈루피나 성녀^{Santa Rufina}〉(1635~1640년경) 등으로, 여러 종교화를 작품으로 남겼다.

카르멘 고멧 바 Carmen Gourmet Bar

영업시간 화요일~일요일 10:00~20:00

미술관 안에 있는 카르멘 고멧 바Carmen Gourmet Bar는 레스토랑이라기보다는 간단하게 타파스와 음료를 즐길 수 있는 곳이다. 내부 전체가 화이트 톤으로 되어 있어 편안한 분위기로, 문을 열고 나가면 작은 테라스가 있다. 테라스에서는 미술관에서 운영하는 기념품샵이 통유리를 통해 보이는데, 디스플레이해 놓은 상품이나 지나가는 사람들을 구경하는 재미가 있다. 크루아상에 하몬과 치즈를 얹은 미니 샌드위치는 간식으로 즐기기에 좋다.

산 이그나시오 광장

PLAZA DE SAN IGNACIO
플라사 데 산 이그나시오

콘스티투시온 광장Plaza de la Constitución에서부터 푸에르타 누에바 거리Calle Puerta Nueva까지 이어지는 콤파니아 거리Calle de la Compañía에 있는 산 이그나시오 광장은 아주 작지만 독특한 분위기가 나는 곳이다. 고운 파스텔 톤의 하늘색을 입힌 여러 개의 뾰족한 첨탑이 있는 성당 건물은 디즈니랜드의 성을 떠올리게 하는데, 100년이 채 못 된 말라가에서 보기 드문 네오-고딕 양식*의 사그라도 코라손 성당Iglesia del Sagrado Corazón이다. 광장을 가득 메우는 이 성당은 예수회에서 세운 성당으로, 예수회는 바스크 지방에서 태어난 수도사 이그나시오 데 로욜라Ignacio de Loyola(1491~1556)와 16세기 중반 일본으로 포교 활동을 하러 갔던 사비에르 등에 의해 창립되었다.

플라사 16 Plaza 16

주소 Calle Compañia 16, 29008 Málaga 전화번호 +34 952 225 123

작은 광장에 있는 유일한 타파스 바이다. 아름다운 네오-고딕 양식의 성당을 바라보며 햇살이 드는 노천 좌석에서 타파스를 즐길 수 있다. 근처의 카르멘-티센 미술관을 구경한 후에 들러 보는 것도 좋다.

* 뾰족한 첨탑과 수직적인 느낌의 고딕 양식을 재현한 것을 네오-고딕 양식이라고 하는데, 대표적인 건물로는 런던의 웨스트민스터 궁전이 있다.

산타
이사벨 거리

PASILLO DE SANTA ISABEL

파시오 데 산타 이사벨

광장을 나가 시스네로스 거리Calle Cisneros 또는 마르케스 거리Calle Marqués를 따라 강변 방향으로 향하면 산타 이사벨 거리Pasillo de Santa Isabel와 만난다. 두 거리 사이에는 말라가를 비롯한 안달루시아 지방의 전통의상, 생활용품 등을 전시하는 풍속박물관Museo de Artes y Costumbres Populares이 있는데, 14세 미만 어린이들에게는 무료로 개방된다. 산토 도밍고 다리Puente de Santo Domingo를 통해 말라가를 남북으로 가로지르는 과달메디나 강Río Guadalmedina을 건너면 산토 도밍고 데 구스만 성당Iglesia de Santo Domingo de Guzmán이 있다. 입구에 세워져 있는 붉은 칠을 한 도밍고 성인의 전신상과 안달루시아 전통 양식의 지붕이 무척 인상적이다. 15세기 세워진 이 성당은 구스만의 도밍고Domingo de Guzmán(1170~1221)를 주보 성인으로 하는데, 그가 설립한 도미니코회는 엄격한 생활을 통해 교리 연구와 교육을 주목적으로 한다.

호텔 이비스 말라가 센트로 시우다드 Hotel Ibis Malaga Centro Ciudad

<u>주소</u> Pasillo Guimbarda 5, 29007 Málaga <u>전화번호</u> +34 952 07 07 41 <u>웹사이트</u> www.accorhotels.com

구시가지에서 과달메디나 강 건너에 있는 호텔로 풍속 박물관, 카르멘–티센 미술관, 백화점, 항구광장까지 10분 거리에 있다. 어린이들을 동반하는 경우 가격이 저렴한 데에 비해 여러 장소로 이동하기에 편리하다.

말라가 풍속박물관 Museo de Artes y Costumbres Populares

<u>주소</u> Pasillo de Santa Isabel, 10, 29005 Málaga <u>전화번호</u> +34 952 21 71 37 <u>웹사이트</u> www.museoartespopulares.com
<u>운영시간</u> 6월~9월 월요일~금요일 10:00~13:30, 16:00~19:00 10월~5월 10:00~13:30, 16:00~20:00, 토요일 10:00~13:30(연중무휴) <u>입장료</u> 성인 €2, 14세 미만 무료

피카소의
발자취를 따라서

라 메르세드 광장 PLAZA DE LA MERCED

산티아고 성당이 위치한 그라나다 거리의 북쪽에 있는 라 메르세드 광장^{Plaza de la Merced}에는 말라가 태생의 화가 피카소의 생가가 있어 구경하러 오는 사람들로 가득하다. 광장을 둘러싸고 크고 작은 타파스 바가 많기 때문에 관광객은 물론 말라가 사람들도 이곳에서 점심식사를 즐긴다. 광장의 15번지, 녹색 창문이 여러 개 달린 건물이 피카소가 태어난 집인데, 이 건물을 카사스 데 캄포스^{Casas de Campos}라고 부른다.

파블로 피카소^{Pablo Picasso}(1881~1973)는 1881년 10월 25일 이 집에서 태어나 광장 건너편 그라나다 거리에 위치한 산티아고 성당^{Iglesia de Santiago}에서 세례를 받았다. 라 메르세드 광장에서 나와 남쪽 그라나다 거리^{Calle Granada}로 향하면 산티아고 성당이 나오는데, 말라가에서 가장 오래된 성당이다. 무슬림들이 남기고 간 종탑 위에 고딕 양식의 건물을 증축한 이 성당의 입구에 '1881년 11월 10일 파블로 피카소가 이 성

파블로 피카소 생가 박물관 Museo Casa Natal de Pablo Picasso

<u>주소</u> Plaza de la Merced, 15, 29012 Málaga <u>전화번호</u> +34 951 92 60 60

피카소가 말라가를 떠나기 전까지 살던 이 집에는 그와 그의 가족들이 사용하던 가구를 비롯해 소지품 등이 전시되어 있으며, 〈아비뇽의 처녀들〉(1907)의 스케치가 이곳에 보관되어 있다. 피카소 생가 박물관은 현재 전시회와 회의를 주관하는 재단으로 사용되고 있다.

당에서 세례를 받았다.'라는 안내 문구가 있다. 그라나다 거리의 보데가 엘 핌피^{Bodega} El Pimpi를 지나 산 아구스틴 거리^{Calle San Agustín}로 향하면 1분 거리에 피카소 미술관이 나온다.

말라가 피카소 미술관 MUSEO PICASSO MÁLAGA

주소 Calle San Agustin 8, 29015 Malaga **전화번호** 902 443 377 **웹사이트** www.museopicassomalaga.org
운영시간 9월~6월 화요일~목요일 10:00~20:00 금요일, 토요일 10:00~21:00 공휴일 및 일요일 10:00~20:00, 12/24, 12/31 10:00~15:00 **무료입장** 일요일 18:00~20:00 **휴무일** 월요일 (10/11, 12/6 제외), 1/1, 12/25 7월~8월 월요일 10:00~20:00, 화요일 ~일요일 운영시간은 9월~6월과 같음
입장료 일반 가격 €6, 박물관 기념일인 10/27에는 무료입장

나스리드 왕조의 궁전의 잔해 위에 16세기에 세워진 부에나비스타 궁전^{El Palacio de Buenavista} 안에는 피카소의 작품 285점이 전시되어 있다. 바르셀로나와 파리에 있는 피카소 미술관의 규모에 비해 소수의 작품이 전시되어 있는데, 아티스트의 며느리와 유족들이 개인적으로 소장하던 작품을 미술관에 기증하였다. 미술교사의 아들로 태어난 피카소는 바르셀로나와 마드리드를 거쳐 파리에 정착하기 전 10살 무렵까지 말

위-말라가 피카소 미술관
왼쪽 가운데-〈만티야를 쓰고 있는 올가 코클로바〉(1917)
오른쪽 가운데-피카소가 그린 발레 작품 〈퍼레이드〉(1917)의 커튼
왼쪽 아래-〈팔을 치켜 든 여인〉(1936)
오른쪽 아래-〈게르니카〉(1937)

라가에 살았는데, 20세기 최고의 화가였던 그는 이탈리아 르네상스 시대의 3대 거장 가운데 하나인 라파엘로^{Rafaello}에 자신을 비유하여 다음과 같은 말을 남겼다. "내가 라파엘로 같이 그림을 그리는 데에는 4년이라는 시간이 걸렸지만 어린이 같이 그리는 데에는 평생이 걸렸다." 화가로서의 능력을 키우는 것은 쉬웠지만 어린아이와 같은 마음으로 상상력이 풍부한 작품을 만드는 것이 그만큼 어려웠다는 이야기이다.

〈만티야를 쓰고 있는 올가 코클로바〉(1917)의 모델인 올가 코클로바^{Olga Khokhlova}(1891~1955)는 피카소의 부인이자 발레리나였다. 피카소의 대부분의 작품 스타일과는 사뭇 다른 이 작품은 외국인인 올가를 어려워하던 그의 가족을 위해 그녀를 스페인 사람과 같이 그린 것이다. 파리와 바르셀로나에서 작품활동을 하던 피카소는 러시아 발레 프로듀서인 세르게이 디아길레프(1872~1929)의 여러 발레 작품의 의상을 디자인하기도 하였는데, 1917년 파리에서 있었던 발레 공연에서 올가와 처음 만나게 되었다. 카디스 태생의 작곡가 마누엘 데 파야^{Manuel de Falla}가 발레를 위해 작곡한 〈삼각모자〉(1919)라는 작품에도 참여해 무대의상 디자이너로도 활발하게 활동하던 시기였다. 올가는 그녀의 인맥을 통해 피카소가 사교계 인사들을 만날 수 있는 계기를 제공해 주었다. 피카소는 여러 여인들과 애정관계를 유지했지만 그녀가 사망할 때까지 부인으로 남았다.

피카소는 1927년 17살의 마리-테레즈^{Marie-Thérèse}를 만나게 되면서 부인이었던 올가와 사이가 멀어지게 되었다. 1935년 피카소가 〈게르니카〉(1937)를 그리던 당시 마리-테레즈와 그의 새로운 뮤즈인 도라 마르^{Dora Maar}는 우연히 스튜디오에서 마주치게 되었는데, 그는 금발의 밝은 색상을 사용하여 마리-테레즈를 그렸던 반면 〈팔을 치켜 든 여인〉(1936)의 모델인 도라 마르는 어둡고 우울한 분위기로 표현하곤 했다. 사진작가였던 도라 마르와 예술적인 공감대를 형성했던 그는 스페인어를 유창하게 구사했던 그녀에게 더욱 호감이 갔다고 전해진다. 그녀와 함께 했던 때에는 300여 편이 넘는 시를 남기기도 했는데, 프랑수아즈 질로를 만나기 전까지 9년간 관계를 유지했다.

산 아구스틴 거리 CALLE SAN AGUSTIN

미술관이 있는 산 아구스틴 거리^{Calle San Agustin}는 옛 유대인들이 살던 지역으로 골목이 특히나 좁은 편이다. 미술관 앞으로 노란빛, 분홍빛 페인트칠이 되어 있는 집들의 발코니에는 화분이 예쁘게 장식되어 있어 집들을 구경하는 재미가 있다. 미술관 주변으로 피카소의 작품을 카피한 그림과 기념품을 파는 상점을 비롯해 식사를 할 수 있는 레스토랑도 있다.

우마 서먼 주연 영화 〈킬 빌 2〉(2004)에 나오는 노래 가운데 〈말라게냐 살레로사^{Malagueña Salerosa}〉(1947)라는 노래가 있다. 제목은 '말괄량이 말라가 아가씨'라는 뜻으로 말라게냐^{Malagueña}는 말라가 태생의 여자를 말한다. 코르도바의 화가 훌리오 로메로 데 토레스는 〈말라게냐^{Malagueña}〉(1917)라는 작품 속에 말라가의 여인을 그렸다. 안달루시아에서 1년을 보내는 동안 만났던 여러 아티스트들 가운데 가장 기억에 남는 사람들을 되새겨 보니 모두 말라가 태생의 남자들이었다. 말라가 태생의 남자는 말라게뇨^{Malagueño}라고 하는데, 그들은 특히나 얼굴이 무척 잘생겼다. 우리 모두가 아는 안토니오 반데라스^{Antonio Banderas}도 말라가 태생으로 매년 세마나 산타 때 고향을 찾아 직접 부활 행렬에 참여한다. 2010년 데뷔곡 〈솔라멘테 투^{Solamente Tú}〉로 스페인 차트 1위를 하며 라틴 그래미 어워드에서 최고의 신인 아티스트 및 남자 팝 앨범 상을 수상한 파블로 알보란^{Pablo Alborán}, 그리고 그와 듀엣을 한 플라멩코 가수 디아나 나바로^{Diana Navarro}까지 아름다운 외모와 목소리를 지닌 이들이 많다.

그라나다 거리에서 만난 말라가의 조각가

Chifo Repullo

피카소의 고향이기에 특별하게 느껴졌던 말라가의 사람들은 특히나 친절했다. 미술관에 남아 있는 작품, 아티스트의 생가, 세례를 받은 성당을 빼고 내가 태어나기도 전에 이름을 날렸던 아티스트의 발자취가 남아 있을 리가 없으니, 사진으로밖에 본 적이 없는 피카소가 말라가에 살았다는 것을 느끼기는 어려웠다. 여행의 마지막 날 어느 타파스 바에 우연히 들어가게 되었고, 한 중년신사는 나에게 사진을 찍어달라고 부탁했다. 그리고 그 신사는 자신을 소개하고 옆의 친구는 피카소의 조카 손자라고 소개했다. 그 사람이 무슨 이야기를 하는 걸까 하고 잠시 생각했던 기억이 난다. "아, 여기가 피카소의 고향이니 남아 있는 친척들도 있겠군요."라고 말하며 정신을 차린 후 사진을 한 장 남겼다. 부드러운 웃음을 지으며 명함을 건넨 치코 레푸요 Chico Repullo (1956~)는 말라가에 살며 조각가로 활동하고 있다. 그의 외할머니가 피카소의 사촌형제로 말라가에서 태어난 그는 피카소 미술관과 근접해 있는 말라가의 그라나다 거리에서 자라며 20세기 최고의 화가의 작품을 접하게 되면서 미술에 심취하게 되었다고 전했다. 이야기를 듣고 나니 어딘가 피카소의 모습과 닮은 것 같기도 하다. 천재 화가에게서 영향을 받은 그의 작품을 통해 피카소가 이 도시의 공기 속에 살아 움직이고 있음에 황홀함을 느꼈다.

말라가의
타파스 거리

그라나다 거리 CALLE GRANADA

피카소 미술관이 있는 산 아구스틴 거리와 그라나다 거리가 만나는 지점에서부터 운시바이 광장^{Plaza de Uncibay}까지 이 지역은 말라가의 타파스 천국이다. 말라가는 외국인들의 소비층이 높은 만큼 안달루시아 어떤 도시보다 세련되고 유행에 민감한 곳으로, 전통 타파스부터 캘리포니아 롤까지 먹을거리가 다양하다. 이 거리에 있는 대부분의 레스토랑의 맛이나 신선도는 표준 이상으로, 도보 전용 도로인 이 거리를 따라가며 구경을 한 후 마음에 드는 곳에 들어가 보는 것도 좋다.

보데가 엘 파티오 BODEGA EL PATIO

주소 Calle Granada 39, 29015 Málaga 전화번호 +34 952 21 20 31
영업시간 일요일~목요일 12:30~12:00, 금요일~토요일 12:30~1:00

지중해에서 잡은 싱싱한 해산물로 만든 파에야^{Paella}를 맛보고 싶다면 이곳을 추천한다. 조개, 새우, 로브스터, 오징어를 재료로 하는 시푸드 파에야^{Seafood Paella}(1인당 €10.50)와 오징어 먹물을 이용한 블랙 라이스^{Black Rice}(1인당 €7.50)를 추천하는데, 파에야 메뉴는 기본 2인분을 주문해야 한다.

타베르나 엘 피야요 TABERNA EL PIYAYO

주소 Calle Granada, 36, 29015 Málaga 전화번호 +34 952 22 90 57
영업시간 일요일~목요일 12:30~12:00, 금요일~토요일 12:30~1:00

말라가 태생의 플라멩코 가수 엘 피야요^{El Piyayo}(1864~1940)의 이름을 딴 타베르나로 말라가에서 나는 달콤한 모스카텔^{Moscatel}, 페드로 히메네스^{Pedro Ximenez} 등의 와인과 전통 파타스를 저렴한 가격에 맛볼 수 있다.

코스테요 타파스 & 칵테일
COSTELLO TAPAS & COCKTAIL

주소 Calle Granada 33, 29015 Málaga   전화번호 +34 952 21 35 84
영업시간 일요일~목요일 12:30~2:00, 금요일~토요일 12:30~3:00

전통 타파스가 아닌 모던한 감각으로 로컬에서 나는 신선한 재료와 와인을 사용한 육류 요리 및 햄버거, 리소토 등 다양한 메뉴를 칵테일과 함께 맛볼 수 있다. 말라가의 예술인들, 비즈니스맨 등 세련된 고객층이 즐겨 찾는 곳이지만, 분위기는 편안하고 가격은 부담 없다.

더 스시바 THE SUSHI BAR

주소 Plaza Uncibay 8, 29015 Málaga   전화번호 +34 952 222 770
웹사이트 www.thesushibar.es   영업시간 12:00~24:00

바다와 인접한 말라가의 스시는 싱싱한 생선을 재료로 해서 그런지 더욱 맛있는 것만 같다. 카레, 오징어 등을 재료로 하는 샐러드 메뉴(€4~8 사이), 새우, 연어, 참치, 계란으로 만든 니기리 스시 모듬(€15.20), 연어, 크림 치즈, 아보카도, 게살을 넣은 캘리포니아 필라델피아 롤(€12.20)이 무난하게 즐길 수 있는 메뉴이다.

말라가 쇼핑하기

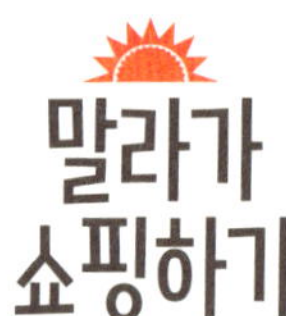

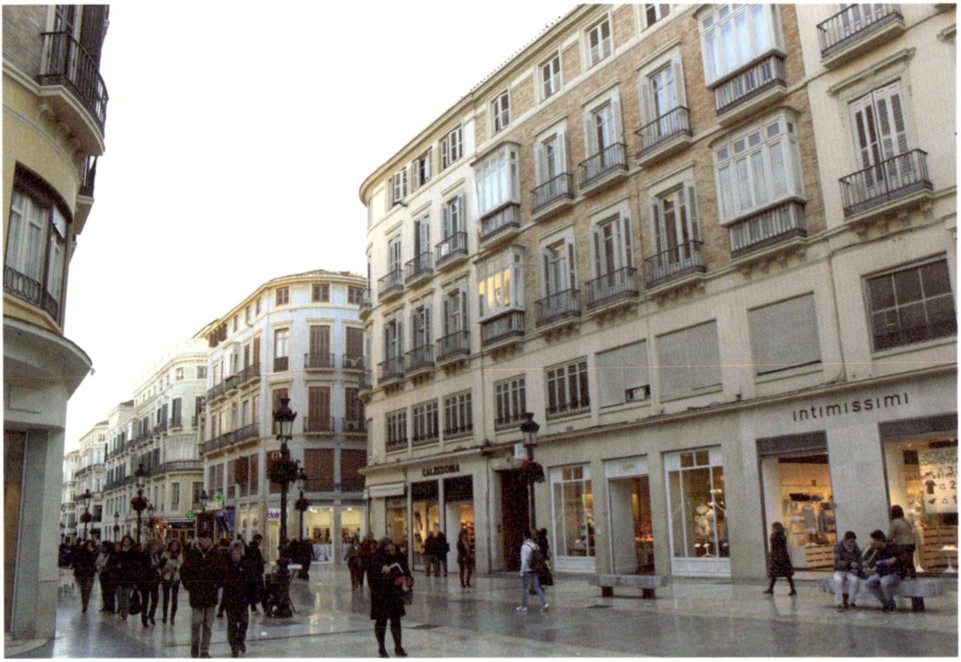

마르케스 데 라리오스 거리 CALLE MARQUÉS DE LARIOS

그라나다 거리에서 마르케스 데 라리오스 거리Calle Marqués de Larios로 향하면 상점들이 모여 있는 쇼핑거리가 나온다. 스페인을 대표하는 자라, 망고와 같은 스트리트 패션 브랜드에서부터 프랑스와 이탈리아의 디자이너 브랜드 제품을 판매하는 멀티 매장까지 한 거리에 있어 쇼핑하기에 편리하다.

알라메다 프린시팔 거리 AVENIDA ALAMEDA PRINCIPAL

말라가의 백화점과 대형 쇼핑몰들은 강 반대편 기차역이 있는 신시가지를 중심으로 형성되어 있다. 알라메다 프린시팔 거리를 따라 서쪽으로 테투안 다리^{Puente de Tetuán}를 건너면 백화점과 라리오스 쇼핑몰이 마주하고 있다.

라리오스 센트로 코머르시알 LARIOS CENTRO COMERCIAL

주소 Av de la Aurora, 25, 29002 Málaga **전화번호** +34 952 36 93 93 **웹사이트** www.larioscentro.com

솔리다리다드 광장^{Plaza de la Solidaridad}에 위치한 라리오스 쇼핑몰에는 의류, 완구 등 다양한 브랜드의 상점이 모여 있다. 디즈니 스토어와 자라 홈이 있어 가족 단위의 쇼핑객들이 많이 찾는다. 광장의 남쪽으로 기차역이 2분 거리에 있다.

엘 코르테 잉글레스 EL CORTE INGLÉS

주소 Av de Andalucía, 4, 29007 Málaga **전화번호** +34 952 07 65 00 **웹사이트** www.elcorteingles.es **영업시간** 월요일~토요일 10:00~22:00

안달루시아 대로^{Av de Andalucía}에 위치한 엘 코르테 잉글레스 백화점은 슈퍼마켓부터 화장품, 의류, 가구까지 다양한 브랜드와 제품을 구비하고 있다. 크리스마스나 페리아 기간에는 입구에서 토산품을 판매하며, 어린이들이 즐길 수 있는 놀이기구가 설치되어 있어 가족들이 즐겨 찾는다.

살리나스
거리

CALLE SALINAS
카예 살리나스

대성당 정면의 맞은편에 있는 바와 붉은색 건물의 대주교 저택 사이에 있는 살리나스
거리Calle Salinas는 쇼핑의 중심지인 마르케스 데 라리오스 거리로 통하는 지름길이다.
유모차를 밀고 아이들과 쇼핑하는 엄마와 아빠가 눈에 띄는 이 작은 골목길에는 아동
복과 신발을 전문으로 취급하는 매장들이 있다. 국내에는 잘 알려지지 않았지만, 스
페인과 포르투갈에서 생산되는 면 제품은 유럽에서도 고급제품이며 요즘같이 중국산

왼쪽-칼사도스 수블리메
오른쪽-라스 트레스 오카스

을 사용하는 유럽 브랜드 제품에 비해 품질면에서 월등하다. 가죽 신발 제품도 유럽의 여러 브랜드에서 출시하는 스페인산 제품은 오래전부터 대중들이 즐겨 신고 있다.

칼사도스 수블리메 CALZADOS SUBLIME

주소 Calle Salinas 6, 29015 Málaga 전화번호 +34 952 20 10 64 웹사이트 www.calzadossublime.es
영업시간 매일 10:00~13:30, 17:00~20:30

1930년부터 이 자리를 지키고 있는 아동 신발 전문 상점으로 OEM이 아닌 스페인에서 생산하는 완제품만을 판매한다. 스웨이드 재질의 모카신, 샌들을 비롯해 20가지 컬러가 넘는 발레리나 플랫까지 무척 다양하다. 가격은 €30~€100까지 다양한 편이다.

라스 트레스 오카스 LAS TRES OCAS

주소 Calle Salinas 6, 29015 Málaga 전화번호 +34 952 60 34 23 웹사이트 www.lastresocas.com 영업시간 월요일~금요일 10:00~17:00, 토요일 10:00~14:00

신생아에서부터 16세까지의 아동복 브랜드로, 생일, 결혼식 들러리와 같이 특별한 날에 입는 파티 드레스와 스페인산 면으로 만든 원피스까지 다양한 디자인과 용도의 제품이 있다. 실크로 만든 커다란 리본이 달린 드레스가 트레이드 마크로 매칭되는 모자나 헤어밴드 제품도 있다.

말라가 교통

말라가에서 다른 지역으로 이동하기

말라가 기차역에서 고속열차인 AVE를 이용하여 코르도바, 마드리드로 이동할 수 있으며, 말라가 국제공항에서 항공편을 이용하여 유럽 대부분의 도시로 이동 가능하다. 다른 노선에 비해 가격이 높은 편이지만 말라가에서 암스테르담을 경유하여 인천공항으로 연결되는 항공편이 있으니 참고하기 바란다.

말라가 기차역 Estación de Málaga María Zambrano

주소 Explanada de la Estación, 29002, Málaga　전화번호 +34 902 432 343

말라가 – 코르도바

렌페Renfe 소요시간 약 1시간, 요금 €27〜42

말라가 – 마드리드

렌페Renfe 소요시간 2시간 40분, 요금 €60〜80

말라가 – 세비야

렌페Renfe 소요시간 약 2시간〜2시간 45분, 요금 €23〜43

말라가 기차역에서 버스 1, 3, 16, 24번을 타면 구시가지 근처인 마리나 광장까지 이동할 수 있으며, 주변 지역을 연결하는 세르카니아스Cercanías 열차를 이용하여 말라가 공항까지 편리하게 이동할 수 있다.

말라가 주변 도시 탐방_론다

14세기 다마스쿠스의 왕자는 론다를 보고 '구름이 머리에 쓰는 터번과 같이 우뚝 솟은 우아한 도시'와 같다고 표현했다. 해발 700m의 높은 곳에 위치한 론다는 7세기가 지난 지금도 여전히 구름이 머리에 닿을 것만 같은 모습이다. 문학작품을 통해 알려진 론다는 최근 전 세계적으로 돌풍을 일으킨 자동차 경주 게임 '그란 투리스모 6'의 런칭 쇼 장소가 되어 많은 F1 팬들이 방문하며 화제가 되었다. 아찔한 절벽이 보이는 누에보 다리Puente Nuevo는 소설 〈누구를 위하여 종은 울리나〉(1940)의 배경이 되었던 곳으로, 어니스트 헤밍웨이Ernest Hemingway(1899~1961)의 원작소설을 바탕으로 한 영화가 만들어지기도 하였다. 론다를 사랑했던 헤밍웨이와 올슨 웰즈의 이름을 붙인 거리와 함께 게임 개발자인 '카즈노리 야마구치 거리Paseo de Kazunori Yamaguchi'가 탄생해 주목을 받았다.

론다 여행 팁

론다는 세비야에서 약 120km 거리에, 말라가에서 100km 거리에 있다. 세비야에서는 버스로 2시간 30분이 소요되며 요금은 €12선이다. 말라가에서는 버스로 2시간 정도 소요되며 요금은 €10.76이다. 세비야–론다–말라가 또는 말라가–론다–세비야로 이동하면 편하다.

버스 Los Amarillos : www.samar.es/empresa/samar/losamarillos

플라사 데 토로스 데 론다 Plaza de Toros de Ronda

주소 Calle Virgen de la Paz, 15, 29400 Ronda 전화번호 +34 952 87 41 32 웹사이트 www.rmcr.org 입장료 €6.50 운영시간 9월에 열리는 페드로 로메로 축제 기간을 제외하고 매일 개방, 1월~2월 10:00~18:00, 4월~9월 10:00~20:00, 10월 10:00~19:00, 11월~12월 10:00~18:00

1785년에 완공된 투우장은 스페인에서 가장 오래된 투우장 가운데 하나로, 론다의 투우사 가문의 페드로 로메로Pedro Romero(1754~1839)의 경기로 문을 열었다. 흥분한 소와 싸우는 투우사들은 사고로 인해 젊은 나이에 숨을 거두는 경우도 빈번한데, 77세의 나이에도 상처 한 번 입지 않고 소를 잡았다고 한다. 경기의 마지막에 물레타Muleta라고 부르는 빨간 천을 사용하는 방식은 그의 할아버지인 프란시스코 로메로Francisco Romero(1700~1763)가 시작한 것으로, 투우 역사에서는 빼놓을 수 없는 인물이다. 〈태양은 다시 떠오른다〉(1926)와 같이 스페인을 배경으로 하는 소설을 남긴 그는 투우에 심취했었는데, 론다에서 많은 시간을 보내며 투우사 안토니오 오르도녜스Antonio Ordóñez(1932~1998)와 교류를 하

며 작품에 대한 영감을 받았다. 매년 9월 첫째 주에는 페드로 로메로 축제^{Feria de Pedro Romero}가 5일간 열려 가을에 투우경기를 볼 수 있는 기회가 주어진다.

론다에 정착한 화가 마르코스 본템포^{Marcos Bontempo}(1969~)가 그린 페드로 로메로 축제 포스터

파라도르 데 론다 PARADOR DE RONDA

주소 Plaza de España, s/n, 29400 Ronda　전화번호 +34 952 87 75 00　웹사이트 www.parador.es/es/paradores/parador-de-ronda

투우장 앞 스페인 광장에 위치한 파라도르 호텔은 옛 시청건물이었다. 호텔 앞으로 헤밍웨이의 이름을 붙인 거리가 있는데, 그의 작품 〈오후의 죽음〉(1932)은 실제 론다 투우사들에 대해 쓴 논픽션 소설이다.

케소 이 하몬 부티크 론다 QUESO Y JAMÓN BOUTIQUE RONDA

주소 Plaza España, 1, 29400 Ronda　전화번호 +34 952 87 71 14　영업시간 10:00~20:30

스페인 광장에 위치한 식료품 상점으로, 신선한 하몬과 치즈를 판매하고 있다.

페드로 로메로 PEDRO ROMERO

주소 Calle Virgen de la Paz, 18, 29400 Ronda　전화번호 +34 952 87 11 10　웹사이트 www.rpedroromero.com　영업시간 매일 12:00~16:30, 19:30~23:00

투우사들의 사진으로 도배되어 있는 이 레스토랑은 투우사 로메로의 이름을 모른다고 해도 무언가 투우와 관련이 있는 곳이라는 것을 알아차릴 수 있을 것 같다. 투우 경기장이 있는 거리에 위치한 이 레스토랑에서는 경기가 끝난 다음 맛있는 스페인식 소꼬리 요리 라보 데 토로^{Rabo de toro}를 맛볼 수 있다.

호텔 카탈로니아 레이나 빅토리아 HOTEL CATALONIA REINA VICTORIA

주소 Calle Jerez, 25, 29400 Ronda　전화번호 +34 952 87 12 40　웹사이트 www.hoteles-catalonia.com

투우장에서 헤레스 거리^{Calle Jerez}를 따라 북쪽에 위치한 이 호텔은 유럽 각지로 여행을 즐겼던 독일시인 릴케^{Rilke}(1875~1926)의 발자취가 남아 있는 곳이다. "나는 꿈의 도시를 찾아다니다 마침내 론다를 발견했다."라는 말을 남긴 그는 빅토리아 여왕 호텔^{Hotel Reina Victoria}에서 오랜 시간을 보내며 론다를 한껏 즐겼던 꿈꾸는 영혼이었다. 1906년에 세워진 100년 전통의 이 호텔의 객실 108호는 릴케 박물관^{Museo de Rilke}으로 개관하여 그가 사용하던 모습 그대로 보존하고 있다.

ⓒ 그라나다 관광청

GRANADA

세비야에 이어 그라나다에도 이 도시를 테마로 한 수많은 음악과 이야기들이 있다. 알-안달루스 시대로부터 전해오는 무어인의 마지막 왕의 이야기부터 집시들이 부르는 플라멩코, 피아노와 기타로 연주하는 음악은 물론 그라나다의 아름다움을 찬양하는 노래까지 셀 수 없을 정도로 많다. 그라나다 태생의 가수 카를로스 카노Carlos Cano(1946~2000)는 다음과 같은 가사를 남겼다.

> "그라나다는 그 어느 것도 태양과 함께 잠들지 않는,
> 달과 함께 빛나는, 가장 아름다운 장미이다"

알바이신 언덕에서 알함브라 궁전을 보고 있노라면 그가 왜 이런 가사를 쓰게 되었는지를 이해할 수 있다. 이 도시의 상징인 알함브라 궁전은 달빛에 붉은 광채를 내며 그라나다의 밤을 환하게 비춘다. 궁전의 주인이었던 무어인들은 이 땅을 떠났지만, 그들이 남긴 역사의 흔적은 아직도 그라나다를 가득 채우고 있다.

500m
그라나다 기차역
Cuesta de Alhacaba
Calle Panaderos
Cuesta de Alhacaba
Restaurante Páprika
Carril de la Lona
Calle Pilar Seco
산 니콜라스 전망대
Mirador de San Nicolás
p.242
Camino Nuevo de San Nicolás
Callejón Tomasas
Calle Gran Vía de Colón
Calle Zenete
Bar Lara
Santa Isabel la Real
Restaurante Mare Nostrum
El Ají
Calle Cruz de Quirós
Calle Oidores
Calle Tiña
Calle Algibe de Trillo
El Agua
Mesón el Trillo
Calle Gran Vía de Colón
Cuesta Bereta
Calle Elvira
Calle San José Alta
Calle Rosal de San Pedro
Calle Zafra
Cuesta de Marañas
Calle San Juan de los Reyes
엘 바뉴엘로
El Bañuelo / p.272
Calle San Jerónimo
샤인 알바이신
Shine Albayzín / p.272
폰테크루스 그라나다 호텔
Fontecruz Granada Hotel
p.251
카라레 델 다로
Carrera del Darro
p.270
Calle Elvira
Vía Colón
산타 아나 교회
Iglesia de Santa Ana
p.271
Torres Bermejas
그라나다 대성당
Catedral de Granada / p.252
Calle Almireceros
누에바 광장
Plaza Nueva
p.267
Plaza Nueva
아르테사니아스 곤살레스
Artesanías González / p.269
왕실 예배당
Capilla Real
p.255
바르 세비야
Bar Sevilla
p.258
티엔다 데 라 알함브라
Tienda de la Alhambra / p.250
이사벨 라 카톨리카 광장
Plaza de Isabel la Católica / p.249
빕-람블라 광장
Plaza de Bib-Rambla
p.259
레예스 카톨리코스 거리
Calle Reyes Católicos
p.260
Calle Pavaneras
Calle Aire Alta
Callejón Niño del Royo
카사 데 로스 티로스 박물관
Museo Casa de los Tiros de Granada
p.275
카페 빕 람블라
Café Lechería Bib-Rambla
p.259
Calle Escudo del Carmen
Calle Santa Escolástica
Gar-Anat Hotel
de Peregrinos
Plaza Campo del Príncipe
Calle San Matías
NH Victoria Hotel
Hotel Molinos
앙헬 가니벳 거리
Calle Ángel Ganivet
p.263
Calle Sarabia
Calle Varela
Calle Aguado
Hotel Carlos V Granada
Baoba Pure S.Ll
Calle Molinos
Juan Miguel
Calle Acera del Darro
Calle Enriqueta Lozano
Cuesta de Aixa
Calle Santiago
GRANADA 그라나다

Cuesta de los Chinos
Cuesta del Chapiz
Venta El Gallo
사크로몬테 거리
Camino del Sacromonte / p.273
l de San Agustín
Cuesta del Chapiz
Cuesta del Chapiz
Parador de Granada
알함브라
Alhambra
p.243
석류의 문
Puerta de las Granadas
p.268
Paseo del Generalife
Calle Antequeruela Baja
Camino Viejo del Cementerio
Calle Hoteles Belén Calle A
마누엘 데 파야 박물관
Casa Museo Manuel de Falla
p.276
Camino Nuevo del Cementerio
0   100m

산 니콜라스 전망대

MIRADOR DE SAN NICOLÁS
미라도르 데 산 니콜라스

알함브라 궁전을 비롯해 그라나다가 어떻게 생겼는지 궁금하다면 알바이신 언덕에 올라보자. 산 니콜라스 전망대Mirador San Nicolás가 있는 이 지역을 알바이신Albayzín이라고 부르는데 알바이신은 역사적인 가치를 인정받아 알함브라 궁전과 함께 유네스코 세계유산으로 지정되었다.

광장이 있는 알바이신 정상의 산 니콜라스 전망대에서는 알함브라 궁전과 시에라 네바다 산맥의 전망이 한눈에 들어온다. 그라나다를 찾는 방문자라면 반드시 찾는 이곳은 해가 질 무렵이 가장 아름다운데, 낮과 밤의 풍경이 무척 다르다.

산 니콜라스 전망대 찾아가는 법

누에바 광장에서 카르셀 알타 거리Calle Cárcel Alta를 따라 산 그레고리오 광장Plaza San Gregorio, 마리아 델라 미엘 비탈길 Cuesta de María de la Miel을 차례로 지나면 산 니콜라스 광장이 나온다. 1km가 채 되지 않는 길이지만 경사가 심하고 구불구불해 무더운 여름날 걷기에는 쉽지가 않은데, 누에바 광장에서 버스 31번과 32번을 이용하는 것이 편리하다.

알함브라

ALHAMBRA
알함브라

주소 Calle Real de la Alhambra, 18009 Granada **전화번호** +34 958 02 79 71 **웹사이트** www.alhambra-patronato.es **운영시간** 궁전출
입시간 오전 8:30~14:00, 오후 14:00~20:00(3/15~10/14), 14:00~18:00(10/15~3/14), 야간 20:00~21:30(10/15~3/14 금요일, 토요일),
22:00~23:30(3/15~10/14 화요일~토요일) / 티켓오피스 8:00~19:00(3/15~10/14), 8:00~17:00(10/15~3/14) **입장료** 성인 €14, 어린이(12~15세) €8,
어린이(12세 미만) 무료 / 야간 성인, 어린이(12~15세) €8, 어린이(12세 미만) 무료

왼쪽-정의의 문을 향해 걷는 사람들
오른쪽-카를로스 5세의 궁전

스페인은 이탈리아, 중국에 이어 유네스코가 지정한 문화재가 세 번째로 많은 나라이다. 총 44개의 문화재가 스페인 전역에 퍼져 있는데 알함브라 궁전이 위치한 안달루시아 지방에만 해도 5개나 되어 문화적 가치가 큰 곳이다. 스페인 전국의 문화재를 통틀어 사람들이 가장 많이 방문하는 곳인 이 궁전은 수많은 문화재 가운데 여러 시대에 걸친 가장 다양한 건축 양식을 보여주며 화려함의 극치를 자랑한다. 궁전 안으로 들어가기 전 산 니콜라스 전망대에서 멀리 불빛으로 밝혀진 궁전의 전망을 보고 나면 왜 알함브라가 '붉은 궁전'이라는 이름으로 불리는지를 알 수 있다.

알함브라 궁전으로 가는 방법은 여러 가지가 있는데, 여유 있게 산책을 즐기고 싶다면 고메레스 비탈길Cuesta de Gomérez에 있는 석류의 문을 지나 알함브라 숲을 통해 궁전으로 들어가면 된다.

정의의 문Puerta de la Justicia을 지나면 가장 먼저 보이는 궁전은 카를로스 5세의 궁전Palacio de Carlos V으로 성당과 함께 궁전에서 가장 나중에 지어진 건물이다. 택시를 이용하면

왼쪽-포도주의 문. 오른쪽-알카사바

궁전 바로 앞에서 정차할 수 있는데, 궁전으로 들어가기 전에 필요한 것이 있다면 포도주의 문^{Puerta del Vino}으로 향해 보자. 궁전 옆으로 돌면 포도주의 문이 나오는데, 기념품을 비롯해 음료, 과자, SD 카드 등 간단한 물품들을 판매하고 있다. 관광지라고 해서 가격이 많이 차이 나거나 하지는 않는다. 문을 지나면 높은 탑들이 보이는데, 방어 요새 역할을 하던 이곳은 알카사바^{Alcazaba}라고 한다. 궁전 입장 시간이 많이 남아 있거나 나스르 궁전을 둘러본 후 잠시 휴식을 취하는 장소로 들르면 좋다.

'신이 내린 용감한 자'가 세운 알카사바 ALCAZABA

침입자들로부터 방어하기 위한 성곽과 높은 탑들로 이루어진 알카사바는 알함브라에서 가장 먼저 세워진 부분으로 단순한 궁전이 아닌 성과 요새의 기능을 모두 갖추고 있다. 알카사바를 현재의 모습으로 건설한 것은 바누 나스르 왕가의 무하마드 1세^{Muhammad I}(1194~1273)로, 그는 사라고사^{Zaragoza}에서 아라곤의 알폰소 1세^{Alfonso I}에게 정복당한 후 하엔^{Jaén} 지방으로 내려오게 되었다. '신이 내린 용감한 자' 또는 홍인(紅人)이라는 뜻의 '알-라마르'라고 불리던 그는 그라나다 왕조의 첫 번째 왕이다. 성채가 이곳 사비카 언덕^{Paseo de la Sabica}에 자리하게 된 요인은 요새 뒤로 눈 덮인 시에라 네바다 산맥이 있어 외부인들이 침입하기 어려운 데에 있다. 37개의 탑 가운데 가장 먼저 세워진 벨라 탑^{Torre de la Vela}은 감시탑의 역할을 했는데, 15세기 말 가톨릭 왕들이 그라나다를 탈환하면서 이 탑에 가톨릭 왕들의 깃발을 올렸다. 탑의 종은 농사를 짓는 이들에게 시간을 알려주기 위해 장착된 것으로, 미혼 여성이 탑에 올라가 종을 울리면 그 해가 가기 전에 결혼을 하게 된다는 이야기가 있다.

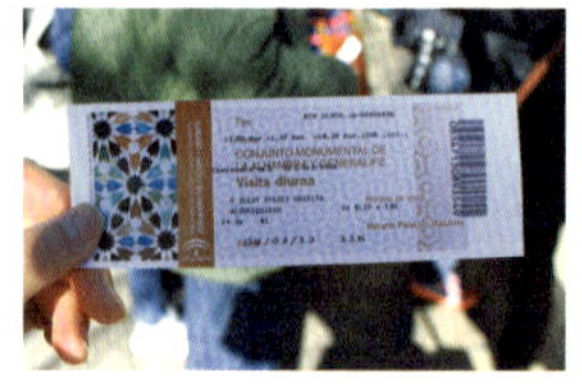

카를로스 5세의 궁전 – 나스르 궁전 – 헤네랄리페

궁전을 방문할 때 한 가지 유의할 점은 나스르 궁전으로의 입장 시간이 엄격히 제한되어 있다는 것이다. 티켓에 'Horario Palacios Nazaríes' 라고 쓰여 있는 것이 나스르 궁전의 입장 시간이니, 반드시 준수하기 바란다. 오전 티켓을 구매하면 8:30~14:00 사이에 궁전을 방문할 수 있는데, 대부분의 시간은 나스르 궁전에서 보내게 된다. 카를로스 5세의 궁전, 나스르 궁전을 방문한 후 헤네랄리페로 향하는 것이 편리하며, 헤네랄리페까지 야외에 있는 시간이 길어질 경우 가급적 햇빛을 피해 그늘진 방향으로 걸어 다닐 것을 당부한다. 헤네랄리페의 출입구는 레알 거리의 끝 파라도르 호텔 옆에 위치하고 있다.

헤네랄리페 정원 EL GENERALIFE

레알 거리의 파라도르 호텔 가까이에 위치한 헤네랄리페 입구를 지나면 꽃과 나무가 무성한 작은 정원들을 지나게 된다. 정원 너머로 보이는 건물은 15세기에 세워진 산 프란시스코 수도원^{Convento de San Francisco}으로 지금은 국영 호텔로 사용되고 있다. 19세기 초 나폴레옹이 이끄는 프랑스 군에 의해 파괴된 후 잔해만이 남은 아벤세라헤스 궁전^{Palacio de los Abencerrajes}은 13세기 그라나다의 귀족인 아벤세라헤스 가문의 저택이었다. 그러나 15세기 이 가문의 사람이 물레이 하센^{Muley Hacén} 왕의 여인과 사랑에 빠지며 멸족을 당하게 되었는데, 사자의 중정을 마주보고 있는 아벤세라헤스의 방^{Sala de los Abencerrajes}에는 아직도 바닥에 핏자국이 남아 있다는 이야기가 전해진다. 헤네랄리페 궁으로 가는 길 왼쪽으로 알카사바를 비롯해 그라나다 전체가 한눈에 들어오는 환상적인 전망을 감상할 수 있다.

왼쪽 위-헤네랄리페 궁. 왼쪽 아래. 오른쪽 위-헤네랄리페 정원. 오른쪽 아래-시프레세스 중정

아랍어 '알라리프'라고 불리던 헤네랄리페Generalife는 코마레스 궁과 사자의 궁이 세워지기 이전인 13세기에 만들어진 왕의 여름 별장이다. 크고 작은 정원에 나무와 꽃이 만발한 이곳에서 여름에는 음악과 무용 공연이 펼쳐진다. 정원의 오렌지 나무와 아라야네스 그리고 장미는 무어인들이 남긴 것이며 정원에 가득한 느릅나무는 19세기에 웰링턴 장군이 영국에서 가져온 것이다. 시에라 네바다의 눈이 녹은 물이 이곳으로 흘러들어 아세키아 중정Patio de la Acequia의 분수대를 통해 흐르며 조르르 시냇물처럼 귀여운 소리를 내는데, 스페인을 대표하는 작곡가인 마누엘 데 파야Manuel de Falla는 아름다운 헤네랄리페 정원에서 영감을 받아 〈스페인 정원의 밤Noches en los jardines de España〉(1915)이라는 작품을 남기기도 하였다. 아세키아 중정에서 이어지는 단조롭고 소박한 시프레세스 중정Patio de los Cipreses을 지나면 헤네랄리페 궁의 출구이다.

파라도르 데 그라나다 호텔 Parador de Granada

<u>주소</u> Calle Real de la Alhambra, 18009 Granada   <u>전화번호</u> +34 958 22 14 40   <u>웹사이트</u> www.parador.es/en/paradores/
parador-de-granada

헤네랄리페의 출입구 옆에 위치한 파라도르 데 그라나다 호텔은 총 40개의
객실이 있는 작은 규모의 국영 호텔이다. 16세기에 세워진 산 프란시스코 수
도원Convento de San Francisco을 개조한 것으로, 객실에서는 헤네랄리페 궁전을
비롯해 눈 덮인 시에라 네바다 산의 전망을 감상할 수 있다. 나스르 왕조의
성이었던 것을 레콘키스타 이후 가톨릭 왕들이 수도원으로 세운 것인데, 이
수도원은 오피시오스 거리Calle Oficios에 있는 왕실 예배당이 완공되기 전까지
왕실 예배당으로 사용되었다. 그리하여 가톨릭 왕들의 시신이 이곳에 보관되
어 있었는데, 호텔 안에는 무덤이 있는 자리가 보존되어 있다. 이곳에서 숙박
을 하지 않더라도 레스토랑에서 안달루시아의 전통 타파스를 즐길 수 있다.
궁전 투어를 마치고 헤네랄리페 궁전이 한눈에 들어오는 테라스에서 즐기는
점심 식사는 너무나 달콤하다. 무어인들이 전해온 채소인 가지를 튀긴 요리
인 베렌헤나스 프리타스Berenjenas Fritas는 어린이나 채식을 하는 이들이 즐기
기에 적당한 메뉴이다.

라구나 타예르 데 타라세아 Laguna Taller de Taracea

<u>주소</u> Calle Real de la Alhambra 30, 18009 Granada   <u>전화번호</u> +34 958 22 70 46   <u>웹사이트</u> www.laguna-taracea.com

나무에 음각을 파서 기하학 문양을 넣는 무어인들이 전해온 타라세아Taracea
공예품을 만드는 공방이다. 공방의 역사는 1877년부터 계속되어 지금은 미
겔 라구나Miguel Laguna 씨가 대대로 그 명맥을 이어가고 있다. 궁전의 아랍식
회랑을 축소판으로 만들어 장식한 책상과 같이 비교적 큰 가구에서부터 보
석함, 카드상자, 액자 등 다양한 제품이 있다. 가격이나 제품군은 타라세아를
만드는 공방 대부분이 비슷한데, 동일한 디자인이라도 사용하는 재료에 따
라 가격에 차이가 있으니 눈여겨보길 바란다.

휠체어 또는 아기 캐리어가 필요하다면

휠체어 또는 아기 캐리어는 정문 티켓 오피스 또는 포도주의 문Puerta del Vino에서 무료로 대여 가능하다. 궁전 내부에서
는 유모차를 사용할 수 없기 때문에, 유모차를 정문에 위치한 라커에 맡기면 무료로 아기 캐리어를 대여해 준다. 아기
캐리어는 '모칠라스 포르타-베베Mochilas porta-bebé'라고 부르며, 유모차를 비롯해 무거운 가방도 이곳에 같이 보관할 수
있다. 휠체어를 필요로 하는 경우, 티켓 구매 페이지의 3번째 메뉴에서 'DISCAPACIDAD〉33'을 선택하면 티켓의 가격
이 €14에서 €8로 할인 가격에 제공된다. 안달루시아 내에 위치한 라 카이사La Caixa 은행의 ServiCaixa 자동 현금 지
급기 또는 시내의 레예스 카톨리코스 거리Calle Reyes Católicos에 위치한 알함브라 샵Tienda de la Alhambra을 통해 사전에
티켓을 출력하면 번거로움을 줄일 수 있다. 티켓을 소지한 후 정의의 문Puerta de la Justicia을 통해 입장하면 이동 거리를
줄일 수 있다.

이사벨 라 카톨리카 광장

PLAZA DE ISABEL LA CATÓLICA

플라사 데 이사벨 라 카톨리카

무어인들로부터 카스티야 왕국을 되찾는 대업을 이룬 이사벨 여왕의 이름을 딴 광장인 이사벨 라 카톨리카 광장Plaza De Isabel La Católica•은 그라나다의 중심지이다. 광장 한가운데에 앉아 있는 이사벨 여왕을 '가톨릭 여왕La Católica'이라고 부르는데, 스페인을 가톨릭 왕국으로 통일하는 데에 가장 큰 기여를 했기 때문이다. 1492년 그라나다를 마지막으로 정복하여 이슬람교도들은 이베리아 반도에서 사라졌는데, 8세기 초부터 시작된 국토회복운동은 약 7세기 동안이나 계속된 것인 만큼 스페인 사람들에게는 의미가 크다. 분수대가 있는 광장 한가운데에 이사벨 1세가 앉아 있고 그 앞에는 여왕에게 청원을 하는 콜럼버스 선장의 모습이 있으며, 그라나다를 탈환하던 해인 1492년 그도 신대륙으로의 항해를 떠났다.

티엔다 데 라 알함브라 TIENDA DE LA ALHAMBRA

주소 Calle Reyes Católicos 40, 18009 Granada 전화번호 +34 902 88 80 01

알함브라의 아라야네스 중정Patio de Arrayanes에 가득한 도금양목 향이 나는 캔들, 비누, 방향제 등은 알함브라 궁전의 향기를 가져갈 수 있는 방법 중 하나이다. 그라나다 시

• 기차역을 나와 안달루세스 대로Av. de Andaluces를 지나 라 콘스티투시온 대로Av. de la Constitución에서 1, 3, 7 또는 33번 버스를 이용하면 그란 비아 데 콜론 거리Calle Gran Vía de Colón를 지나 이사벨 라 카톨리카 광장까지 이동할 수 있다.

내에 위치한 알함브라 샵에는 도서, 그림, 학용품, 기념품 등 알함브라를 비롯해 그라나다, 안달루시아에 관한 제품을 판매하고 있다. 인터넷으로 티켓을 예매한 후 이곳에 위치한 티켓마스터^{Ticketmaster} 기계에서 티켓을 출력하면 되며, 당일 입장이 아닌 경우에는 이곳에서 티켓 구입도 가능하다. 이사벨 라 카톨리카 광장에서 보도로 5분 거리에 있다.

폰테크루스 그라나다 호텔 FONTECRUZ GRANADA HOTEL

<u>주소</u> Calle Gran Vía de Colón 20, 18010 Granada　<u>전화번호</u> +34 958 21 78 10　<u>웹사이트</u> www.fontecruzhoteles.com/hotel-fontecruz-granada

대성당 건너편 그란 비아 데 콜론 거리에 위치한 폰데크루스 그라나다 호텔은 그라나다의 최고급 호텔이다. 객실 발코니에서 대성당의 야경을 마음껏 즐길 수 있으며, 광장인 이사벨 라 카톨리카 광장까지 도보로 3분 거리에 위치해 있다.

그라나다
대성당

CATEDRAL DE GRANADA
카테드랄 데 그라나다

주소 Calle Gran Vía de Colón, 5, 18001 Granada **전화번호** +34 958 22 29 59 **웹사이트** www.catedraldegranada.com **운영시간** 3월~8월 월요일~토요일 10:45~13:30, 16:00~20:00, 일요일과 공휴일 16:00~20:00 9월~2월 월요일~토요일 10:45~13:30, 16:00~19:00, 일요일과 공휴일 16:00~19:00 **입장료** €4

안달루시아에는 세비야 대성당을 비롯해 각 주도에 하나씩 총 10개의 대성당이 있다. 대부분 서고트족의 교회, 무슬림들이 남긴 사원 위에 세워진 대성당들은 여러 세기에 걸쳐 완성되거나 미완성된 채로 남겨졌다. 그 가운데 가장 아름다운 대성당을 고르라면 단연 그라나다 대성당일 것이다. 가톨릭인들과 무어인들의 마지막 격전지로 그라나다는 중요한 의미를 지니는데, 무슬림이었던 나스르 왕조의 마지막 왕국이었던 그라나다는 대성당의 건축이 안달루시아의 대성당 가운데 가장 나중에 시작될 수밖에 없었다.

〈죽기 전에 꼭 봐야 할 세계 역사 유적 1001〉(2009)에서 소개하는 유적 가운데 하나로 실린 그라나다 대성당은 안달루시아의 대성당 가운데 개인적으로 가장 아름답다고 생각하는데, 유럽을 통틀어 르네상스 양식의 성당 가운데 손꼽히는 대성당이기도 하다. 1523년에 건축이 시작되어 완성되기까지 181년이라는 기간이 걸렸는데, 대성당 외부 정면은 1667년 알론소 카노^{Alonso Cano}(1601~1667)가 바로크 양식으로 개조한 것이다. 다른 대성당과 다르게 둥근 형태를 하고 있는 그라나다 대성당의 중앙제단은 르네상스 건축가이자 조각가인 디에고 데 실로에^{Diego de Siloé}(1495년경~1563)의

작품으로, 기둥은 올림피아의 제우스 신전의 기둥과 같은 코린트 양식을 하고 있다. 코발트블루색을 한 하늘에 금색 별이 수놓아져 있는 것과 같이 고운 빛깔의 중앙제단의 성단에 가득한 스테인드글라스 장식과 조각상들이 무척 아름답다.

18세기에 만들어진 두 대의 오르간 역시도 화려한 금장식을 하고 커다란 악보를 두어 멀리서도 볼 수 있게 하였다. 중앙제단의 오른쪽으로 금박으로 화려하게 장식된 거대한 제단은 콤포스텔라의 성 야고보의 제단으로 제단 자체는 18세기에 만들어진 것이다. 말에 올라 있는 사도 야고보의 상은 바로크 시대를 대표하는 그라나다 태생의 조각가 알론소 데 메나^{Alonso de Mena}(1587~1646)의 작품으로, 양옆으로는 엘비라의 성 그레고리오^{San Gregorio de Elvira}와 엘비라의 성 세실리오^{San Cecilio de Elvira}의 모습이다. 성 세실리오는 그라나다의 수호성인으로 중앙제단 뒤에 18세기에 세워진 산 세실리오 예배당^{Capilla San Cecilio}이 있다. 기마상 머리 위에 있는 캐노피 뒤의 아주 작은 성모의 그림은 교황 이노센트 8세^{Innocentius VIII}(재위 1484~1492)가 이사벨 여왕에게 헌정한 것으로, 1492년 바티칸에서는 그라나다의 함락을 축하하는 행사가 열리기도 하였다. 그리하여 아라곤의 페르난도 2세는 '가톨릭 왕'이라는 이름을 얻게 되었다.

왕실 예배당

CAPILLA REAL

카피야 레알

주소 Calle Oficios, S/N, 18001 Granada 전화번호 +34 958 22 78 48 웹사이트 www.capillarealgranada.com 운영시간 11월~3월 월요일~토요일 10:15~13:30, 15:30~18:30, 일요일과 공휴일 11:00~13:30, 15:30~18:30 4월~10월 월요일~토요일 10:15~13:30, 16:00~19:30, 일요일과 공휴일 11:00~13:30, 14:30~18:30 입장료 €4

왕실 예배당은 이사벨 고딕 양식^{Gótico isabelino}을 따른 대표적인 건물로 말라가의 사그라리오 성당^{Iglesia de Sagrario}도 비슷한 양식을 하고 있다. 16세기 초 고딕 양식으로 지어진 왕실 예배당은 레콘키스타 이후의 카스티야 군주와 왕족들의 시신이 안장되어 있는 곳이다. 르네상스 화가 산드로 보티첼리^{Sandro Botticelli}(1445년경~1510)의 작품 〈정원에서의 고뇌^{Oración del Huerto}〉(1490년경)를 비롯해 역사적인 가치가 있는 미술품들이 전시되어 있어 작은 박물관과 같다.

16세기 그라나다가 가톨릭 왕들에게 탈환된 후, 이사벨 여왕의 명으로 세워진 왕실 예배당은 화려한 장식의 후기 고딕 건축물의 특징이 살아있으면서도 이탈리아에서 유행했던 화려한 르네상스 양식보다는 단순한 플랑드르 양식에서 더욱 영향을 많이 받았다. 왕족이었으나 신앙을 바탕으로 검소한 삶을 살았던 이사벨 여왕은 화려한 것보다는 단순한 건축 양식을 선호했다고 전해지는데, 흥미로운 것은 무데하르 장식도 눈에 띄는 것이다. 가톨릭 군주들은 왕실 예배당이 완공되는 것을 보지 못했는데, 그 전까지 이사벨 여왕과 페르난도 2세는 알함브라 궁전 안에 있는 산 프란시스코 수도원에 잠들어 있었다. 그 후 신성 로마 제국의 카를로스 5세의 재위 기간이었던 1521년 이사벨 1세의 시신을 이곳으로 옮겨왔는데, 펠리페 2세(재위 1556~1598)

때 가톨릭 군주들과 펠리페 1세와 후아나 1세를 제외한 다른 왕족들의 시신은 엘 에스코리알 사원으로 옮겨졌다. 혼인을 통해 포르투갈의 아비즈 왕조, 영국의 튜더 왕조, 오스트리아의 합스부르크, 버건디 왕가까지 유럽의 막강한 왕실과 동맹관계를 맺었던 가톨릭 군주들의 직계후손들이 잠들어 있는 곳으로 그라나다의 왕실 예배당은 그 의미가 크다.

예배당이 세워졌던 초기에는 대성당 안에 있는 문을 통해 연결되었는데, 이 문 또한 이사벨 고딕 양식 건축물을 남긴 대표적인 톨레도의 장인 엔리케 에가스Enrique Egas(1455년경~1534)의 작품이다. 납골당의 제단Retablo-relicario은 대성당 안에 있는 사도 야고보의 기마상을 남긴 알론소 데 메나(1587~1646)의 작품으로, 카를로스 5세와 포르투갈의 이사벨 조각을 새긴 화려한 금장식의 그림과 함께 예배당을 화려하게 장식하고 있다. 예배당 안에는 15세기부터 전해지는 성물을 비롯해 회화 작품들이 전시되어 있는데 우리에게도 잘 알려진 르네상스 시대의 이탈리아 화가 산드로 보티첼리의 작품 〈정원에서의 고뇌Oración del Huerto〉(1490년경)가 눈에 띈다. 피를 흘리는 예수를 그린 작품 〈십자가에서 내려온 그리스도Descendimiento de la Cruz〉(1475년경)를 남긴 플랑드르 회화의 대가인 한스 멤링Hans Memling(1430~1494)은 이사벨 여왕이 총애하던 화가 중 한 명이었다.

'가톨릭 여왕'이라고 불리는 이사벨 1세(1451~1504)는 카스티야 역사에서 역사책에 가장 많이 언급되는 군주로 그녀를 빼놓고서는 스페인의 역사를 논할 수가 없다. 독실한 가톨릭 신자인 그녀는 카스티야와 왕국을 통일하며 1479년 페르난도 2세와의 결혼을 통해 카스티야와 아라곤 왕국을 하나로 만드는 데 공헌하였다. 1492년 레콘키스타를 성공적으로 이끌어 교황은 그들에게 '가톨릭 군주'라는 칭호를 부여했다. 이복오빠인 엔리케 4세를 이어 왕위를 계승하기 위하여 여왕은 조카인 카스티야의 왕녀 후아나 라 벨트라네하Juana la Beltraneja(1462~1530)와 카스티야 왕위를 놓고 전쟁을 벌였다. 엔리케 4세의 외동딸인 후아나를 후계자로 삼았으나 그녀의 생부가 엔리케가 아니라는 소문에 휩싸여 후아나는 여왕의 자리가 아닌 수도원에서 여생을 보냈다. 그라나다를 함락시킨 후 여왕은 새로운 문장을 갖게 되었는데, 종전의 것에 석류와 라틴어 문구 'tanto monta'를 새겨 넣었다. 문장의 라틴어 문구는 결혼은 했지만 여왕과 페르난도 2세가 각자의 왕국에 대해서는 '동등한 권력을 지닌다'라는 의미이다.

그라나다에서 가장 오래된 바 바르 세비야 Bar Sevilla

주소 Calle Oficios, 12, 18001 Granada 전화번호 +34 958 22 12 23 웹사이트 www.restaurantesevilla.es 영업시간 일요일 12:00~16:30, 월요일~토요일 9:30~24:00

그라나다 태생의 시인 페데리코 가르시아 로르카Federico García Lorca(1898~1936), 그리고 스페인 최고의 근대 작곡가 마누엘 데 파야Manuel de Falla(1876~1946)와 같은 20세기를 대표하는 예술인들이 자주 드나들던 곳이다. 1930년 개업한 그라나다에서 가장 오래된 바의 내부는 플라멩코 무용수 카르멘 아마야Carmen Amaya(1913~1963), 투우사 마놀레테Manolete(1917~1937)의 사진으로 장식되어 있다. 스페인식 오믈렛 '토르티야Tortilla'가 유명하며 플라멩코 공연이 있는 저녁에 와인을 마시기 좋은 곳이다. 그라나다에서 가장 오래된 지역인 왕실 예배당의 바로 앞에 위치하였다.

빕-람블라 광장 Plaza de Bib-Rambla

성벽으로 둘러싸인 그라나다로 진입하는 통로 가운데 하나였던 빕-람블라 광장은 나스르 왕조 시대에 세워진 광장이다. 워싱턴 어빙이 그라나다를 방문했던 1800년대에는 시장이었는데, 지금은 꽃의 광장Plaza de las Flores라는 이름으로도 불린다. 거인들의 분수대 Fuente de los Gigantes라는 이름과 같이 광장의 한가운데에 서 있는 커다란 분수대는 17세기에 세워진 것으로, 분수대 가장 위에는 로마 신화에 나오는 바다의 신 넵투누스의 모습이다.

그라나다에서 가장 오래된 카페 레체리아 빕 람블라 Café Lechería Bib-Rambla

<u>주소</u> Plaza Bib-Rambla 3, 18001 Granada   <u>전화번호</u> +34 958 25 68 20   <u>웹사이트</u> www.cafebibrambla.com   <u>영업시간</u> 매일 8:00~23:00

우유와 초콜릿 향기가 나는 빕-람블라 광장에 위치한 카페 빕-람블라는 그라나다에서 가장 오래된 커피 전문점이다. 20세기 초인 1907년 개업한 이후로 전쟁 중에도 영업을 중단하지 않았으며 줄곧 이 자리를 지키고 있다. 커피를 비롯해 스페인 사람들이 가장 즐겨 먹는 디저트 가운데 하나인 추로스Churros와 초콜라테Chocolate가 주메뉴로 4유로의 부담 없는 가격에 즐길 수 있다. 왕실 예배당을 나와 오피시오스 거리Calle Oficios의 바르 세비야 방향으로 300m 거리에 있다.

레예스
카톨리코스 거리

CALLE REYES CATÓLICOS

카예 레예스 카톨리코스

GRANADA 그라나다

'가톨릭 군주'를 가리키는 '레예스 카톨리코스'라는 이름의 이 거리는 그라나다에서 가장 오래된 제과점에서부터 신발 상점까지 그라나다의 역사가 함께하는 곳이다. 푸에르타 레알과 누에바 광장Plaza Nueva까지 연결되는 레예스 카톨리코스 거리는 쇼핑의 중심지이다.

파스텔레리아 로페스-메스키타 PASTELERÍA LÓPEZ - MEZQUITA

주소 Calle Reyes Católicos 39, 18001 Granada 전화번호 +34 958 22 12 05 웹사이트 www.pastelerialopezmezquita.com

그라나다 태생의 화가 호세 마리아 로페스 메스키타José María López Mezquita(1883~1954)의 이름을 딴 파스텔레리아 로페스-메스키타는 그라나다에서 가장 오래된 제과점이다. 1862년부터 이 자리에서 3대째 수제 과자를 만들어 온 이 제과점에서는 최고의 전통 파이, 과자를 만들어 낸다. 추천하고 싶은 메뉴는 크림에 딸기를 얹은 파이 '타르타 데 프레사Tarta de fresa'인데, 퍼프가 무척 얇고 고소하며 달지 않다. 오전 9시경에 오픈하여 관광을 시작하기 전 간단한 아침 식사를 하기에 좋다. 내부에는 화가 로페스-메스키타가 이사벨 2세의 딸인 보르본 왕녀 이사벨Infanta Isabel de Borbón과 그녀의 시녀 나헤라 후작부인Marquesa de Nájera을 그린 작품(1915)이 벽에 장식되어 있다. 제과류 이외에도 그라나다 지방에서 생산되는 다양한 올리브유 제품을 취급하고 있다.

칼사도스 마시아 CALZADOS MACIÁ

<u>주소</u> Calle Reyes Católicos 34, 18009 Granada   <u>전화번호</u> +34 958 22 53 70   <u>영업시간</u> 월요일~금요일 9:45~13:30, 17:00~20:30, 토요일 10:00~13:45

1904년부터 남성용 수제화를 만드는 장인의 상점으로 시작하여 100년이 넘은 칼사도스 마시아에서는 스페인산 가죽으로 만든 엄선된 구두를 취급하고 있다. 10대부터 평생 신발을 찾는 고객들을 접하며 쌓은 노하우를 통해 고객들이 정확한 사이즈를 찾을 수 있게 도와주는 할아버지 점원들이 언제나 기다리고 있어 안심하고 쇼핑할 수 있는 곳이다.

미겔 무뇨스 호예로스 MIGUEL MUÑOZ JOYEROS

<u>주소</u> Calle Reyes Católicos 29, 18001 Granada   <u>전화번호</u> +34 958 22 61 39   <u>웹사이트</u> www.miguelmunozjoyeros.com   <u>영업시간</u> 월요일~금요일 10:00~13:30, 17:00~20:30, 토요일 10:00~13:30

미겔 무뇨스 호예로스는 오데마르 피게Audemars Piguet, 브리틀링Breitling, IWC, 예거-르쿨트르Jaeger-LeCoultre 등 고급 시계를 취급하는 상점이다. 보석학 디플로마를 가지고 있는 라켈 무뇨스Raquel Muñoz 3대째 가업을 이어 품질에 대한 신용도가 높아 단골고객들이 즐겨 찾는다. 레예스 카톨리코스 거리를 비롯해 사카틴 거리Calle Zacatín의 23번지 등 여러 지역에 3개의 상점을 운영하고 있다.

앙헬 가니벳 거리

CALLE ÁNGEL GANIVET

카예 앙헬 가니벳

이사벨 라 카톨리카 광장을 뒤로하고 레예스 카톨리코스 거리Calle Reyes Católicos와 푸에르타 레알Puerta Real이 만나는 지점에 앙헬 가비닛 거리Calle Ángel Ganivet가 있다. 30대의 젊은 나이에 생을 마감한 그라나다 태생의 작가이자 외교관이었던 앙헬 가니벳 가르시아Ángel Ganivet García(1865~1898)의 이름을 딴 이 거리에는 여러 브랜드를 판매하는 편집매장과 같은 작은 상점들로 가득하다.

푸에르타 레알

앙헬 가니벳 거리

왼쪽-멜리아 그라나다, 오른쪽-아닉&콜레트

GRANADA 그라나다

멜리아 그라나다 MELIÃ GRANADA

주소 Calle Ángel Ganivet, 7, 18009 Granada 전화번호 +34 902 14 44 40 웹사이트 www.melia.com/en/hotels/spain/granada/
melia–granada

그라나다 중심에 있는 4성급 호텔로 밤에는 시내라고 믿기지 않을 만큼 조용하다. 객실 위치에 따라 멀리 사크로몬테의 전망이 보이기도 하는데, 쇼핑과 맛집을 방문하기에 좋은 위치에 있다.

라 카스테야니 LA CASTELLANA

주소 Calle Almona del Campillo 3, 18009 Granada 전화번호 +34 958 225 910 웹사이트 www.lacastellanarestaurante.com
영업시간 일요일 휴무, 월요일~토요일 13:00~17:00, 20:00~24:00, 단 금요일 20:00~1:00

점심시간인 오후 1시에 영업을 시작하는 이 레스토랑은 샌드위치, 햄버거, 피자와 같이 간편하게 먹을 수 있는 음식이 주메뉴로, 400여 종이 넘는 스페인 와인을 가지고 있다. 신선한 날소고기로 만든 솔로미요 카르파초^{Carpaccio de Solomillo}는 이탈리아에서 유래한 음식인데, 육회를 즐긴다면 먹어볼 만하다.

라 콘데사 LA CONDESA

주소 Calle Ángel Ganivet 3, 18009 Granada 전화번호 +34 958 22 39 89 웹사이트 www.lacondesamodas.es 영업시간 월요일
~금요일 10:00~13:30, 17:00~20:30, 토요일 10:00~14:00, 17:00~20:30, 일요일 휴무

50년의 전통을 가지고 있는 라 콘데사는 신생아에서부터 18세까지의 의류, 신발, 잠옷을 비롯해 기저귀 가방이나 담요 같은 아기 엄마에게 필요한 다양한 제품을 취급한다. 의류는 물론 여름에는 다양한 디자인의 수영복이 많은 편으로, 7~8월 세일 기간에는 좀 더 저렴한 가격에 구매할 수 있다.

아닉 & 콜레트 ANNICK & COLETTE SHIRTMAKERS

주소 Calle Ángel Ganivet 3, 18009 Granada 웹사이트 www.annickandcolette.com

프레피 룩과 같이 캐주얼하면서도 클래식한 영국의 옥스브릿지 룩에 어울리는 셔츠

를 전문적으로 만드는 브랜드인 아닉 & 콜레트는 스페인 내에 마드리드와 그라나다 두 곳에만 상점이 있다. 소량으로 생산하여 디자인이 다양하지는 않지만 체크나 스트라이프 패턴의 현대적인 컬러가 돋보이며 면 소재의 촉감이 좋다.

런던 룸 LONDON ROOM

주소 Calle Ángel Ganivet, 18009 Granada 전화번호 +34 958 22 13 39 웹사이트 www.londonroom.es 영업시간 월요일~금요일 10:00~14:00, 17:00~21:00, 토요일 11:00~14:30

위타드Whittard의 차, 크랩트리 앤 에블린Crabtree & Evelyn의 스킨케어 제품, 해로즈 백화점 Harrod's의 쇼퍼백 등을 취급하는 런던 룸은 영국을 대표하는 제품으로 가득하다. 이를 비롯해 세비야를 대표하는 도자기 카르투하 데 세비야Cartuja de Sevilla, 카디스에서 만들어지는 도자기 알모라이마Almoraima까지 선물 쇼핑을 하기에 좋은 곳이다.

NH 빅토리아 NH VICTORIA

주소 Calle Puerta Real de España 3, 18005 Granada 전화번호 +34 958 53 62 16 웹사이트 www.nh-hotels.com/NH-Victoria

푸에르타 레알에 위치한 4성급 호텔로, 쇼핑거리인 앙헬 가니벳 거리, 레예스 카톨리코스 거리 그리고 대성당까지 도보로 5분 거리에 있다. 시내 중심에 위치해 있으며 주변에 레스토랑과 카페 등이 즐비하여 식사를 하기에 편리한 위치이다.

누에바 광장

PLAZA NUEVA

플라사 누에바

레예스 카톨리코스 거리를 따라 이사벨 라 카톨리카 광장에서 푸에르타 레알의 반대 쪽으로 가면 누에바 광장이 나온다. 그라나다에서 가장 오래된 광장인 이곳은 무척 번화한 곳으로 젊은이들이 가득하다. 북쪽의 엘비라 거리^{Calle Elvira}를 따라가면 그라나 다가 한눈에 들어오는 알바이신^{Albaycin} 언덕으로 올라갈 수 있다.

왼쪽 위, 아래-고메레스 비탈길
오른쪽 위-석류의 문을 지나 궁전으로 이어지는 길. 오른쪽 아래-석류의 문

석류의 문 PUERTA DE LAS GRANADAS

광장의 남쪽인 고메레스 비탈길Cuesta de Gomérez을 올라가면 알함브라의 숲과 연결되는 문이 있는데, 석류의 문Puerta de las Granadas이라고 한다. 알함브라 궁전의 카를로스 5세의 궁전과 함께 16세기에 세워진 르네상스 양식의 문으로 그라나다를 상징하는 석류 열매로 장식되어 있다. 비탈길 양옆으로는 엽서, 포스터, 장식품과 같은 기념품을 파는 상점들이 줄을 잇는다. 석류의 문을 지나면 궁전으로 이어지는 숲이 나오는데 공

기가 좋기 때문에 자전거를 타거나 하이킹을 즐기는 사람들도 많다. 사이프러스 나무가 가득한 숲에 새들이 지저귀는 소리를 들으며 궁전까지 걷는 기분은 산뜻함을 넘어 황홀할 정도이다.

석류 Granada

알함브라 궁전이 있는 도시 그라나다Granada는 스페인어로 '석류'를 뜻한다. 무어인들이 그라나다로 전해온 과일로 13세기부터 도시를 '그라나다'라고 부르게 되었다. 고대 로마인들이 '페니키아 사과Punicum malum'라고 부르던 석류는 경작되는 과일로서 가장 오래된 역사를 가지고 있다. 1492년 그라나다를 함락시킨 이사벨 여왕은 그라나다를 상징하는 석류 열매를 손에 들고 "나는 씨앗 하나부터 끝까지 안달루시아를 되찾을 것이다."라는 말을 했다고 전해진다. 이웃나라 영국으로는 수많은 왕비를 두었던 스캔들의 주인공 영국의 헨리 8세가 이사벨 여왕의 딸인 아라곤의 캐서린(1485~1536)과 결혼하며 전해지게 되었다.

아르테사니아스 곤살레스 ARTESANÍAS GONZÁLEZ

<u>주소</u> Cuesta de Gomérez 2, 18009 Granada　<u>전화번호</u> +34 958 222 070　<u>웹사이트</u> www.artegonzalez.com　<u>가격</u> 체스판과 말 €56~110, 테이블 €100~200, 보석상자 €60~90

3대째 타라세아Taracea를 만드는 장인의 공방으로 1943년 국가에서 최고의 장인으로 인정을 받은 곳이다. 무어인들이 나무를 깎아 만드는 공예품의 전통을 이어받아 테이블, 체스, 보석상자와 같은 가구와 선물용품이 상점의 인기 아이템이다. 전 과정 수공으로 만들어지는 책상은 주문을 통해 판매되는데 완성되기까지 보통 두 달 정도 소요된다. 상감 수공품을 만드는 곳은 스페인 안에서도 그라나다가 유일하기 때문에 빼놓을 수 없는 기념품 아이템이다.

카레라 델 다로

CARRERA DEL DARRO

카레라 델 다로

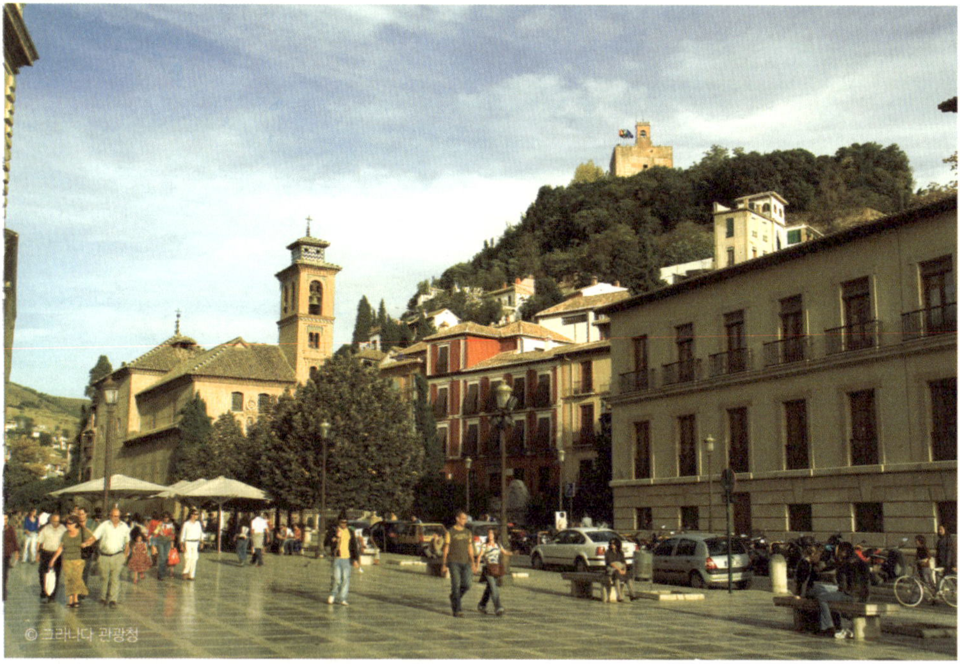

누에바 광장의 북동쪽은 산타 아나 광장Plaza de Santa Ana이다. 광장의 산타 아나 성당Iglesia de Santa Ana을 지나면 알함브라와 더불어 그라나다에서 가장 오래된 길인 카레라 델 다로Carrera del Darro에 다다른다. 오른쪽으로는 다로 강Río Darro이 흐르고 있다. 강의 이름은 고대 로마어로 황금을 뜻하는 '아우루스Aurus'에서 비롯되었는데 이 강을 유원지로 하

여 알함브라 궁전에 물을 공급하였다. 강을 가운데 두고 자갈을 깔아 만든 길을 따라 양옆으로 16~17세기에 지어진 집들이 장관을 이룬다.

산타 아나 교회 IGLESIA DE SANTA ANA

<u>주소</u> Plaza de Santa Ana 1, Granada 18009 <u>전화번호</u> +34 958 225 004 <u>미사 시간</u> 월요일 19:00, 화요일~금요일 18:00, 토요일 18:00, 일요일과 공휴일 11:30 <u>입장료</u> 무료

왕실 예배당과 같이 고딕 양식과 지붕과 종루의 아랍풍의 요소가 결합된 무데하르 양식의 산타 아나 교회는 16세기에 세워졌다. 그라나다 대성당의 중앙제단을 설계한 디에고 데 실로에Diego de Siloé(1495년경~1563)에 의해 건축되기 시작하였는데, 이 성당의 중당제단도 역시 그의 작품이다. 입장료는 무료이며 미사 시간에 일반인들에게 개방되므로 조용히 미사에 참석하여 구경하면 된다.

샤인 알바이신 SHINE ALBAYZÍN

주소 Carrera del Darro 25, 18010 Granada 전화번호 +34 958 22 44 02 웹사이트 www.shinealbayzin.com

안달루시아 전통 양식으로 지어진 16세기의 저택을 개조한 호텔로 객실에서 벨라 탑을 볼 수 있다. 누에바 광장에서 5분 거리이며 시내로 이동이 편리하다.

엘 바뉴엘로 EL BAÑUELO

주소 Carrera del Darro 31, Granada 전화번호 +34 958 027 800 운영시간 화요일~토요일 10:00~14:00 입장료 무료

고대 로마인들부터 전해진 목욕문화는 알–안달루스 시대까지 계속되었다. 엘 바뉴엘로El Bañuelo는 목욕탕을 뜻하는데 아랍인들로부터 전해졌다는 뜻으로 아랍식 목욕탕을 바뇨 아라베Baño Árabe라고 부른다. 이곳의 목욕탕은 11세기에 지어진 것으로 천장에 별 모양으로 뚫린 작은 구멍을 통해 채광을 살렸다. 아랍인들이 지은 목욕탕은 단순히 몸을 청결하게 하고 휴식을 취하는 곳이 아니다. 우리나라 사람들이 공중목욕탕에서 함께 사우나를 하며 이야기를 나누는 것처럼 아랍인들의 목욕탕은 사교의 장소였다.

사크로
몬테

SACROMONTE
사크로몬테

나는 그라나다에 살고 싶다

벨라탑의 종소리 듣는 것을 좋아하기 때문에

잠을 청할 때

벨라탑의 종을

잠을 청할 때

카레라 델 다로를 지나 차피스 비탈길Cuesta de Chapiz을 따라 올라가면 사크로몬테 거리 Camino del Sacromonte와 만난다. 코르도바 모자를 쓰고 나뭇가지로 만든 지팡이를 지고 있는 집시의 동상이 방문객들을 맞이하는 사크로몬테 언덕은 집시들이 500년 동안 지켜온 땅이다. '연기를 품는 도둑'이라는 뜻의 이름을 가진 사크로몬테의 집시 초로후모Chorrojumo(1824~1906)는 19세기 사람들에게 길을 안내하고 그라나다에 관한 설화들을 들려 주던 길잡이였다. '신성한 언덕'이라는 뜻을 가진 사크로몬테에는 아직도 모리스코들의 후손이 동굴 안에서 살아가고 있다. 좁고 구불구불한 길을 따라 올라가는 사크로몬테는 알함브라 궁전에 있는 벨라 탑Torre de la Vela에서 가장 잘 보인다. 그라나다의 집시들이 부르는 탕고스 데 그라나다Tangos De Graná●라는 플라멩코 노래도 있다.

사크로몬테 가는 방법
누에바 광장에서 버스 35번을 이용하여 사크로몬테까지 이동할 수 있으며, 소요 시간은 15분가량이다. (버스시간 11:15, 11:55, 12:35, 13:15, 13:55, 16:35, 17:15, 17:55)

카사 데 로스 티로스 박물관 MUSEO CASA DE LOS TIROS DE GRANADA

주소 Calle Pavaneras 19, 18009 Granada 전화번호 +34 600143176 웹사이트 www.museosdeandalucia.es/culturaydeporte/museos/MCTGR 운영시간 화요일~일요일 10:00~17:00, 월요일 휴무 입장료 €1.50

※ 카사 데 로스 티로스 박물관은 이사벨 라 카톨리카 광장에서 그란 비아 데 콜론 거리Calle Gran Vía de Colón를 등지고 낮은 언덕으로 된 파바네라스 거리Calle Pavaneras에 위치하고 있다.

16세기에 지어진 카사 데 로스 티로스Casa de los Tiros는 무어인 귀족들이 살던 저택이다. 나스르 왕조의 마지막 왕인 무하마드 12세의 사촌으로 군인이었던 시드 하야 엘-나야르Cid Hiaya el-Nayyar는 그라나다가 함락되기 전인 1489년 가톨릭으로 개종**하여 페드로 데 그라나다Pedro de Granada(1440년경~1506)라는 이름으로 그라나다에 남아 그라나다 베네가스Granada Venegas 가문의 시조가 되었다. 저택을 개조한 박물관에는 16세기에 그려진 그의 초상화를 비롯해 그라나다의 역사와 문화를 기록해 놓은 다양한 작품들이 전시되어 있다. '집시들의 왕'으로 불리는 초로후모Chorrojumo의 사진, 알바이신 지역에서 장인들이 만든 파할라우사Fajalauza 세라믹 공예품 등이 눈길을 끈다.

 * 안달루시아 지방에서는 그라나다를 '그라나~'라고 발음하는데, Granada의 '~da'가 묵음이 되어 Graná와 같이 표기하기도 한다.

 ** 그라나다가 카스티야 왕국의 일부가 된 후 이곳에 남아 있던 무어인들을 '모리스코Morisco'라고 부르는데, 그들은 알바이신과 사크로몬테에 정착하게 되었다.

그라나다의 마지막 무어인 왕

그림의 왼쪽에 있는 알함브라 궁전에서 태어난 무하마드 12세는 1492년 1월 2일 궁전의 열쇠를 가톨릭 왕들에게 넘겨주었다. '작은 보압딜(보압딜 엘 치코^{Boabdil El Chico})'이라는 이름으로 불렸던 무하마드 12세는 점차 기울어 가는 나스르 왕조의 마지막 왕으로, 이 그림은 힘겨운 투쟁을 벌여야 했던 그의 비운의 생애를 짐작하게 한다. 망명을 떠난 부친 물레이 하산^{Muley Hacén}을 대신하여 1482년 왕이 된 후 카스티야를 공격했지만 실패로 끝났다. 알함브라 궁전의 알카사바를 시작으로 왕국을 세운 나스르 왕조는 무려 4세기 동안 그라나다의 주인이었다. 그라나다의 함락이 중요한 이유는 이곳이 이베리아 반도에 남아 있는 유일한 무어인들의 땅이었기 때문인데, 1492년 스페인은 비로소 완전한 가톨릭 국가가 되었다. 당시 바티칸의 교황 이노센트 8세를 포함한 전 유럽은 이를 축하하였고, 가톨릭인들에게 대업을 남긴 이사벨 1세와 페르난도 2세는 '가톨릭 왕들'로 불리게 되었다. 가톨릭 왕들은 나스르 왕족들에게 그라나다에 영토를 제공하고 안전한 생활을 보장했지만, 보압딜은 타협 대신 이베리아 반도를 떠났다.

마누엘 데 파야 박물관 CASA MUSEO MANUEL DE FALLA

주소 Calle de Antequeruela Alta 11, 18009 Granada 전화번호 +34 958 22 21 88 웹사이트 www.museomanueldefalla.com
운영시간 화요일~금요일 9:00~14:30, 15:30~19:00, 토요일~일요일 9:00~14:30(9월~6월), 월요일 및 공휴일 휴무, 수요일~일요일 9:00~14:00(7, 8월) 입장료 €3

※ 고메레스 비탈길에서 우측의 안테케루엘라 바하 거리^{Calle de Antequeruela Baja}를 따라가면 낮은 언덕길에 파란 대문의 집이 보인다. 그라나다의 전통 가옥인 카르멘^{Carmen} 안에 위치한 박물관으로, 대문에 설치되어 있는 종을 울리면 관리인이 나와 문을 열어 준다.

스페인을 대표하는 카디스 태생의 작곡가 마누엘 데 파야^{Manuel de Falla}(1876~1946)는 오케스트라 음악, 오페라 등 스페인과 안달루시아를 테마로 하는 다양한 작품을 남

겼다. 그는 알바이신Albaicín을 배경으로 하는 오페라 작품 〈짧은 인생〉•(1905)을 시작으로 〈사랑은 마법사El amor brujo〉(1915), 〈삼각 모자El sombrero de tres picos〉(1917)와 같이 안달루시아의 집시를 주인공으로 하는 작품을 남겼다. 그를 기념하는 박물관이 고향이 아닌 그라나다에 있는 이유는 그가 1939년 아르헨티나로 떠나기 전까지 이 집에 살았기 때문인데, 평생 독신으로 누이와 함께 여생을 보냈다. 평소에 몸이 약해 갖가지 약을 필요로 했던 그가 살던 방에는 아직도 약 상자들이 보관되어 있으며, 아직도 누군가 살고 있을 것만 같이 잘 정돈되어 있다. 스페인을 대표하는 최고의 예술인들이 모이던 집의 거실은 시인 페데리코 가르시아 로르카Federico García Lorca(1898~1936)를 비롯해 클래식 기타의 거장인 안드레스 세고비아Andres Segovia(1893~1987) 등이 자주 찾았던 역사적인 장소이다. 아르헨티나에서 사망한 후 그의 유해는 스페인으로 돌아와 고향 카디스의 대성당 아래 잠들어 있다.

• 오페라 〈짧은 인생 La Vida Breve〉(1905)
살루드Salud라는 알바이신의 집시 소녀가 부유한 청년 파코Paco와 사랑에 빠지게 되며 실연을 당하는 비극적인 내용의 오페라이다.

그라나다에서 다른 지역으로 이동하기

코르도바, 세비야에서 그라나다까지는 하루에 4~5편 정도로 운행횟수가 빈번하지 않으니 그라나다로 이동하거나 그라나다에서 다른 도시로 이동할 경우 시간을 여유 롭게 잡길 바란다.

그라나다 기차역 Estación de Granada

주소 Avenida de los Andaluces, 18014 Granada 전화번호 +34 902 432 343

코르도바 – 그라나다
렌페Renfe 소요시간 2시간 30분. 요금 €34~38

세비야 – 그라나다
렌페Renfe 소요시간 3시간 10분. 요금 약 €30

기차역을 나와 안달루세스 대로Av. de Andaluces를 지나 라 콘스티투시온 대로Av. de la Constitución에서 1, 3, 7 또는 33번 버스를 이용하면 그란 비아 데 콜론 거리Calle Gran Vía de Colón를 지나 시내 중심인 이사벨 라 카톨리카 광장Plaza De Isabel La Católica까지 이동할 수 있다.

그라나다 주변 탐방 ① 구아딕스 Guadix

아직도 주민의 반 정도는 지하 동굴에 살고 있는 마을인 구아딕스는 러시아의 작가 파스테르나크(1890~1960)가 쓴 소설을 바탕으로 만든 영화 〈닥터 지바고Doctor Zhivago〉(1965)의 배경이 되었던 곳이다. 영화가 만들어지던 당시 소비에트 공산정권의 반대에 따라 영화를 해외에서 제작하게 되었는데, 눈보라가 치는 장면은 태양이 쨍쨍한 여름이었다고 한다. 구아딕스는 스페인에서도 가장 오래된 가톨릭 교구 가운데 하나로 손꼽히며 그 역사는 1세기경까지 거슬러 올라간다. 카디스 태생의 작곡가 마누엘 데 파야의 음악과 함께 발레 작품으로 더욱 잘 알려져 있는 소설 〈삼각모자〉(1874)를 쓴 작가 페드로 데 알라르콘Pedro de Alarcon이 1833년 이 마을에서 태어났다.

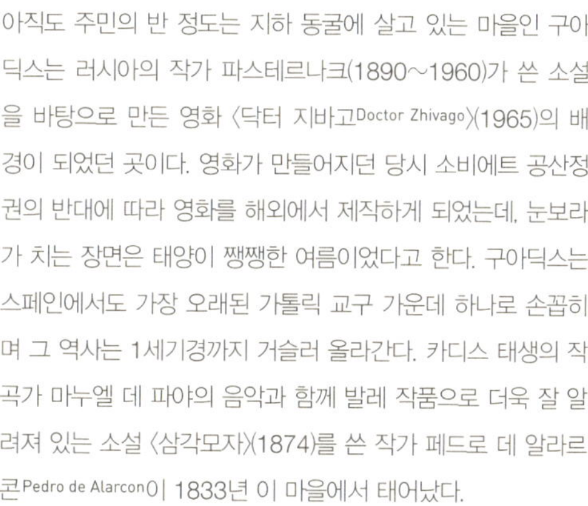

© 그라나다 관광청

구아딕스 대성당
Catedral de la Encarnación de Guadix

주소 Plaza Catedral, 18500 Guadix 전화번호 +34 958 66 28 04 웹사이트 www.catedraldeguadix.es 입장료 €5 운영시간 10월~3월 월요일~토요일 10:30~14:00, 16:00~18:00, 일요일 18:00~20:00 4월~5월 월요일~토요일 10:30~14:00, 16:00~18:30, 일요일 19:00~21:00 6월~9월 월요일~토요일 10:30~14:00, 16:00~19:30, 일요일 19:30~21:00

그라나다 대성당의 모습과 닮아 있는 바로크 양식의 구아딕스 대성당Catedral de la Encarnación de Guadix은 서고트족의 교회와 무슬림들의 모스크가 있던 자리에 세워진 것으로, 지금의 모습은 그라나다 대성당을 디자인한 디에고 데 실로에의 작품이다. 성당이 세워지기 전인 15세기 말 이 작은 마을에서 태어난 페드로 데 멘도사Pedro de Mendoza(1487~1537)는 지금의 아르헨티나 수도인 부에노스 아이레스Buenos Aires를 세웠다.

© 그라나다 관광청

칼라오라 성 Castillo de La Calahorra

주소 Calle de San Sebastián, 18512 La Calahorra 전화번호 +34 958 677098 운영시간 매주 수요일 10:00~13:00, 16:00~18:00

구아딕스의 남쪽으로 19km 떨어진 거리에 위치한 칼라오라 성Castillo de la Calahorra은 16세기에 세워진 것으로, 이탈리아 밖에서 세워진 최초의 르네상스 건축물 가운데 하나이다.

가톨릭 왕들이 레콩키스타의 일원이 되었던 멘도사 추기경Cardenal Pedro González de Mendoza(1428~1495)에게 헌정한 칼라오라 성은 그의 아들 로드리고Rodrigo Díaz de Vivar y Mendoza(1466년경~1523)가 물려받아 현재의 모습에 이르게 되었다. 이탈리아 건축에 심취하였던 그는 여행에서 돌아오면서 건축가와 장인들을 데려와 성을 건축하게 되었다. 구아딕스에서 칼라오라 성까지 가는 버스가 평일에는 하루 3회(12:30, 13:00, 19:15), 주말에는 하루 1회(12:30) 운행한다.

그라나다 주변 탐방 ② 하엔 Jaén

15세기 안달루시아의 민요 〈하엔의 세 명의 무어인 소녀들Tres Morillas de Jaén〉를 통해 올리브를 따는 하엔의 소녀들의 이야기가 전해진다. 그라나다에서 북쪽으로 한 시간 거리에 있는 하엔은 스페인 최대의 올리브 생산지로, 전체 생산량의 70%가 이 지방에서 생산된다. 올리브 경작은 하엔의 가장 중요한 산업으로, 하엔에서는 올리브유를 '황금 액체'라고 부른다. 약간 씁쓸한 맛이 나는 오히블랑카Hojiblanca와는 달리 하엔에서 생산되는 올리브 품종인 피쿠알Picual은 맛이 달콤한 편이다. 유네스코가 지정한 세계유산의 도시인 바에사Baeza에는 올리브 문화 박물관Museo de la Cultura del Olivo이 있다. 성자 페르난도 3세가 1246년 하엔을 탈환한 후 옛 모스크가 있던 자리에 세운 하엔 대성당Catedral De Jaén에는 성 베로니카가 예수를 닦아 주었다는 수건이 보관되어 있다. 파사드 중앙에 칼을 들고 있는 조각상이 성 페르난도의 모습으로, 하엔 대성당은 안달루시아를 대표하는 세비야 대성당보다 먼저 대성당의 모습을 갖추었다. 가톨릭 왕들의 시조가 되었던 카스티야의 엔리케 2세 Enrique II(1334~1379)는 14세기 군사적 요충지였던 하엔 시의 모토를 '매우 고귀하고 충성스러운 하엔 시(市) 카스티야 왕국을 보호하고 방어하라'라고 정했다. 군사요새로 사용되었던 13세기에 세워진 산타 카탈리나 요새는 현재 파라도르 호텔로 사용되고 있으며, 하엔의 전망이 한눈에 들어오는 곳이다.

하엔 대성당 Catedral de Jaén

주소 Plaza Santa María, 23002 Jaén 전화번호 +34 953 234 233 웹사이트 www.catedraldejaen.org 운영시간 10월~6월 월요일~금요일 10:00~14:00, 16:00~19:00, 토요일 10:00~14:00, 16:00~18:00, 공휴일 및 일요일 10:00~12:00, 16:00~18:00 7월~9월 월요일~금요일 10:00~14:00, 17:00~20:00, 토요일 10:00~14:00, 17:00~19:00, 공휴일 및 일요일 10:00~14:00 입장료 €5

대성당에 보관되어 있는 '라 베로니카La Verónica'는 14세기 이탈리아 시에나에서 가져온 것으로 전해지는데, 성 금요일과 복되신 동정 마리아 승천일 축제 때 일반에 공개된다. 바로크 양식의 파사드가 특히 돋보이는데, 9명의 성인의 조각상은 모두 바로크 시대 최고의 조각가 페드로 롤단의 작품이다.

파라도르 데 하엔 Parador de Jaén

주소 Carretera Castillo de Santa Catalina, 23002 Jaén 전화번호 +34 953 23 00 00 웹사이트 www.parador.es/en/paradores/parador-de-jaen

파라도르Parador는 역사적 건조물을 개장한 국영 호텔을 의미하는데, 성 카탈리나 성의 일부로 하엔의 파라도르는 1968년에 세워졌다. 호텔의 레스토랑에서는 하엔의 전통음식인 아호 블랑코Ajo blanco라는 이름의 수프Sopa, 피피라나Pipirrana라고 불리는 샐러드 등을 맛볼 수 있다.

우베다의 역사지구는 르네상스 시대의 최고의 건축물들이 남아 있는 곳이다. 역사지구의 중심은 바스케스 데 몰리나 광장Plaza Vázquez de Molina으로 스페인 국영호텔인 파라도르가 이곳에 자리하고 있다. 살바도르 성당Iglesia del Salvador, 산타 마리아 성당Iglesia de Santa Maria은 우베다를 상징하는 건축물로 르네상스 시대에 세워졌다. 도시 한복판의 시청 광장Plaza del Ayuntamiento에는 아랍인들이 남긴 세라믹 공예의 명맥을 잇고 있는 도기 장인의 공방을 비롯해 수공예품을 판매하는 상점들이 가득하다. 시청 광장의 북쪽의 레알 거리Calle Real에는 '에스파르토 풀'을 이용하여 만드는 수공예품을 파는 상점이 있다.

▶ 그라나다에서 우베다까지 버스를 이용하면 2시간 30분 정도 소요되는데, 교통이 편리하지 못하기 때문에 렌터카를 이용하여 그라나다에서부터 하엔을 거쳐 이동하는 것이 편리하다. 우베다에서 마드리드로 이동할 경우 버스로 30분 거리에 있는 리나레스—바에사Linares-Baeza 역까지 이동한 후, 렌페를 이용하여 마드리드의 아토차 역까지 3시간 정도면 도착할 수 있다.

© Evan Guillen

© Evan Guillen

파라도르 데 우베다 Parador de Úbeda

<u>주소</u> Plaza de Vázquez Molina, 23400 Úbeda <u>전화번호</u> +34 953 75 03 45
<u>웹사이트</u> www.parador.es/es/parador-de-ubeda

바스케스 데 몰리나 광장에 위치한 우베다의 파라도르 호텔은 16세기에 세워진 저택을 개조한 것으로, 고급스러운 르네상스 양식이 돋보인다. 시내 중심에 위치하여 관광객들에게 편리하다.

알파레리아 티토 Alfarería Tito

<u>주소</u> Plaza del Ayuntamiento 12, 23400 Úbeda <u>전화번호</u> +34 953 75 13 02 <u>웹사이트</u> www.alfareriatito.com

영화 〈알라트리스테Alatriste〉(2006)에 사용되었던 도기 소품을 만든 장인 파코 티토Paco Tito는 국가에서 훈장을 수여받은 최고의 장인이다. 우베다 태생의 장인이었던 아버지에게서 기술을 전수받아 아랍인들의 전통방식으로 세라믹 도기 공예품이 그의 손을 거쳐 재현되고 있다. 발렌시아 거리Calle Valencia에 있는 도기 박물관에는 장인의 가족들이 만든 소중한 작품들이 전시되어 있다.

아르테사니아 델 에스파르토 ARTESANÍA DEL ESPARTO

주소 Calle Real 48, 23400 Úbeda

에스파르트 풀을 이용해 만드는 짚신이나 바구니와 수공예품을 아르테사니아 델 에스파르토Artesanía del esparto라고 하는데, 11세기 무어인들이 전해온 이후로 지금까지 전해지고 있다.

© Evan Guillen

하엔의 도시 탐방 : 바에사 Baeza

우베다와 함께 유네스코가 지정한 세계유산의 도시인 바에사Baeza 역시 르네상스의 향기가 짙은 도시로, 바에사 대성당이 있는 산타 마리아 광장의 밤은 시간을 거슬러 올라가는 것만 같다. 17세기를 배경으로 하는 영화 〈알라트리스테Alatriste〉(2006)는 우베다와 바에사를 배경으로 하였다. 바로크 시대의 스페인 건축과 역사를 들여다볼 수 있는 이 영화는 허구의 인물인 중세기사 알라트리스테Alatriste가 주인공으로 등장하는 소설을 바탕으로 재구성하였다.

© Wikipedia

바에사 대성당 Catedral de Baeza

주소 Plaza de Santa María, 23440 Baeza **전화번호** +34 953 74 41 57 **운영시간** 월요일~일요일 10:00~14:00, 16:00~19:00 **입장료** €4

바에사 대성당은 성당 앞의 산타 마리아 분수대Fuente de Santa María와 함께 16세기 르네상스 양식의 건축물이다. 산타 마리아 분수대는 안달루시아에서 가장 아름다운 분수대로 손꼽히는데, 기둥 위로 건물의 파사드와 같이 생긴 형태가 무척 독특하다.

올리브 문화 박물관 Museo de la Cultura del Olivo

주소 Puente del Obispo, Baeza **웹사이트** www.museodelaculturadelolivo.com **운영시간** 봄, 가을 10:30~13:30, 16:30~19:00 여름 10:30~13:30, 17:30~20:00 겨울 10:30~13:30, 16:00~18:30 **입장료** €3.60

올리브 문화 박물관에는 올리브 농사의 역사를 보여주는 전통방식으로 올리브유를 짜는 모습을 재현해 놓았다. 지중해식 식단에서 빼놓을 수 없는 올리브유는 샐러드 드레싱과 튀김에도 이용하는데, 콜레스테롤을 낮추는 효과가 있다. 그리스인들은 올리브유를 피부와 모발에 영양을 공급하는 데 사용했는데, 그리스인들과 페니키아인들이 처음 이베리아 반도에 올리브를 전해온 것으로 알려져 있다. 고대 로마인들은 비옥한 안달루시아 지방에서 올리브를 재배하여 생산량의 대부분을 본국으로 수입하였다.

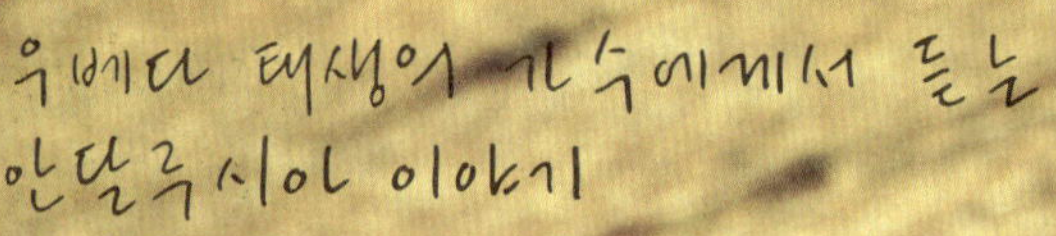

이름: 파코 오르테가 Paco Ortega

직업: 가수, 작곡가, 프로듀서, 영화 음악 감독

사는 곳: 마드리드 Madrid

추천하는 여행지: 우베다 Úbeda

나는 개인적으로 어떤 노래를 불러도 "아, 가수 000이구나." 하고 알 수 있는 독특한 목소리를 가진 가수야말로 타고난 가수라고 생각하는데, 바로 오르테가 Ortega 씨가 그 가운데 한 사람이다. 스페인 최고의 르네상스 도시 우베다 Úbeda 에서 태어난 그는 환갑을 바라보는 노장 아티스트이지만, 최근 발매한 앨범에서 들리는 그의 목소리는 변함없이 쾌청하고 감성적이라 시간의 흐름이 무색하다. 그가 음악 감독을 맡은 영화 〈소브레비비레 Sobrevivire〉(1999), 〈클레오파트라 Cleopatra〉(2003)의 O.S.T.는 스페인 영화 사상 가장 많이 판매된 앨범으로 기록에 남았다. 또한 1998년 데뷔한 플라멩코 가수 디에고 엘 시갈라 Diego el Cigala 의 첫 번째 앨범의 프로듀서를 맡아 〈운데벨 Undebel〉이라는 히트곡으로 세계적인 스타덤에 오르게 한 마이더스의 손이다. 그가 히트시킨 노래들은 안달루시아의 음악으로 플라멩코를 바탕으로 하면서도 대중적이기 때문에 많은 이들에게 사랑을 받고 있다. 플라멩코 전통가요가 아닌 플라멩코 팝은 가벼운 리듬의 '룸바 Rumba' 곡이 대부분으로, 그가 함께 작업한 아티스트들의 앨범들만 들어 보아도 스페인을 대표하는 아티스트 대부분을 다 만났다고 해도 과언이 아니다. 파코 데 루시아 Paco de Lucía, 카마론 데 라 이슬라 Camarón de la Isla, 파타 네그라 Pata Negra, 만사니타 Manzanita 와 같은 20세기 스페인을 대표하는 아티스트들은 물론 훌리오 이글레시아스 Julio Iglesias, 스티비 원더 Stevie Wonder 까지 그의 손을 거쳐 가지 않은 아티스트가 없다. 다양한 장르의 음악은 물론 플라멩코에 대한 이해를 가진 그가 개인적으로 좋아하는 플라멩코 무용수는 에바 라 예르바부에나 Eva la Yerbabuena 이다. 플라멩코를 대표하는 무용수 중 한 명인 그녀의 춤에서는 우아한 기품 속에 집시의 열정이 느껴진다. 그가 1998년 발표한 앨범의 타이틀곡인 〈칼라이토 Calaíto〉의 뮤직에 출연하여 열정적인 룸바를 보여 주었다.

영화 〈알라트리스테 Alatriste〉(2006)

17세기의 유럽은 네델란드가 스페인의 합스부르크 왕가로부터 독립하고자 벌인 80년 전쟁이 한창이었다. 펠리페 4세 Felipe IV의 기사로 등장하는 중세기사 알라트리스테를 비롯해 안달루시아 귀족가문의 올리바레스 백작, 코르도바 태생의 시인 루이스 데 공고라 Luis de Góngora(1561~1627)와 함께 양대 산맥을 이루는 바로크 시대의 시인 프란시스코 데 케베도 Francisco de Quevedo(1580~1645)와 같은 실존 인물이 등장하는 흥미로운 영화이다. 영화의 배경이었던 당시 세비야 태생의 궁정화가 벨라스케스가 남긴 작품 〈세비야의 물장수 El Aguador de Sevilla〉(1623), 〈브레다의 포위 La rendición de Breda〉(1635) 등이 등장하여 사실감을 더하였다.

1~4.
© Wikipedia

그라나다 주변 탐방 ③ 알메리아 Almería

알메리아는 사막, 바다, 아랍인들이 세운 요새가 어우러져 신비로운 광경이 펼쳐져 있는 곳으로 사막을 배경으로 하는 영화들의 촬영지로 유명하다. 안달루시아의 남동쪽 해안에 위치한 이곳은 〈아라비아의 로렌스 Lawrence of Arabia〉(1962), 〈인디아나 존스와 마지막 십자군〉(1989) 등과 같은 영화에 배경으로 등장하였는데, 다른 안달루시아의 도시들과는 분위기가 무척 다르다.

이곳 항구에서는 여객선을 이용하여 스페인 영토의 일부인 멜리야 Melilla, 오란 Oran과 같은 아프리카 해안 도시들로 이동할 수 있다. 지중해에 인접한 항구 도시인 알메리아는 유럽에서도 가장 건조한 지역인데, 일 년 내내 따뜻한 날씨 때문에 웨딩화보 촬영지로 인기 있는 곳이다. 알메리아는 10세기경 코르도바 옴미야드 왕조의 압달라흐만 3세가 세운 도시인데, 아프리카와 인접한 해안은 군사적 요충지였다. 이곳에 남아 있는 알카사바 Alcazaba는 알함브라 궁전에 있는 방어 요새 다음으로 규모가 큰데, 관광객이 붐비지 않아 아랍식 요새를 배경으로 하는 사진을 만들기에는 좀 더 적합한 곳이다.

© Miguel González Novo

CÁDIZ

El domingo de las gaditanas
que bailan el bolero

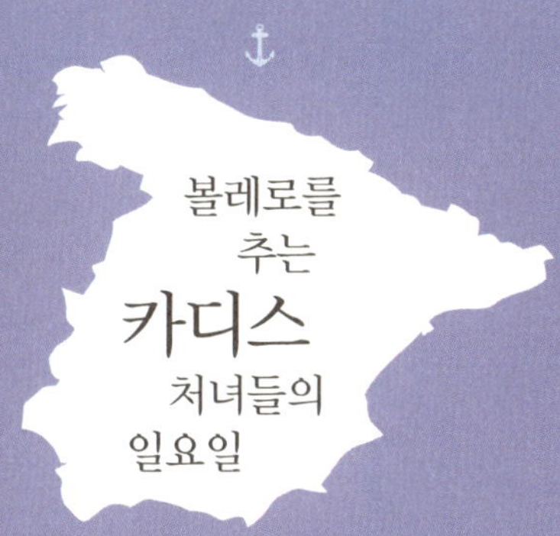

〈카디스의 처녀들〉

(중략)

우리는 볼레로를 추었지

어느 일요일 저녁이었어

우리들을 향해 한 이달고Hidago가 왔지

금실로 뒤덮인 깃털 달린 모자를 쓴

주먹을 허리에 대고 말하길.

"만일 내가 마음에 든다면

달콤한 미소의 갈색 머리 처녀야

너는 단지 내가 좋다면 말하면 돼

이 보물은 너의 것이야."

갈 길이나 가시죠, 아름다운 나으리,

카디스의 처녀들은 그런 말을 듣지 않아!

19세기 전반 프랑스 낭만파의 시인 알프레드 드 뮈세Alfred de Musset(1810~1857)는 다음과 같은 시를 남겼다. 〈카디스의 처녀들〉이라는 제목의 이 시를 프랑스의 작곡가 레오 들리브Léo Delibes(1836~1891)가 곡을 붙였고, 재즈 연주자 마일즈 데이비스는 트럼펫으로 이를 연주하기도 하였다. 3박자의 춤곡인 볼레로Bolero는 스페인 무용 세기디야Seguidilla에서 유래한 것인데, 18세기에 유럽에서 유행하던 춤이다. 화려한 모자를 쓴 '이달고Hidalgo'는 작위가 없는 하급귀족을 뜻하는데, 무역이나 상업을 통해 부를 얻은 신흥부자들이 돈을 주고 귀족지위를 사는 것도 가능했다. 그렇다 보니 사람들은 이들을 무시하기도 하였는데, 자존심 있는 카디스의 처녀들은 돈과 보물 따위로는 유혹당하지 않는다는 재미난 내용의 시이다. 도시가 한눈에 들어오는 타비라 탑La Torre Tavíra에서부터 해적들이 출몰하던 산타 카탈리나 요새Castillo de Santa Catalina까지 카디스에서 여유로운 일요일 하루를 보내 보자.

Av Carlos III
Calle Gravina
Calle Enri
Plaza Mentidero
Ca
Calle Navas
Calle Ceballos
Parador Hotel Atlántico
Pizzería La Bella
Calle Benito Pérez Galdós
Plaza Frageia
Calle Virgili
Plaza Viudas
Calle Felipe Abárzuza
Plaza Falla
Calle Doctor Marañón
Bar Nono
Calle Chile
Calle Sacra
산타 카탈리나 성
Castillo de Santa Catalina
p.314
Calle Solano
레스토란테 키야
Restaurante Quilla
p.316
La Ebanistera
Calle Barquillas de Lope
Calle San Rafael
Calle Encarnación
Av Duque de Nájera
Calle Rosa
칼레타 해변
La Caleta
p.292
Calle José Celestino Mutis
Calle Patrocinio
Calle Trinidad
Calle Belén
Herbolario la Rosa
Calle Saaga
Calle Paz
Calle
Calle José Cubiles
Restaurante La Palma
Calle Lubet
Calle Sagasta
Calle Ángel
Calle Pericón de Cádiz
칼레타의 문
Puerta de la Caleta
p.293
R. EL FARO DE CADIZ SL
Paseo Fernando Quiñones
Calle Venezuela
Av Camp
Paseo Fernando Quiñones
Av Campo del Sur

de Comillas
Paseo Alameda Apodaca
Calle Honduras
Av Nuevo Mundo
Calle Zorrilla
Calle Fermín Salvochea
Balandro
Calle Costa Rica
Calle San German
Calle México
Plaza de Mina
미나 광장
Plaza de Mina / p.306
Calle Antonio López
Calle Manuel Rancés
스페인 광장
Plaza de Espana
p.311
카디스 박물관
Museo de Cádiz
p.307
Calle Cánovas del Castillo
산 프란시스코 광장
Plaza de San Francisco / p.304
Plaza España
Plaza España
Calle Beato Diego de Cádiz
Calle Sagasta
Calle Valverde
Calle Rosario
산타 쿠에바 성당
Oratorio de Santa Cueva
p.302
Av del Puerto
Viajes Halcon
Senator Cádiz Spa
Calle Barrié
타비라 탑
La Torre Tavira
p.290
Calle Columela
Calle Feduchy
Calle Feduchy
Bar Zapata
Calle Rosario
Av Ramón de Carranza
Calle Montañés
Av del Puerto
토페테 광장
Plaza de Topete / p.300
Calle Manzanares
Burger King Cádiz
Antonio Gordillo Joyero
Calle Libertad
카사 세라핀
Casa Serafín
p.299
Calle Cobos
Calle Cristóbal Colón
Calle Nueva
Calle Obispo Urquinaona
Calle Barrocal
Calle Flamenco
Calle Plocia
카사 이달고
Casa Hidalgo
p.299
호텔 라 카테드랄
Hotel La Catedral / p.299
Plaza de Sevilla
카디스 기차역
Calle Garaicoechea
Calle San Juan
TuBoda
Calle Plocia
Av Astilleros
포니엔테 탑
Torre Poniente / p.297
Calle Soprani
Av Campo del Sur
카디스 대성당
Catedral de Cádiz
p.295
Calle San Juan de Dios
Av Cuesta de las Caleras
Calle Teniente Andújar
Calle Mirador
Calle Concepción Arenal
0   100m
288 >>> 289

타비라 탑

LA TORRE TAVIRA
라 토레 타비라

주소 C/ Marqués del Real Tesoro, 10, 11001   **전화번호** +34 956 21 29 10   **웹사이트** www.torretavira.com/en/index.php   **예약** reservas@torretavira.com   **운영시간** 10:00~18:00(10월~4월), 10:00~20:00(5월~9월), 12/25과 1/1 휴무

※ 산타 루시아 거리Calle Santa Lucía에 위치한 카디스 중앙 시장을 나와 리베르타드 광장Plaza Libertad을 따라가면 타비라 탑이 나온다. 카메라 옵스큐라의 마지막 세션은 폐관시간 30분 전이다.

CÁDIZ 카디스

카디스 여행의 시작은 도시의 전망이 한눈에 들어오는 타비라 탑에서 시작하는 것이 가장 흥미롭다. 대서양과 만나는 지역 조건으로 인하여 18세기 항구 도시로 번영하였던 카디스에는 160여 개의 감시탑이 있었다. 세비야의 무역관*이 카디스로 옮겨오면서 펠리페 5세 때에는 신대륙에서 스페인으로 들어오는 상선들이 이곳의 항구를 거치게 되었다. 상인들이 항구로 들어오는 배를 감시하기 위해 세워진 이 탑은 1778년에 세워진 것으로, 해적의 침입에 대비한 망루 역할도 하였다. 항구를 통해 포도, 올리브, 와인 등과 같은 안달루시아 지방의 특산품이 신대륙과 유럽 전역으로 수출되어 이 지역은 번영을 누릴 수 있었다. 해발 45m에 위치한 전대를 비롯해 내부에는 카메라 옵스큐라가 설치되어 있어 카디스를 파노라마로 관찰할 수 있다. 탑 정상의 전망대에서 보이는 두 개의 높은 탑과 겨자색의 돔 형태의 지붕은 카디스 대성당으로, 대성당 앞으로는 칼레타 해변^{La Caleta}이 펼쳐져 있다.

* 신대륙과의 무역을 관장하기 위해 16세기 초에 세비야에 세워진 무역관은 1717년 카디스로 옮겨 왔다.

칼레타 해변

LA CALETA

라 칼레타

 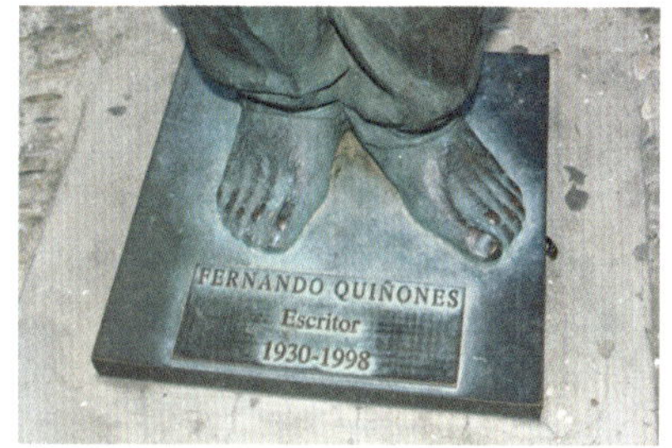

유럽의 아바나^{Havana}라고 불리는 안달루시아의 해안 도시인 카디스^{Cádiz}는 지중해에서 가장 오래된 도시 가운데 하나이다. 세비야 태생의 작가 안토니오 부르고스가 쓴 〈아바네라스 데 카디스^{Habaneras de Cádiz}〉(1984)에서 이야기하는 말레콘 해변은 쿠바의 수도인 아바나에 있는 해변으로, 그 모습이 카디스의 칼레타 해변•과 흡사하다.

페르난도 키뇨네스 거리^{Paseo Fernando Quiñones}에 있는 칼레타의 문을 지나면 해변이 펼쳐진다. 한 남성의 청동상이 거리를 지키고 있는데, 치클라나 데 라 프론테라^{Chiclana de la Frontera} 태생의 작가 페르난도 키뇨네스^{Fernando Quiñones}(1930~1998)의 모습이다. 문 옆으로 삼각지붕을 한 흰색의 집은 카디스 태생의 플라멩코 가수가 운영하는 공연장••이다.

• 타비라 탑에서 리베르타드 광장^{Plaza Libertad}을 지나 페르난도 키뇨네스 거리^{Paseo Fernando Quiñones}로 향하면 칼레타의 문^{Puerta de la Caleta}이 나온다.

•• 페냐 플라멩카 후아니토 비야르 Peña Flamenca Juanito Villar

주소 Paseo Fernando Quiñones, Cádiz 11002 **전화번호** +34 956 22 52 90 **웹사이트** pflamencajuanitovillar.blogspot.com **공연시간** 매주 금요일 저녁 9시

카디스 태생의 플라멩코 가수 후아니토 비야르^{Juanito Villar}(1947~)가 운영하는 플라멩코 공연장인 페냐 플라멩카 후아니토 비야르^{Peña Flamenca Juanito Villar}는 관광객을 상대로 하는 상업적인 공연장이 아닌 카디스의 전통 플라멩코 공연을 관람할 수 있는 곳이다. 플라멩코 삼각지대에 속하는 카디스에서 유래한 노래로는 솔레아 데 카디스^{Soleá De Cádiz}, 알레그리아스 데 카디스^{Alegrías de Cádiz}, 탕기요스 데 카디스^{Tanguillos De Cádiz} 등이 있다.

영화 제임스 본드의 시리즈 가운데 〈007 다이 어나더 데이^{Die Another Day}〉(2002)에서 아바나의 해변을 배경으로 하는 장면의 실제 장소는 이곳의 해변이다. 해변을 가득 채우는 2층으로 된 커다란 흰색 건물은 1920년대에 왕족들이 스파로 사용하던 것으로, 발네아리오 데 누에스트라 세뇨라 데 라 팔마^{Balneario de Nuestra Señora de la Palma}라고 불린다. 주인공의 모습 뒤로 보이는 산 세바스티안 성^{Castillo de San Sebastián}은 낮에는 별다른 멋이 없지만, 해가 진 후에는 묘한 하늘의 빛깔이 미스터리한 분위기를 낸다. 사진으로는 느껴지지 않는 특별한 매력이 있는 곳으로, 산책을 즐기는 사람들부터 작품과도 같은 모래성을 쌓는 소년들까지 카디스의 밤은 아름답기만 하다. 캄포 델 수르 대로^{Avenida Campo del Sur}를 따라 칼레타의 문에서부터 대성당까지 상쾌한 저녁 공기를 마시며 '카디스의 아바네라'를 들으며 걸어 보자.

위-007 다이 어나더 데이
아래-캄포 델 수르 대로

〈카디스의 아바네라^{Habaneras de Cádiz}〉(1984)

내가 잊을 수 없는 소녀가 아바나에 있었다
창문 앞은 카디스처럼
그 아침 나는 주시할 수 있었다.
칼레타 해변의 고요한 은빛 파도
그 거리의 바위를 부수는
그 입구의 흔들거림
그곳은 말레콘^{El Malecón}이라고 부른다.
칼레타 해변의 파도
내 사랑 하나는 아바나에, 또 하나는 안달루시아에…

– 안토니오 부르고스^{Antonio Burgos}(1943~) –

© 카디스 관광청

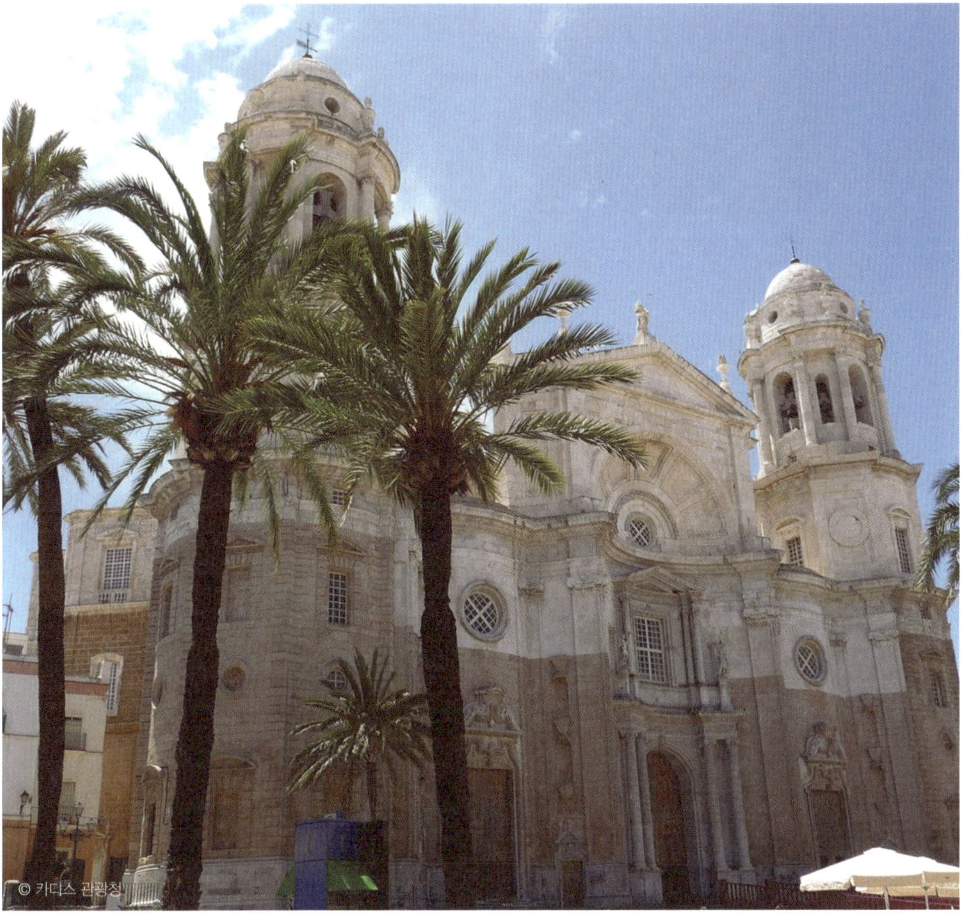

주소 Plaza Catedral, 11005 Cádiz **전화번호** +34 956 28 61 54 **웹사이트** www.catedraldecadiz.com **운영시간** 월요일~토요일 10:00~19:00, 일요일 13:00~19:00 **휴무일** 1/1, 1/6, 12/25 **입장료** €5

※ 칼레타 해변에서 동쪽으로 캄포 델 수르 대로Av. Campo del Sur를 따라가다 보면 둥근 돔형의 노란색 지붕이 보인다. 두 개의 높은 탑과 함께 멀리에서도 눈에 들어오기 때문에 지도를 보지 않더라도 그냥 지나치기가 어렵다.

노란색 지붕이 인상적인 바로크 양식의 카디스 대성당은 18세기에 세워졌다. 원래는 지금의 대성당 옆에 서 있는 산타 크루스 성당Iglesia de Santa Cruz이 대성당이었지만, 화재로 인해 손실된 후 새로이 대성당이 들어섰다. 이 성당에는 아버지에 이어 유명한 바로크 조각가 루이사 롤단Luisa Roldán(1652~1706)의 작품이 여러 점 남아 있다. 역사에서는 드문 여류 조각가인 루이사 롤단은 아버지인 페드로 롤단Pedro Roldán에게서 조각을 배운 후 고향인 세비야를 떠나 카디스로 옮겨갔다. '라 롤다나La Roldana'라는 별칭으로 불리는 그녀는 대성당 안에 있는 산 세바스티안 예배당Capilla De San Sebastián 안에 '에케 호모Ecce Home'를 주제로 한 명작을 남겼는데, 유대인들을 탄압하던 빌라도가 가시관을 쓰고 "이 사람을 보아라"라고 하는 장면을 묘사한 것이다. 이를 비롯하여 카디스의 수호성인*인 산 세르반도San Servando와 산 헤르만San Germán의 조각상을 남겼다. 노

* 3세기경 엑스트레마두라 지방의 메리다Mérida에서 태어난 형제인 수호성인들은 비슷한 모습을 하고 있다. 오른손에 십자가를 들고 있는 조각상이 방어를 하는 산 세르반도San Servando이다. 왼손에 십자가를 들고 있는 산 헤르만San Germán은 전사(戰士)를 상징한다.

년에는 수도인 마드리드로 거처를 옮겨 카를로스 2세[Carlos II]와 펠리페 5세[Felipe V]의 궁
정 조각가로도 활동하였다.

성당의 지하 납골당에는 스페인을 대표하는 작곡가 마누엘 데 파야[Manuel de Falla](1876
~1946)가 묻혀 있다. 카디스 태생의 그는 마드리드로 떠나기 전까지 미나 광장에 살
았으며, 파리에서 유학한 후에는 그라나다에서 생활하였다. 공산정권이 들어선 후
고국을 떠나 아르헨티나에서 생을 마감하였는데, 그의 시신은 고향으로 돌아오게 되
었다.

대성당 광장[Plaza Catedral]에서 보이는 정면의 오른쪽에 있는 포니엔테 탑[Torre Poniente]●●에
서는 타비라 탑과 함께 도시의 아름다운 경치를 감상할 수 있다. 세비야의 히랄다 탑

●● 포니엔테 탑[Torre Poniente]

주소 Plaza Pío XII 1, 11001 Cádiz 전화번호 +34 956 25 17 88 운영시간 6월~9월 10:00~20:00, 10월~5월 10:00~18:00 입장
료 €4

과 마찬가지로 걸어서 올라가는데, 경사로 중간중간에 앉아서 쉴 수 있는 의자가 있다. 사방이 뚫려 있는 이 탑에서는 도시 전체를 여러 각도에서 볼 수 있다. 이 탑은 카디스에서 가장 높은 탑으로, 만약 타비라 탑과 둘 중 하나를 오른다면 포니엔테 탑을 추천한다. 탑의 정상에서 보이는 하얀 집들이 가득한 도시는 유럽의 느낌보다는 북아프리카의 느낌이 더욱 강하다. 광장에 있는 탑은 산티아고 성당^{Iglesia de Santiago}의 일부로, 성당 옆으로 콤파니아 거리^{Calle Compañía}를 따라가면 시장이 있는 리베르타드 광장^{Plaza Libertad}이 나온다. 대성당 광장에 있는 카페와 레스토랑의 노천좌석에서 대성당을 바라보며 타파스와 음료를 즐길 수 있다.

카사 세라핀 Casa Serafín

주소 Calle Compañía, 3, 11005 Cádiz　**전화번호** +34 956 22 24 01

카사 세라핀은 다양한 용도로 쓰이는 칼을 전문으로 판매하는 상점이다. 이런 상점을 쿠치예리아Cuchillería라고 하는데, 이곳은 1897년에 문을 연 후 4대째 가업으로 칼을 직접 만들고 있다. 115년의 역사를 가지고 있는 이 상점은 아르헨티나로 이민을 가려고 카디스에 왔던 갈리시아 태생의 장인 세라핀 가브리엘 에스테베스Serafín Gabriel Estévez가 세비야에서 만난 여인과 결혼을 하고 카디스에 정착하게 되면서 문을 열게 되었다고 하는 흥미로운 역사가 있다.

카사 이달고 Casa Hidalgo

주소 Plaza Catedral 8, 11005 Cádiz　**전화번호** +34 956 28 76 03　**웹사이트** www.casa-hidalgo.com　**영업시간** 8:30~14:30, 17:00~21:30

카디스에서 가장 유명한 제과점인 카사 이달고Casa Hidalgo는 1940년부터 대성당 광장의 중심을 지키고 있다. 이 제과점의 명물은 갈리시아 지방에서 나는 생선을 이용하여 만드는 최고의 엠파나다Empanada로, 한 손으로 잡고 먹을 수 있는 작은 사이즈의 엠파나디야 2~3개 정도면 점심 식사를 대신할 만하다. 닭고기, 비프, 참치, 고등어 등 다양한 재료를 사용하여 만든 엠파나디야Empanadilla의 가격은 €1.70이다.

호텔 라 카테드랄 Hotel La Catedral

주소 Plaza Catedral 9, 11005 Cádiz　**전화번호** +34 956 29 11 42　**웹사이트** www.hotellacatedral.com

카디스의 중심인 대성당 광장에 위치한 호텔 라 카테드랄Hotel La Catedral은 대성당은 물론 전망대가 있는 타비라 탑, 칼레타 해변으로 이동이 편리하다. 호텔이 있는 광장에서 해안선을 따라 있는 캄포 델 수르 대로Avenida Campo del Sur를 따라 도보로 이동하면 1km 거리에 해변이 있다.

토페테
광장

PLAZA DE TOPETE

플라사 데 토페테

포니엔테 탑을 나와 산티아고 성당 옆으로 콤파니아 거리Calle Compañía를 따라가면 토페테 광장Plaza de Topete이 나온다. 중앙 시장Mercado Central과 인접해 있는 토페테 광장의 중심에는 농업을 상징하는 학자이자 농부였던 고대 로마인이 서 있다. 콜루멜라Lucius Junius Moderatus Columella라고 불리는 이 사람은 한 손에는 소를 끄는 멍에와 다른 한 손에는 밭을 가는 낫을 들고 있다. 고대 로마 시대에 가데스Gades(지금의 카디스)에서 태어난 그는 〈농업론De Re Rustica〉을 비롯한 농업에 대한 기술과 지식을 담은 여러 권의 책을 남겨 고대 농업 발전에 기여하였다.

꽃을 파는 상점으로 가득한 이 광장은 예전에 꽃의 광장Plaza de las Flores이라고 불렸다. 석상의 맞은편으로 그의 이름을 딴 콜루멜라 거리Calle Columela로 들어서면 레스토랑과 상점들이 있는 쇼핑거리가 펼쳐진다. 대부분의 브랜드 매장이 이 거리에 있는데, 디시구알Desigual 매장이 있는 지점에서 노베나 거리Calle Novena, 안차 거리Calle Ancha●까지 상점들이 즐비하다.

영화 〈나잇 앤 데이〉의 한 장면

토페테 광장을 뒤로 하고 노베나 거리Calle Novena, 안차 거리Calle Ancha를 따라 약 350m 정도 직진하면 커다란 광장이 나온다. 영화 〈나잇 앤 데이〉에서 톰 크루즈가 카메론 디아즈를 오토바이에 태우고 총을 쏘는 추격자들을 피해 달리는 중에 투우 경기에 등장하는 황소들이 뛰어다니는 장면의 배경은 안차 거리이다. 이 거리를 지나서 산 안토니오 광장Plaza San Antonio의 주변도 배경으로 하였다.

● 안차 거리Calle Ancha의 끝 산 호세 거리Calle San José와 만나는 지점에서 우측으로 향하면 미나 광장Plaza de Mina이 나온다.

산타
쿠에바 성당

ORATORIO DE SANTA CUEVA

오라토리오 데 산타 쿠에바

<u>주소</u> Calle Rosario 10, 11003 Cádiz **전화번호** +34 956 22 22 62 **운영시간** 화요일~금요일 10:00~13:00, 16:30~19:30 토요일, 일요일 10:00~13:00, 월요일~금요일 10:00~13:00, 17:00~20:00 토요일, 일요일 10:00~13:00(여름 6/15~9/15) <u>휴무일</u> 월요일, 공휴일 **입장료** €3

※ 토페테 광장을 등지고 상점들이 가득한 콜루멜라 거리를 따라 걸으면 거리가 끝나는 곳에서 로사리오 거리Calle Rosario와 만나게 된다.

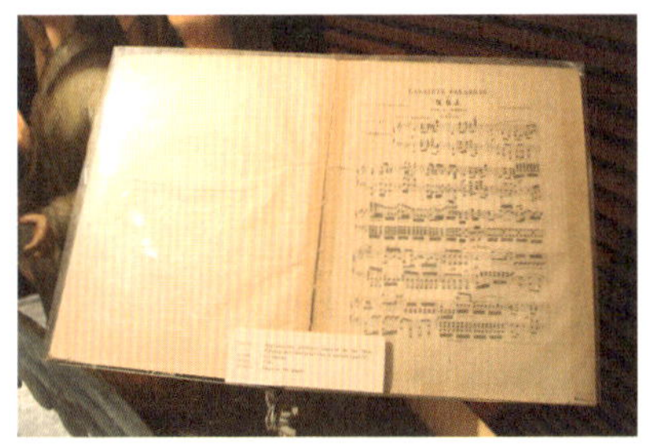 

로사리오 거리에 위치한 이 작은 성당은 '오라토리오 데 산타 쿠에바'라고 불린다. 18세기에 세워진 이 성당은 로사리오 성당^{Iglesia del Rosario}의 부속 예배당으로 겉으로 보기에는 특별한 것이 없어 보인다. '교향곡의 아버지'라고 불리는 음악가 하이든^{Haydn}(1732~1809)은 당시 카디스의 주교로부터 부활절에 연주할 음악을 작곡해 줄 것을 요청받았다. 그는 휴양을 목적으로 카디스에 여러 차례 방문하기도 하였는데, 지하 예배당^{Capilla Baja}의 커다란 십자가에서 작품에 대한 영감을 받았다고 한다. 예수를 처형하는 내용의 성경 말씀을 주교가 낭독하고 한 악장이 연주되는 〈십자가 상의 일곱 말씀^{Seven Last Words}〉(1787)이라는 작품은 총 7악장으로 구성되어 있다.

2층 예배당의 벽은 카를로스 4세^{Carlos IV}의 궁정화가였던 프란시스코 데 고야^{Francisco de Goya}(1746~1828)가 그린 그림들로 장식되어 있다. 그리스도가 빵 다섯 개와 물고기 두 마리로 5천 명을 배불리 먹였다는 기적을 비롯해 〈최후의 만찬〉 등을 주제로 하였다. 고야는 1793년경 카디스에 거주하던 부유한 사업가를 따라 카디스를 방문하게 되었는데, 이곳에서 병환이 깊어져 귀가 멀게 되었다.

산 프란시스코 광장

PLAZA DE SAN FRANCISCO

플라사 데 산 프란시스코

미나 광장, 스페인 광장과 인접해 있는 산 프란시스코 광장은 복잡한 콜루멜라 거리와는 달리 여유롭게 타파스 또는 차 한 잔을 즐길 수 있는 곳이다. 광장을 상징하는 산 프란시스코 수도원 성당 Iglesia Conventual de San Francisco은 16세기에 세워진 건물로, 카디스 태생의 화가 살바도르 비니에그라 Salvador Viniegra (1862~1915)는 이 수도원 안의 안뜰의 모습을 작품으로 남겼다. 광장에 서 있는 표지판의 방향을 보고 이동하면 지도 없이 미나 광장, 카디스 박물관, 산타 쿠에바 성당으로 이동할 수 있다.

'MONUMENTO CORTES DE CÁDIZ'(모누멘토 코르테스 데 카디스)라고 쓰인 표지 방향으로 가면 카디스 의회 기념탑이 세워져 있는 스페인 광장으로 향하게 된다.

레스토란테 1812 RESTAURANTE 1812

주소 Calle San Francisco 7 전화번호 +34 856 17 12 97 영업시간 12:00~24:00

산타 쿠에바 성당 근처에 위치한 이 레스토랑의 이름에 있는 1812라는 숫자는 카디스 의회를 통해 스페인 최초의 민주헌법이 제정된 1812년을 뜻한다. 레스토랑 입구에 걸린 그림이 레스토랑의 테마인데, 카디스의 화가가 헌법을 공포하는 날을 표현한 작품의 사본이다. 살모레호, 샐러드를 비롯해 다양한 종류의 파스타 메뉴를 제공한다.

● 그의 작품 〈카디스의 산 프란시스코 수도원의 안뜰 Patio del Convento de San Francisco de Cádiz〉(1881)은 카디스 미술관 Museo de Bellas Artes de Cádiz에 전시되어 있다. 이를 비롯하여 스페인 역사에서 중요한 사건을 담은 〈1812년 헌법의 공포 La promulgación de la Constitución de 1812〉(1912)는 의회 박물관 Museo de Las Cortes에 전시되어 있다.

※ 의회 박물관 Museo de las Cortes 주소 Calle Santa Inés 9, 11003 Cádiz 전화번호 +34 956 22 17 88 운영시간 월요일 휴무, 화요일~금요일 9:00~18:00, 토요일~일요일 9:00~14:00 입장료 무료

미나 광장

PLAZA DE MINA

플라사 데 미나

왼쪽-미나 광장. 오른쪽-파야의 생가

카를로스 4세의 궁정화가였던 프란시스코 데 고야가 그린 프란시스코 에스포스 이 미나 Francisco Espoz y Mina 장군(1781~1836)은 나폴레옹 군대에 대항해 독립하고자 하는 독립전쟁에서 큰 공을 세웠다. 야자수가 가득한 이 광장의 이름은 장군의 이름에서 비롯되었는데, 19세기에는 카디스의 부르주아 계급의 주민들이 살던 지역이었다. 수도인 마드리드나 귀족이 대다수를 차지하는 북부 지방과는 달리 카디스는 개방적이고 진보적인 사상을 가진 이들이 많았다. 미나 광장은 카디스 태생의 작곡가 마누엘 데 파야 Manuel de Falla의 생가가 있는 곳이기도 하다. 카디스 박물관 우측으로 벽돌 건물에 녹색 문이 달려 있는 집이 그가 태어난 곳이다. 1876년 이 광장에서 태어난 그는 어머니에게서 피아노를 사사하였는데, 11살 때 산 프란시스코 성당에서 연주회를 가졌다. 부친의 사업 실패로 인해 고향을 떠난 후 마드리드, 파리, 그라나다 등지에서 작곡 활동을 하였다.

카디스 박물관

MUSEO DE CÁDIZ

무세오 데 카디스

주소 Plaza de Mina s/n, 11004 Cádiz **전화번호** 956 203 368 **웹사이트** www.juntadeandalucia.es/cultura/museocadiz **운영시간** 화요일 14:30∼20:30 수요일∼토요일 9:00∼20:30 공휴일 및 일요일 9:00∼14:30 **휴무일** 매주 월요일, 1/1, 1/6, 5/2, 5/24, 5/25, 12/31 **입장료** €1.50

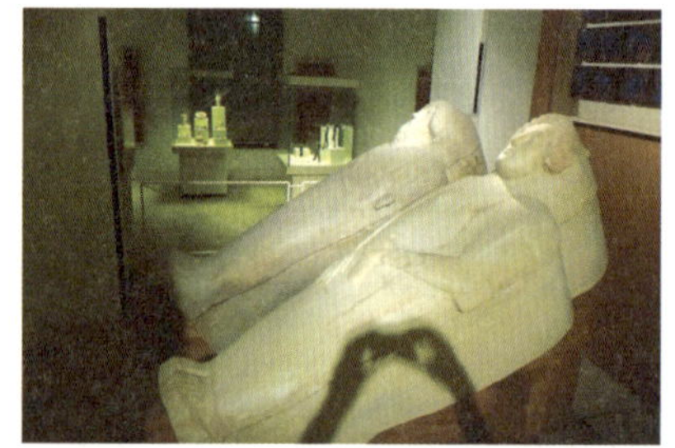

왼쪽-헤라클레스가 그려진 카디스의 문장. 오른쪽-페니키아 시대의 석관들

카디스는 유럽에서 가장 오래된 도시 중 하나로, 기원전 10세기경 페니키아인들에 의해 건설되었다. 페니키아인들에 의해 지중해와의 무역이 활발하였고, 206년경에는 로마인들에 의해 점령되었다. 19세기 말 카디스의 옛 조선소가 있던 곳에서 페니키아 시대의 유적이 발굴되면서 고고학 유물 수집이 시작되었다. 카디스 박물관에는 페니키아 시대부터 로마 시대까지의 유적에서 발굴된 문화재, 수르바란, 무리요, 루벤스 등은 물론 카디스 학파의 작품들이 소장되어 있다. 박물관은 옛 프란시스코 수도원 건물과 현대에 지어진 건물 안에, 고고학과 미술품 그리고 민족학 컬렉션이 전시된 공간으로 나뉘어져 있다.

페니키아 시대의 석관(石棺)들

19세기 말 카디스에서 페니키아 남성의 유인원이 발견되어 이 지역은 고고학 발전에 있어 중요한 곳이 되었다. 기원전 5세기경에 만들어진 것으로 추정되는 페니키아인 석관이 박물관에 전시되어 있다. 그리스 신화에 따르면 가장 힘이 센 영웅인 헤라클레스가 카디스를 만들었다는 재미있는 이야기가 전해온다. 시리아, 레바논을 비롯해 이베리아 반도의 해안 지역을 중심으로 도시 국가를 세웠던 고대 페니키아인들은 기원전 1100년경 '가디르Gadir'라는 이름으로 도시를 세웠다.

왼쪽-트라야누스 황제의 전신상.
가운데-산 브루노의 숭배. 오른쪽-향로를 들고 있는 천사

트라야누스 황제의 전신상 ESCULTURA DE TRAJANO

고대 카디스 지역은 로마와 카르타고 사이에 벌어졌던 포에니 전쟁 이후 로마제국의 영토가 되었는데, 로마와 파두아 다음으로 큰 도시였다. 바엘로 클라우디아^{Baelo Claudia}•에는 이탈리카^{Itálica}(세비야 근교) 태생의 로마 황제 트라야누스^{Trajano}(53~117)의 전신상이 전시되어 있다.

수르바란 전시관 SALA DE ZURBARÁN

이 전시관에는 '스페인의 카라바지오'라고 불리는 프란시스코 데 수르바란(1598~1664)의 작품 18점이 전시되어 있다. 원래는 헤레스의 카르투하 수도원에 있던 작품들이 19세기 중반에 이곳으로 옮겨오게 되었다. 이곳에 있는 그의 작품들은 1637년경에 그려진 것인데, 전시관 중심의 커다란 제단화는 카르투지오 수도회를 창설한 퀼른의 사제 브루노^{Bruno}(1030~1101) 성인이 천사들의 환영을 보고 감격에 찬 모습을 표현한 작품 〈산 브루노의 숭배^{Apoteosis de San Bruno}〉이다. 우아한 모습을 한 천사의 모습을 그린 걸작 〈향로를 들고 있는 천사^{Ángel turiferario}〉에서는 수르바란의 특색이 잘 드러난다.

• 모로코를 바라보고 있는 타리파에는 바엘로 클라우디아의 로마 유적이 남아 있다.

왼쪽-성 카타리나의 신화적인 결혼
오른쪽-성 가족

무리요 전시관 SALA DE MURILLO

세비야 태생의 바로크 화가 무리요는 카디스에 있는 카푸치노스 수도원에 그의 마지막 작품을 남겼다. 수도원의 제단화를 그리다가 떨어져 안타깝게 사망한 그는 〈성 카타리나의 신화적인 결혼Desposorios místicos de Santa Catalina〉(1682)이라는 작품을 남겼다. 예수가 성녀에게 결혼반지를 끼워주는 것은 성녀가 오로지 예수만을 자신에게 걸맞는 짝이라고 생각했다는 것을 나타낸다. 미완성으로 남은 작품은 그의 도제 메네세스 오소리오Meneses Osorio(1630~1705)가 완성하였다.

1 〈성 가족La Sagrada Familia〉(1635년경)

플랑드르의 화가인 루벤스Peter Paul Rubens(1577~1640)는 바로크 시대를 대표하는 화가이다. 그는 영국의 찰스 1세와 스페인의 펠리페 4세의 후원을 받았던 뛰어난 화가인 동시에 외교관으로도 활동했던 예술가였다. 외교 임무를 수행하기 위해 1603년 스페인을 방문했던 그는 펠리페 2세가 수집한 라파엘로와 티치아노 같은 르네상스 화가들의 작품을 접하게 되었다. 1635년경의 작품인 〈성 가족La Sagrada Familia〉에서 아기 예수를 안고 있는 성모 마리아와 아기 예수에게 포도를 건네 주는 아기 천사의 모습을 그렸다. 다른 작품들에 등장하는 여인들의 모습과 같이 성모 마리아를 육감적으로 표현하여 특징을 살렸다.

스페인 광장

PLAZA DE ESPANA

플라사 데 에스파냐

마드리드, 세비야를 비롯해 카디스에도 스페인 광장 Plaza de España●이 있다. 카디스의 스페인 광장은 다른 도시와는 달리 스페인 역사의 한 장면인 민주헌법 제정을 기념하기 위한 중요한 의미를 지닌 장소이다. 비둘기들이 날아드는 분수대를 지나면 청동으로 만든 기마상이 보이기 시작한다. 기념비 가운데 그리스 여신과 같은 복장을 하고 있는 여인은 헌법을 상징하는데, 헌법이 성 요셉 축일인 3월 19일에 제정되어 '라 페파 La Pepa●●'라고 불리게 되었다. 양쪽 끝에 있는 청동 기마상은 평화와 전쟁을 상징

● 카디스 박물관이 있는 미나 광장을 나와 안토니오 로페스 거리 Calle Antonio López 따라 걷다 보면 카디스라는 도시 이름이 쓰여 있고 군중들로 장식되어 있는 높은 기념비가 보이기 시작한다. 거리 표지판에는 스페인 광장이라는 이름대신 '모누멘토 알라 콘스티투시온 MONUMENTO A LA CONSTITUCIÓN'이라고 표시되어 있는데, 이는 이곳에 세워져 있는 '헌법제정 기념탑'을 뜻한다. 이 기념비를 향해 약 400m 이동하면 나무와 꽃이 가득한 스페인 광장이 나온다.

●● 예수의 아버지인 성 요셉을 스페인어로 '페페 Pepe'라고 한다.

산타 마리아 항구에 입항하는 페르난도 7세

하는데, 오른쪽 기마상은 승리를 뜻하는 '성녀 빅토리아Santa Victoria'를 손에 쥐고 있다. 나폴레옹의 스페인 점령을 반대하면서도 프랑스의 헌법을 모델로 하여 1812년 제정된 이 헌법은 스페인의 역사를 바꾸어 놓았다.

귀족보다는 지주나 상업에 종사하던 부르주아 계급의 시민이 다수를 이루었던 카디스에는 민주적인 성향을 지지하는 세력이 압도적이었다. 그렇기 때문에 종교 재판, 특권층이 누리는 혜택 등에 반대하여 사회 계층 간의 차별에 반발을 하는 것이 당연했다. 나폴레옹이 스페인에서 물러난 후 페르난도 7세Fernando VII(1784~1833)는 왕위를 돌려받았으나, 처음에는 카디스 의회에서 제정한 헌법을 무시하고 자유주의자들을 탄압하였다. 절대왕정 체제에 반발하여 1820년 라페엘 델 리에고Rafael del Riego(1784~1823) 장군이 반란을 일으킴으로써 페르난도 7세는 투옥되었다. 민주주의를 지지하는 혁명파가 그를 카디스로 데려왔는데, 헌법을 개정하겠다는 약속을 통해 풀려날 수 있었다. 그러나 절대왕정을 지지하는 보수파와 급진세력은 끊임없이 대립하여 정치적 공황상태를 지나게 된다. 부르봉 왕조의 페르난도 7세는 프랑스와 결탁하여 자유주의자들을 다시 탄압하였으며, 투표를 통해 대통령을 선출하는 공화국체제를 거쳐 1874년 알폰소 12세Alfonso XII(1857~1885)에 의해 스페인은 입헌 군주국이 되었다.

산타
카탈리나 성

CASTILLO DE SANTA CATALINA

카스티요 데 산타 카탈리나

<u>주소</u> Paseo Antonio Burgos, Playa de La Caleta, 11002 Cádiz **전화번호** +34 956 22 63 33 **운영시간** 월요일~일요일 11:00~19:30, ~20:30(여름)

셰익스피어가 쓴 〈베니스의 상인〉(1596)에는 카디스에서 영국인들에게 포획당했던 선박의 이야기가 등장한다. 16세기 중반부터 신대륙과 영국을 오가며 상선이 실은 보물을 약탈하던 영국인 프랜시스 드레이크 Francis Drake는 영국의 엘리자베스 여왕에게 사주를 받아 스페인 선박을 공격하였는데, 무력함대의 선주로 여왕에게는 약탈한 물

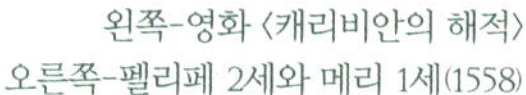
왼쪽-영화 〈캐리비안의 해적〉
오른쪽-펠리페 2세와 메리 1세(1558)

품의 50%에 해당하는 몫이 돌아갔다. 영국인들이 스페인 선박을 공격하게 된 계기는 스페인이 외국인들의 신대륙 출입을 금지하여 독점으로 무역을 했기 때문인데, 스페인은 북부 네덜란드와 동맹을 맺은 영국에 대한 공격을 선포했다. 이를 막기 위해 엘리자베스 1세는 카디스 항구를 공격할 것을 지시했다. 지금은 너무나 고요한 바다와 작은 고깃배들만이 보이기 때문에 역사 속에 등장하는 해적선을 상상하기가 어렵다. 칼레타 해변의 끝에 위치한 산타 카탈리나 성^{Castillo de Santa Catalina}•은 1596년 공격을 당한 후에 펠리페 2세의 칙령에 의해 세워진 방어 요새이다. 이후로도 영국은 여러 차례 카디스를 공격하였다. 영화 〈캐리비안의 해적:낯선 조류〉(2011)는 카디스를 배경으로 보물을 찾는 이야기가 등장한다.

당시 펠리페 2세^{Felipe II}(1527~1598)는 정치적인 동맹을 목적으로 영국의 메리 1세^{Mary I}(1516~1558)와 결혼하였으나, 1585년 영국이 스페인에 대항하여 북부 네덜

• 성의 내부에는 직은 예배딩을 비롯해 사진, 예술작품 등을 전시하는 전시관이 있다. 돌로 만든 성 안의 계단을 따라 올라가면 재미있는 사진을 만들 수 있다. 칼레타 해변에서 두케 데 나헤라 대로^{Av. Duque de Nájera}를 따라 북쪽으로 향하면 산타 카탈리나 성이 나온다. 해변의 끝에 위치한 성에서 바라보는 해변의 풍경은 색다르다.

17세기 카디스 항구의 모습

란드와 넌서치 조약Treaty of Nonsuch를 맺어 군사적인 동맹을 결탁하였다. 아라곤의 캐서린Catherine of Aragon(1485~1536)과 헨리 8세Henry VIII(1491~1547)의 딸로 어머니를 따라 가톨릭교를 지지했던 메리가 왕위에 있던 시절과 달리 엘리자베스 1세Elizabeth I(1533~1603)가 왕위에 오른 후 영국과 스페인은 대립하게 되었다. 유럽 지역은 물론 신대륙 일부 지역까지 진출한 북부 네덜란드는 무역과 약탈을 통해 스페인에 대항하였다. 이에 반격하여 펠리페 2세는 주변 국가들로 하여금 북부 네덜란드와의 교역을 중단할 것을 요구하였으나, 이를 무시했던 영국 무역상들이 스페인에 보유하고 있던 재산을 몰수하였다.

레스토란테 키야 Restaurante Quilla

주소 Antonio Burgos, 11002 Cádiz 전화번호 +34 956 22 64 66 웹사이트 www.quilla.es 영업시간 10:00~24:00

안토니오 부르고스 대로의 끝자락에 위치한 레스토란테 키야는 산타 카탈리나 성을 마주보고 있다. 성을 구경하고 나온 후에 해변을 바라보며 한 잔의 커피를 즐기기에 꽤 좋은 곳이다. 레스토랑 앞에는 안토니오 부르고스가 쓴 '아바네라스 데 카디스'의 가사와 대로의 이름이 적혀 있는 작은 기념상이 세워져 있다.

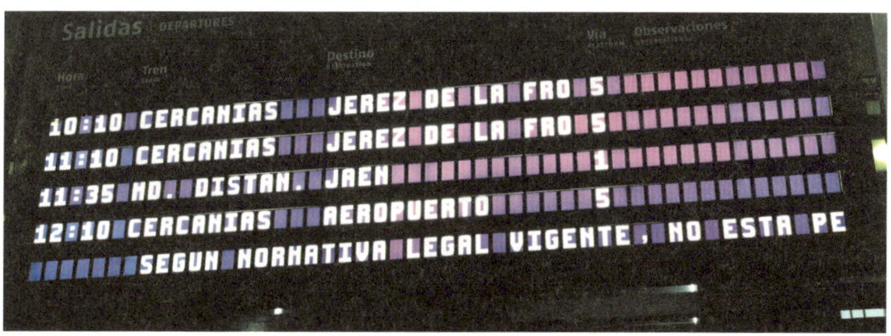

안달루시아의 가장 남쪽인 카디스는 세비야까지 약 120km 정도 거리에 있는데, 렌페^{Renfe}나 버스를 이용해 세비야로 이동하는 것이 가장 편리하다. 세비야로 이동한 후 기차나 항공편을 이용해 스페인 국내나 유럽의 다른 도시들로 이동하면 된다. 버스나 기차를 이용해 이동하는 시간이나 가격은 비슷하므로, 운행시간에 적절한 편을 이용하면 된다. 한 시간마다 출발하는 세르카니아스^{Cercanías} 열차 C1[*]을 이용하여 근거리에 있는 헤레스까지 이동할 수 있다.

카디스 – 세비야

렌페 : 소요시간 약 1시간 30분, 요금 €15~20

버스 : 소요시간 약 1시간 45분, 요금 €13.45

카디스 기차역 Estación de Cádiz

<u>주소</u> Plaza de Sevilla, s/n 11006 Cádiz <u>전화번호</u> +34 902 432 343

버스 1, 3번을 이용하여 쿠에스타 데 라스 칼레사스^{Cuesta de las Calesas}에서 하차하거나 버스 5번을 이용하여 기차역이 있는 세비야 광장^{Plaza de Sevilla}에 내린다(편도 요금 €1.10).

[*] 카디스에서부터 세비야까지 근거리의 작은 도시들을 연결하는 C1은 산 페르난도^{San Fernando}, 산타 마리아 항구^{El Puerto de Santa María}, 헤레스 데 라 프론테라^{Jerez de la Frontera}를 순서로 운행한다.

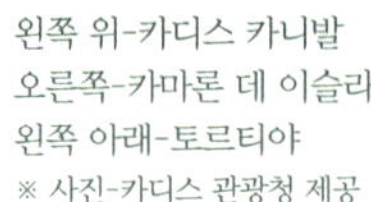

왼쪽 위-카디스 카니발
오른쪽-카마론 데 이슬라
왼쪽 아래-토르티야
※ 사진-카디스 관광청 제공

왼쪽, 오른쪽 위-헤레스 데 라 프론테라
오른쪽 아래-볼로니아 해변
※ 사진-카디스 관광청 제공

호텔 몬테 푸에르타티에라 Hotel Monte Puertatierra

주소 Av Andalucía 34, 11008 Cádiz **전화번호** +34 956 27 21 11 **웹사이트** www.hotelesmonte.com/hotel-cadiz-puertatierra

호텔 몬테 푸에르타티에라는 도시의 중심도로인 안달루시아 대로 Av. Andalucía에 위치하였다. 대성당 광장을 나와 캄포 델 수르 대로를 따라 1.5km 거리에 있는 이 호텔은 구시가지와 외곽을 구분하는 문인 푸에르타 데 티에라 Puerta De Tierra를 지나게 된다. 객실은 상당히 넓은 편으로 구시가지의 호텔보다는 시설이 좋은 편이다.

기차를 타고 즐기는 카디스 지방의 작은 도시들

매년 1~2월에는 치리고타 Chirigotas들이 노래를 부르고 춤을 추는 카니발 축제 Carnaval de Cádiz로 온 도시가 관광객들로 붐빈다. 카디스 지방은 알헤시라스 Algeciras 태생의 파코 데 루시아 Paco de Lucia를 비롯해 20세기를 대표하는 많은 플라멩코 아티스트들의 고향이기도 하다. 최근 국내 무대에서도 소개되었던 플라멩코 무용수 사라 바라스 Sara Baras, 독특한 목소리를 가진 플라멩코 가수 니냐 파스토리 Niña Pastori를 비롯해 카마론 데 라 이슬라 Camarón de la Isla의 고향이기도 한 산 페르난도 San Fernando에서는 새우로 만든 토르티야 데 카마로네스 Tortillita de camarones를 꼭 먹어 보기를 바란다.

카디스의 북쪽에 위치한 산타 마리아 항구 El Puerto de Santa María에서 항해사 크리스토퍼 콜럼버스는 1493년 신대륙으로의 두 번째 항해를 떠났다. 산타 마리아 항구에서부터 카디스 해안을 따라 북쪽으로 로타 Rota, 치피오나 Chipiona를 지나면 카르멘이 마시던 만사니야 Manzanilla 와인의 산지인 산루카르 데 바라메다 Sanlúcar de Barrameda가 있다. 카디스 주의 내륙에 위치한 헤레스 데 라 프론테라 Jerez de la Frontera는 최고급 와인인 쉐리 와인의 원산지로 알려져 있으며, 매년 2~3월에는 헤레스 페스티벌 Festival de Jerez로 도시가 한 달 동안 분주해진다. 카디스 시의 남쪽으로 바르바테 Barbate, 볼로니아 Bolonia, 타리파 Tarifa는 여름 휴양지로 전 세계의 윈드서핑을 즐기는 이들이 즐겨 찾는다.

마르베야 태생의 화가에게서 듣는
안달루시아 이야기

CÁDIZ 카디스

이름 : 루이스^{LUIS}

직업 : 화가 겸 디자이너

사는 곳 : 마르베야^{Marbella}

좋아하는 타파스 : 살모레호

즐겨 듣는 음악 : 파타 네그라^{Pata Negra}

추천하는 여행지 : 볼로니아 해변^{Playa de Bolonia}, 그라나다^{Granada}

아티스트이기 때문에 프로필 사진을 대신하여
자신의 작품으로 소개를 대신한다고 하는 루이스는
유럽의 부호들이 찾는 스페인 최고의 휴양지인 마르베야^{Marbella} 태생이다.
그는 자신이 안달루시아 사람임을 무척 자랑스러워한다.
작품에 대한 영감을 위해 마르베야를 떠나 마드리드, 베를린 등 유럽 각지에서
오랜 시간을 보낸 그이지만 안달루시아를 대표하는 타파스 살모레호^{Salmorejo},
파타 네그라의 음악을 즐기는 그는 영락없는 안달루스^{Andaluz}이다.
10년 가까이 세비야에서 살 만큼 안달루시아라는 곳의 매력을 잘 알고 있는데,
그가 자주 찾는 곳은 타리파^{Tarifa}와 모로코가 만나는 곳에 위치한
볼로니아 해변^{Playa de Bolonia}이다. 고대 로마 도시였던 바엘로 클라우디아^{Baelo Claudia}의
유적이 남아 있는 해변을 바라보고 있으면,
안달루시아 사람의 아이덴티티를 느끼게 되는 곳이라고 전한다.
최근 그는 그림이 아닌 옷을 사용해 자신의 그림을 프린트하는데,
그에게 영감을 준 것도 볼로니아 해변이다.

고대 로마 도시는 사라졌지만, 폐허가 된 잔해들을 보며 2천 년 전 있었을

지중해의 일상을 현대적으로 표현한다.

그는 스페인 사람 가운데 가장 유명한 사람인 피카소^{Picasso}가 아닌

안달루시아를 테마로 하는 화가 두 사람을 소개했다. 그라나다 태생으로

스페인을 떠나 뉴욕을 중심으로 활동했던 화가 호세 게레로^{José Guerrero} (1914~1991)는

〈쿠엔카^{Cuenca}〉라는 작품을 통해 안달루시아의 무더운 날씨를 표현했는데,

추상적인 그의 작품들은 뉴욕의 구겐하임 미술관,

마드리드의 레이나 소피아 국립미술센터 등과 같은 세계적으로 명성 있는 현대작품을

중심으로 한 미술관에 전시되어 있다. 그의 고향인 그라나다에는 그의 이름을 딴

센터 센트로 호세 게레로^{Centro José Guerrero}가 2000년에 설립되어 그의 작품을 소장하고 있다.

루이스가 만드는 의상의 디자인에 영감을 주는 또 다른 화가 한 사람은

헤밍웨이를 포함한 20세기의 많은 작가들이 머물다 간 론다^{Ronda}에 거주하는

아르헨티나 태생의 화가 마르코스 본템포^{Marcos Bontempo} (1969~) 이다.

그는 확연하게 드러나는 사실주의가 아닌 아방가르드 표현법으로

피와 같은 붉은색으로 열정적인 안달루시아의 특징을 세련되게 표현한다.

이베리아 반도의 끝, 볼로니아 해변

이베리아 반도에서 가장 남쪽에 있는 타리파에서는 지브롤터 해협을 건너 모로코까지 보일 만큼 아프리카 대륙에 가깝다. 볼로니아 해변^{Playa de Bolonia}은 북쪽으로 약 20km 정도 떨어져 있으며, 해변 근처에 고대 로마 시대의 유적이 남아 있다. 바엘로 클라우디아^{Baelo Claudia}의 유적은 스페인에서 발견된 로마 시대의 유적 가운데 원래 상태로 가장 보존이 잘 되어 있으며, 2천 년이나 되었다. 바다에서 고기를 잡는 것을 주요 산업으로 하는 도시로 절인 생선을  만들던 공장, 교회, 극장, 시장 등의 폐허가 남아 있다. 마음이 답답할 때 이곳을 찾으면 끝없이 펼쳐지는 지중해와 바다 건너 모로코의 탕헤르^{Tangiers}를 바라보면 가슴이 탁 트인다.

볼로니아 해변은 세비야에서 버스로 3시간 정도 소요되며, 플라사 데 아르마스^{Plaza de Armas} 버스 터미널에서 출발한다. 카디스에서 1시간 30분가량 소요되는데, 타리파 기차역이 있는 바타야 델 살라도 거리^{Calle Batalla del Salado}에 위치한 타리파 버스 터미널에서 출발한다. 타리파 시내의 서쪽에 위치한 란세스 해변^{Playa de los Lances}은 윈드서핑을 즐기는 관광객들이 즐겨 찾는 곳이다.

스페인 주요 도시 탐방 ① 마드리드 Madrid

그란 비아 Gran Vía

공항버스를 이용하여 시벨레스 광장Plaza de Cibeles에서 하차한 후 알칼라 거리Calle de Alcalá의 스페인 은행을 지나면 마드리드의 '브로드웨이'라고 불리는 그란 비아 Gran Vía와 만난다. 대로의 랜드마크인 메트로폴리스Metrópolis 건물을 지나 스페인 광장Plaza de España까지 이어지는 이 거리에는 레스토랑, 극장 등이 위치하고 있다. 그란 비아 대로의 중심인 카야오 광장Plaza del Callao에서 남쪽으로 프레시아도스 거리Calle Preciados를 따라 엘 코르테 잉글레스 백화점, 패션 브랜드 매장들이 가득 해 언제나 활기가 넘치는 곳이다.

솔 광장 Puerta del Sol

프레시아도스 거리의 끝은 마드리드의 중심인 솔 광장Puerta del Sol과 만난다. 광 장에는 마드리드의 마스코트인 곰과 산딸기나무 동상을 비롯해 역대 군주 중 뛰 어난 정치가로 평가되는 카를로스 3세Carlos III(1716~1788)의 기마상이 기다리 고 있다. 카사노바가 거닐던 이 광장을 주변으로는 100년 이상 된 마드리드에서 가장 오래된 레스토랑이며 우산, 부채 등을 만드는 상점들이 모여 있어 탐색을 하는 재미가 있다. 광장의 동쪽으로 카레라 데 산 헤로니모Carrera de San Jerónimo, 라스 코르테스 광장Plaza de las Cortes를 차례로 지나면 시벨레스 광장의 남쪽인 프 라도 거리Paseo del Prado와 만나게 된다. 화려한 리츠 호텔과 세계 3대 미술관의 하나인 프라도 국립 미술관Museo Nacional del Prado이 있는 이 넓은 거리는 정원들로 가득해 산책을 즐기기에 완벽한 곳이다.

프라도 미술관 Museo Nacional del Prado

주소 Paseo del Prado s/n. 28014 Madrid   전화번호 +34 913 30 28 00   웹사이트 www. museodelprado.es   운영시간 월요일~토요일 10:00~20:00, 일요일 및 공휴일 10:00~19:00(폐 관시간 30분 전까지 입장 가능), 1/6, 12/24, 12/31 10:00~14:00   휴무일 1/1, 5/1, 12/25   입장 료 €14, €23(가이드북 포함)   무료입장 월요일~토요일 18:00~20:00, 일요일 및 공휴일 17:00~ 19:00, 국제박물관의 날 5/18, 프라도 미술관 창립기념일 11월 19일

스페인을 대표하는 화가 프란시스코 데 고야Francisco de Goya(1746~1828)의 동 상이 입구에서 기다리고 있는 미술관에는 알브레히트 뒤러Albrecht Dürer(1471~

1528)의 〈자화상〉(1498), 프란시스코 데 고야의 〈옷을 벗은 마하〉, 〈옷을 입은 마하〉(1805) 등과 같은 명화 작품 7천여 점이 전시되어 있다. 미술관에 전시된 작품 가운데 세비야 태생의 화가 디에고 벨라스케스Diego Velázquez(1599~1660)가 그린 〈시녀들〉(1656)은 피카소의 작품에도 영감을 주었는데, 고야의 작품들과 더불어 우리에게 가장 잘 알려져 있는 작품이다. 국내의 한 우유회사에서 출시했던 우유갑에 프린트된 명화 가운데 페데리코 데 마드라소Federico de Mazrazo(1815~1894)가 그린 〈빌체스 백작부인Condesa de Vilches〉(1853)이 이곳에 전시되어 있다. 입구에 위치한 카페에서는 미술관 건너편에 위치한 산 헤로니모 왕립 교회San Jerónimo el Real을 바라보며 휴식을 즐길 수 있다. 16세기 초 스페인을 통일한 가톨릭 왕들의 명으로 세워진 성당으로 1906년 알폰소 13세가 이곳에서 결혼식을 올렸으며, 라스 코르테스 광장Plaza de las Cortes에 있는 지금의 웨스틴 팰리스 호텔The Westin Palace Hotel도 이를 기념하여 세워졌다.

산 헤로니모 왕립 교회
Iglesia de San Jerónimo el Real

주소 Calle de Moreto, 4, 28014 Madrid 전화번호 +34 914 20 30 78 웹사이트 www.sanjero nimoelreal.es 운영시간 9월~6월 월요일~토요일 10:00~13:00, 17:00~20:30, 일요일 9:30~14:30, 17:30~20:30 7월~8월 월요일~토요일 10:00~13:00, 18:00~20:30, 일요일 9:30~13:30, 18:30~20:30

웨스틴 팰리스 호텔
The Westin Palace Hotel

주소 Plaza de las Cortes, 7, 28014 Madrid 전화번호 +34 913 60 80 00 웹사이트 www.westinpalacemadrid.com

MUST-SEE 작품

1 고야Goya가 그린
〈산타 후스타와 산타 루피나Santa Justa y Santa Rufina〉(1817)

세비야의 히랄다 종탑을 배경으로 하는 이 작품은 세비야의 수호성녀인 산타 후스타와 루피나 자매를 테마로 하였다. 종탑은 12세기 알모하드 왕조가 세운 것으로, 성녀들이 살았던 3세를 그린 것이 아니라 1755년 대지진 때 종탑을 무사하게 수호해 주었다는 내용을 담고 있다. 성녀들이 들고 있는 도자기에서 그들의 직업을 알 수 있는데, 그들이 살던 트리아나 지역은 오랜 도자기 역사를 가지고 있다. 세비야 대성당에도 이와 같은 작품이 한 점 있는데, 프라도 미술관에 있는 작품 역시 대성당의 주요 성물실 제단화를 위해 그려진 회화 작품 가운데 하나였다.

2 디에고 벨라스케스Diego Velázquez가 그린 〈시녀들Las Meninas〉(1656)

거대한 캔버스에 그려진 이 작품은 미술관에서 빼놓을 수 없는 하이라이트이다. 그림의 중앙에 있는 작은 금발머리 소녀는 펠리페 4세의 딸인 마르가리타 테레사Margarita Teresa(1651~1673) 공주이다. 후에 그녀

는 레오폴드 1세(1640~1705)와 결혼하여 신성 로마 제국의 황후가 되지만 안타깝게도 21세의 나이에 요절하고 말았다. 그림 속 배경에 있는 출입구 왼쪽으로 보이는 거울에는 그 작품에 대한 흥미로운 사실이 담겨 있는데, 작품 안에서 화가는 붓을 들고 있는 것으로 보아 작업을 하고 있다는 것을 알 수 있다. 실제로는 작품에 그려진 공주와 시녀들은 모델이 아니라 액자를 통해 반사된 왕과 왕비가 그가 그리고 있던 화폭의 모델이 되었던 것이다.

3 페데리코 데 마드라소 Federico de Mazrazo 가 그린 〈빌체스 백작부인 Condesa de Vilches〉(1853)

명화의 모델이 된 빌체스 백작부인은 바르셀로나 태생으로 그녀의 이름은 '아말리아 데 야노 Amalia de Llano'(1822~1874)이다. 문학과 예술에 조예가 깊었던 그녀는 빌체스 백작과의 결혼 후 마드리드에 거주하며, 엘리트와 예술인들과 적극적인 교류를 하던 마드리드 사교계의 중요한 인사였다. 작품 속의 그녀는 서른 살이 조금 넘었을 때의 모습으로 웃는 얼굴이 무척 아름답게 표현되었다. 정자세로 앉은 것이 아니라 한 손으로 턱을 살짝 만지는 듯이 한쪽으로 기울여 앉은 모습에서 낭만주의의 19세기 스페인 귀족부인의 부드럽고 기품 있는 자태를 엿볼 수 있다.

아토차 거리 Calle de Atocha

프라도 미술관의 남쪽으로 이동하면 다시 아토차 역이다. 역의 건너편에 있는 국립 소피아 왕비 예술센터 Museo Nacional Centro de Arte Reina Sofía 에는 피카소의 〈게르니카〉(1937)가 전시되어 있다. 솔 광장에서 역까지 버스 C3, C4 또는 메트로 1번 라인을 이용하여 10분 안에 도착할 수 있으며, 시벨레스 광장에서는 버스 10번을 이용하는 것이 편리하다. 프라도 미술관과 역은 1km 정도 떨어져 있다.

국립 소피아 왕비 예술센터
Museo Nacional Centro
de Arte Reina Sofía

주소 Calle de Santa Isabel, 52, 28012 Madrid 전화번호 +34 917 74 10 00 웹사이트 www.museoreina sofia.es 운영시간 월요일, 수요일~토요일 10:00~21:00, 화요일, 공휴일 휴무, 일요일 10:00~19:00 입장료 €8 / 월요일, 수요일~토요일 19:00~21:00, 일요일 13:30~19:00 및 4/18, 5/18, 10/12, 12/6 무료입장

오후 7시 이후에는 무료로 개방되고 있으니 역으로 향하는 길에 잠시 들러 보아도 부담이 없다.

CÁDIZ 카디스

국내에서 항공편을 이용하면 마드리드 또는 바르셀로나를 거쳐 안달루시아의 도시들로 이동하게 된다. 마드리드 바라하스 공항을 통해 스페인으로 입국한 후 시내의 아토차 기차역Estación de Atocha에서 렌페를 이용하여 세비야, 그라나다 등지로 이동할 수 있다. 공항버스를 이용하면 아토차 역에서 내리게 되는데, 약 30~40분 가량 소요된다. 도착 당일에 기차로 이동할 경우 비행기 도착 시간이나 시내 교통상황에 따라 달라질 수 있는 점을 감안하여 렌페 시간을 여유 있게 잡는 것이 좋다. 마드리드에서 코르도바, 세비야, 말라가 등으로 이동하는 기차는 거의 매 시각 출발하는데, 날짜에 따라서는 매진이 되는 경우가 있으니 가급적 미리 온라인 사이트를 통해 예매를 해 두는 것이 좋다. 마드리드와 세비야를 연결하는 스페인의 아베AVE 열차는 시속 300km까지 속도를 내는 초고속 열차로, 코르도바까지는 약 1시간 40분, 세비야와 말라가까지는 2시간 30분 정도가 소요된다.

스페인 주요 도시 탐방 ② 바르셀로나 Barcelona

카탈루냐 광장 Plaça de Catalunya

최근 한 방송사에서 방영된 〈꽃보다 할배〉 멤버들이 파리를 경유하여 도착한 스페인의 첫 번째 도시인 바르셀로나는 수도인 마드리드 다음으로 큰 도시이다. 지중해 연안에서는 가장 큰 도시로 일 년 내내 날씨가 좋아 언제나 관광객의 발길이 끊이지 않는 곳이다. 엣 프랏 공항에서 버스를 이용하면 시내의 중

심인 카탈루냐 광장에 도착한다. 커다란 두 개의 분수대 주변으로 조각품들이 전시되어 있는 이 광장은 교통, 쇼핑의 중심지이다. 광장을 주변으로 우리에게도 익숙한 패스트푸드점들은 물론 카페들이 눈에 띄는데, 이 넓은 광장은 항상 사람이 많다. 광장 1번지에 위치한 엘 트라이앵글 쇼핑센터 El Triangle Centro Comercial에는 음반, 책 등을 판매하는 프낙 FNAC 매장과 카페들이 있어 만남의 장소로 이용하기 편리하다. 광장에서 가장 눈에 잘 띄는 건물은 엘 코르테 잉글레스 El Corte Inglés 백화점이다.

그라시아 거리 Passeig de Gràcia

고급스럽고 예술적인 분위기가 나는 건물들이 줄을 잇는 그라시아 거리는 쇼핑객들로 분주하다. 하지만 출근 시간 이전에는 무척 조용해서 대도시의 한복판임에도 여유가 가득한데, 넓은 대로가 일직선으로 곧게 뻗어 나가는 모습이 백화점, 카페, 호텔 등이 가득한 파리 샹젤리제 대로와도 닮아 있다. 거리를 따라 한눈에 보아도 알 수 있을 만큼 독창적인 건축물들을 마주하게 될 텐데, 건물마다 얘깃거리가 있어 더욱더 흥미롭다. 파세지 드 그라시아 역을 지나면 최고급 5성급 호텔인 만다린 오리엔탈 Mandarin Oriental, 그리고 스페인을 대표하는 브랜드 로에베 매장이 위치한 카사 예오 모레라 Casa Lleó Morera 건물이 나온다.

초콜릿 모양과 같이 귀여운 카사 아마예르 건물은 아마예르 초콜릿 상점의 창업주인 안토니 아마예르가 살던 곳이다. 그 옆으로 뱀피 가죽 핸드백을 떠올리게 하는 보베다(지붕)와 왼쪽으로 체스 말 중 '왕'을 연

엘 코르테 잉글레스 El Corte Inglés

주소 Plaça De Catalunya, 14, 08002 Barcelona 전화번호 +34 933 06 38 00 영업시간 월요일~토요일 9:30~21:30, 일요일 휴무

스페인 최대의 백화점 및 유통회사로 유럽에서는 가장 오래된 역사를 가지고 있다. 외국인에게는 연중 내내 10% 할인을 제공하는데, 여권을 지참하고 서비스 데스크 Atención al Cliente에 가면 할인카드 DISCOUNT CARD를 발급해 준다. 발급받은 카드는 당일에만 사용 가능하며, 쇼핑을 할 때마다 재발급받을 수 있다. 같은 제품이라도 백화점에 표시된 소비자가가 약간 높은 편이지만, 할인카드를 이용하면 비슷하거나 더 저렴할 수 있으니 참고하기 바란다.

만다린 오리엔탈 Mandarin Oriental

주소 Passeig de Gràcia, 38, 08007 Barcelona 전화번호 +34 931 51 87 82 웹사이트 www.mandarinoriental.com/barcelona

은행의 금고로 사용되었던 공간을 바로 개조한 뱅커스 바 Banker's Bar, 지중해 스타일의 요리를 맛볼 수 있는 블랑 Blanc 등의 인테리어가 돋보인다. 같은 블록에 아돌포 도밍게스 Adolfo Domínguez 브랜드 매장이 있다.

상케 하는 횃불 형태의 기둥이 인상적인 건물은 천재 건축가 가우디의
작품인 카사 바트요 Casa Batlló이다. 발렌시아 거리와 마요르카 거리 사
이에 위치한 마제스틱 호텔은 1918년에 세워진 건물로, 호텔을 지나
프로벤사 거리에는 카사 바트요와 함께 가우디가 남긴 건물인 카사 밀
라가 위치하고 있다. 곡선 형태의 독특한 디자인의 맨션 건물인 카사
밀라는 '채석장'이라는 뜻으로 '라 페드레라 La Pedrera'라고도 불린다. 카
사 밀라 다음 건물은 피카소와 같은 현대 예술가들이 자주 드나들던
카페인 엘스 쿠아트르 가츠의 후원자였던 바르셀로나 태생의 화가 라
몬 카사스가 살던 집이다(그라시아 거리 96번지). 카탈루냐 광장에서부
터 디아고날 대로까지 명품 브랜드 매장이 밀집되어 있는데, 번지수 대
신에 그라시아 거리와 교차하는 거리의 이름을 확인하면 어디쯤 와 있
는지 알 수 있다.

© Argyriou_카사 아마예르

카사 아마예르 Casa Amatller

<u>주소</u> Passeig de Gràcia, 41, 08007
Barcelona <u>전화번호</u> +34 932 16
01 75 <u>웹사이트</u> www.casaametller.
net <u>운영시간</u> 월요일~금요일 10:00~
14:00

19세기 말 조섭 푸치 이 카타화우
Josep Puig i Cadafalch가 디자인한 것으로,
1797년부터 초콜릿을 만들기 시작한
이 회사는 200년 전통을 자랑하는 스페
인에서 가장 오래된 초콜릿 브랜드이다.

카사 바트요 Casa Batlló

<u>주소</u> Passeig de Gràcia, 43, 08007
Barcelona <u>전화번호</u> +34 932 16 03
06 <u>웹사이트</u> www.casabatllo.es <u>운
영시간</u> 매일 9:00~21:00

바다를 테마로 한 카사 바트요 건물의
외관은 터키에서 전해져 오는 전설에서
영감을 받았다. 유네스코 세계문화유산
으로 등록된 이 건물을 주변으로 독특
한 현대 건축물들이 밀집되어 있다. 사
그라다 파밀리아 성당에서 메트로 L5
디아고날 Diagonal 역에서 하차.

호텔 마제스틱 Hotel Majestic

<u>주소</u> Passeig de Gràcia, 68-70,
08007 Barcelona <u>전화번호</u> +34
934 88 17 17 <u>웹사이트</u> www.hotel
majestic.es

1930년대 프랑코 세력을 피해 프랑스
로 망명을 떠나기 전 바르셀로나로 피
난을 왔던 세비야 태생의 시인 안토니
오 마차도 Antonio Machado(1875~1939)
가 고국에서 마지막으로 시간을 보냈던
곳이다. 호텔 주변은 명품 브랜드 매장
으로 가득해 쇼핑을 즐기려는 관광객들
에게 편리한 위치이다.

카사 밀라 Casa Milà

<u>주소</u> Carrer de Provença, 261-265,
08008 Barcelona <u>전화번호</u> +34 902
20 21 38 <u>웹사이트</u> www.lapedrera.
com/en/home <u>운영시간</u> 월요일
~일요일 9:00~20:00(3/3~11/2),
9:00~18:30(11/3~3/2), 11:00~
20:00(1/1), 12/25 휴무 <u>입장료</u> 성인
€16.50, 어린이 €8.25(7~12세)

마제스틱 호텔이 완공된 비슷한 시기인
1910년에 세워진 것으로 지금은 카이
사 은행에서 운영하고 있다. 세탁실로
사용하던 공간을 개조하여 가우디에 관
한 자료를 전시하는 박물관으로 사용하
고 있다.

© Tato Grasso_카사 바트요

© Yearofthedragon_카사 밀라

호텔 파세오 데 그라지아
Hotel Paseo de Gracia

<u>주소</u> Passeig de Gràcia, 102, 08008
Barcelona <u>전화번호</u> +34 932 15
06 03 <u>웹사이트</u> www.hotelpaseode
gracia.es

카사 밀라와 같은 블록에 위치한 호텔
로 쇼핑 중심지에 있으면서도 저렴한
편에 속하는 호텔이다.

디아고날 역 또는 대로에서 카탈루냐 광장까지 이동 방법

디아고날 역에서 거리로 나오면 로세요 거리Carrer de Rosselló와 람블라 데 카탈루냐Rambla de Catalunya 또는 그라시아 거리Passeig de Gràcia와 만나게 되는데, 카사 밀라, 카사 바트요 등으로 이동하려면 디아고날 대로Avinguda Diagonal를 뒤로 두고 메트로 역 파세지 드 그라시아Passeig de Gràcia와 카탈루냐 광장Plaça De Catalunya이라고 표시된 방향으로 이동하면 된다. 바르셀로나의 거리는 바둑판 모양으로 되어 있고 건물들도 비슷한 모양을 하고 있기 때문에 찾아가려는 목적지에 교차하는 두 거리의 이름을 알면 수월하게 찾을 수 있다. 프로벤사 거리Carrer de Provença(카사 밀라), 마요르카 거리Carrer de Mallorca(마제스틱 호텔), 아라고 거리Carrer d'Aragó(카사 바트요)를 기억해 두면 편리하다.

주소 보고 찾아가기

예) 프로벤사 거리의 261-265번지에 있는 '카사 밀라' Carrer de Provença, 261-265

1. 메트로 5호선 디아고날 역의 출구는 로세요 거리와 람블라 거리이다. 지도에서 '카사 밀라'가 있는 곳의 위치를 확인한다. 역에서 람블라 데 카탈루냐 거리를 따라 키엘스 Kiehl's 매장(110번지)과 산 라몬 성당Iglesia De Sant Ramon(115번지)이 있는 방향을 따라 간다.

2. 라 카이사 은행이 보이면 프로벤사 거리를 따라 좌회전하여 직진하여 보이는 건물의 번지수를 확인해 본다. 은행을 오른쪽에 두고 왼쪽에 보이는 바르나 호스텔Barna Hostal 의 번지수는 '102'라고 되어 있는데, 프로벤사 거리가 아닌 람블라 데 카탈루냐 거리의 102번지이다. 다음에 있는 바디샵The Body Shop 매장의 번지수는 '245'인데, 주소를 확인해 보면 프로벤사 거리의 245번지이므로 번지수가 올라가는 방향으로 향한다.

3. 프로벤사 거리의 292번지에 있는 푸리피카시온 가르시아Purificación García 매장을 지나 카롤리나 에레라Carolina Herrera 매장이 보이는 곳에 다다르면 그라시아 거리이다. 직진하여 대각선 방향으로 보이는 커다란 흰색 집이 카사 밀라이다.

패션의 도시 바르셀로나에서 만나는 IT SHOES

요즘 세계적으로 유행하는 패션 아이템 가운데 삼베를 엮어 만든 신발 '에스파드리유'가 있다. 프랑스 피레네 산맥에서부터 스페인 북부 라 리오하La Rioja 지역에서 전해오는 신발로 중세 시대에는 농부들이 즐겨 신던 우리나라의 '짚신'과 같은 존재였다. 20세기에 들어서는 살바도르 달리, 그레이스 켈리 등과 같은 스타들이 즐겨 신었는데, 최근 다시 인기를 끌어 여러 브랜드에서 다양한 디자인의 상품을 출시하고 있다. 카스타네르 Castañer는 루이스 카스타녜르가 1927년에 만든 브랜드로, 그의 선조들은 1776년부터 알파르가타스 Alpargatas를 만들어 왔던 장인이었다. 면과 삼베와 같은 천연소재로만 만들어 발이 편안하고, 울퉁불퉁한 길이 많은 스페인을 비롯해 유럽의 오래된 거리를 걸어 다닐 때 유용하다. 에스파드리유는 물론 스페인산 가죽신발은 품질이 뛰어나기로 유명한데, 메노르카 섬에서 만들어지는 프리티 발레리나스 Pretty Ballerinas의 플랫슈즈는 요즘 할리우드 스타들이 즐겨 신는 핫 아이템이다. 메노르카 섬의 장인 하이메 마스카로 Jaime Mascaró가 만들기 시작하여 100년 전통을 자랑하는 이 신발은 한 번 신어 보면 다른 신발은 생각나지 않을 만큼 발에 잘 맞고 편하고 색상이나 디자인이 다양하다.

사그라다 파밀리아 & 구엘 공원
La Sagrada Família & Park Güell

사그라다 파밀리아 La Sagrada Familia

<u>주소</u> Carrer de Mallorca, 401, 08013 Barcelona <u>전화번호</u> +34 935 13 20 60 <u>웹사이트</u> www.sagradafamilia.cat <u>운영시간</u> 매일 9:00~18:00 <u>입장료</u> €14,80

구엘 공원 Park Güell

<u>주소</u> Carrer d'Olot, s/n 08024 Barcelona <u>전화번호</u> +34 902 20 03 02 <u>웹사이트</u> www.parkguell.cat <u>운영시간</u> 8:00~20:00 (3/24~4/30), 8:00~21:00 (5/1~10/26) <u>입장료</u> €8

바르셀로나는 천재 건축가 안토니 가우디 Antoni Gaudí(1852~1926)의 손길이 닿은 곳곳이 과거와 현재가 공존하는 지금의 바르셀로나를 만들었다고 해도 과언이 아니다. 1884년 착공된 이후 아직도 미완성인 채로 계속해서 공사가 진행 중인 사그라다 파밀리아는 바르셀로나를 상징하는 랜드마크로, 르네상스 시대에 완공된 스페인의 성당들과는 다르게 현대적인 느낌의 건축물로 가우디가 평생을 바쳐 헌신했던 장소이다. 성당과 함께 넓은 주택단지를 꿈꾸었던 가우디가 도시 북쪽에 남긴 구엘 공원은 자연과 조화를 이루는 예술작품이다. 헨젤과 그레텔

카스타네르 Castañer

주소 Carrer de Rosselló, 230, 08021 Barcelona 전화번호 +34 934 14 24 28 웹사이트 www.castaner.com

지미 추, 캠퍼, 하이메 마스카로 등과 같은 신발 브랜드 매장이 위치하고 있는 디아고날 역 근처 명품거리 주변에 매장이 있다. 카사 밀라 근처에 있는 매장을 비롯하여 엘 코르테 잉글레스 백화점 신발코너에서 찾아볼 수 있다.

프리티 발레리나스 Pretty Ballerinas

주소 Rambla de Cataluña, 77, 08007 Barcelona 전화번호 +34 932 15 76 87 웹사이트 www.prettyballerinas.com

수작업으로 만들어지는 장인의 플랫슈즈의 가격대는 €120~200 정도로, 백화점 여름 세일 기간을 활용하면 저렴한 가격에 구입할 수 있다. 백화점을 비롯해 카사 바트요 뒤로 람블라 거리 자라 홈 매장 근처에 있다.

에 등장하는 과자로 만든 집에서 영감을 받은 건물이 입구에 보이며, 타일을 쪼개서 장식한 도마뱀 분수는 구엘 공원의 아이콘이 되었다.

피카소가 살던 도시

스페인 남부 해안도시 말라가에서 태어난 파블로 피카소는 파리로 떠나기 전까지 바르셀로나에서 유년시절을 보냈다. 그는 화가로서의 초창기 시절 이 카페에 자주 드나들었는데, 카탈루냐 광장 남쪽으로 몬시오 거리Carrer de Montsió에 위치한 엘스 쿠아트르 가츠Els Quatre Gats는 20세기 초 바르셀로나에서 활동하던 예술가들의 만남의 장소였다. '네 마리의 고양이'라는 이름의 이 카페는 파리의 '르 샤 누아Le Chat Noir'의 인테리어에서 영감을 받아 1897년 문을 열었다. 피카소를 비롯하여 화가 라몬 카사스Ramon Casa(1866~1932), 그라나도스, 알베니스 등과 같은 예술가들이 자주 드나들었다. 카페에서 라예타나 거리 건너편에는 카탈루냐 음악당Palau de la Música Catalana이 보이는데, 극장으로는 드물게 유네스코 세계문화유산으로 지정되었다. 시우타데야 공원Parc de la Ciutadella 쪽으로 향하면 피카소 미술관Museu Picasso이 있으며, 벨라스케스의 대표작인 〈시녀들〉에서 영감을 받아 그린 피카소의 작품(1957년작)을 비롯하여 4천여 점의 작품이 전시되어 있다.

© Dodo_엘스 쿠아트르 가츠

엘스 쿠아트르 가츠 Els Quatre Gats

주소 Carrer de Montsió, 3, 08002 Barcelona 전화번호 +34 933 02 41 40 웹사이트 www.4gats.com 영업시간 매일 10:00~1:00

피카소 미술관 MUSEU PICASSO

주소 Carrer de Montcada, 15-23, 08003 Barcelona 전화번호 +34 932 56 30 00 웹사이트 www.museupicasso.bcn.cat 운영시간 화요일~일요일 9:00~19:00, 목요일은 21:30까지

카탈루냐 광장에서 몬시오 거리를 따라 대성당을 지나 라예타나 거리로 향한다. 자우메 역에서 데 라 프린세사 거리를 따라 3분 거리에 있다.

카탈루냐 음악

피카소의 시녀들

시우타 베야 Ciutat Vella

시내의 중심인 카탈루냐 광장에서 람블라 거리를 따라 해안가로 향하면 시우타 베야 지역이다. 그라나다 태생의 시인 페데리코 가르시아 로르카Federico García Lorca(1898~1936)는 이 거리를 두고 '세계에서 유일하게 끝이 없었으면 하는 거리'라고 했는데, 보케리아 시장La Boqueria을

© Anton Lefterov_람블라 거리

주변으로 활기가 넘치는 바르셀로나의 영혼과 같은 거리이다. 타파스는 물론 바르셀로나에서는 초콜릿을 녹여 뜨겁게 마시는 초콜라테와 추로스를 반드시 맛보아야 한다. 현대 예술가들의 도시답게 거리의 한복판은 호안 미로Joan Miró가 작업한 모자이크로 장식되어 있다.

초콜라테리아 발로르 Chocolatería Valor

주소 Carrer de la Tapineria, 10, 08002 Barcelona **전화번호** +34 934 87 62 46 **웹사이트** www.chocolateriasvalor.es

1881년에 개업한 발로르 초콜릿은 스페인 최초의 프랜차이즈 형태의 초콜라테리아Chocolatería로 스페인 전역에서 같은 맛의 핫 초콜릿을 즐길 수 있다. 오렌지 향을 첨가한 핫 초콜릿 메디테라네오Mediterráneo를 비롯해 초콜릿을 이용하여 만든 크레페, 아이스크림 등과 디저트류도 다양한 메뉴가 있다.

그란하 라 파야레사 Granja La Pallaresa

주소 Calle Petritxol, 11, 08002 Barcelona. **전화번호** +34 933 02 20 36 **웹사이트** www.lapallaresa.com **영업시간** 월요일~토요일 9:00~13:00, 16:00~21:00, 일요일 9:00~13:00, 17:00~21:00, 12/25, 1/1 및 7월 한 달은 휴무

카탈루냐 광장에서 가까운 곳에 위치한 그란하 라 파야레사는 바르셀로나에서 추로스와 핫 초콜릿이 맛있기로 유명한 곳 가운데 하나이다. 1940년대에 개업하여 람블라 지역 초콜라테리아의 대명사가 되었다.

포트 베이 Port Vell

© Diliff_바르셀로나 항구와 콜롬 거리

콜롬 거리Passeig de Colom•와 만나는 곳에 바다를 가리키는 한 남자가 우뚝 서있는 40m 높이의 기념탑이 눈에 들어온다. 이 조각상은 항해사 콜럼버스의 모습으로, 기념탑의 주축에는 포르투갈을 떠나 아들과 함께 팔로스 데 라 프론테라에 있는 라비다 수도원에 도착했을 때부터 첫 번째 항해를 마치고 바르셀로나 항으로 귀환하여 가톨릭 왕들을 알현하던 역사의 장면들이 묘사되어 있다. 기념탑 앞으로 보이는 포트 베이Port Vell(옛 항구)에는 옛 세관 건물을 비롯해 대형 쇼핑몰 마레마그넘

• 소설가 세르반테스Cervantes가 살았던 집이 콜롬 거리Passeig de Colom의 2번지에 있다. 바르셀로나 항에서는 여객선을 이용하여 발레아레스 제도에 있는 마요르카Palma de Mallorca, 이비사Ibiza 섬을 비롯해 지브롤터 해협을 건너 모로코의 탕헤르Tangiers, 콜럼버스 선장의 고향인 제노바Genova까지 지중해 도시 여러 곳으로 색다른 여행을 즐길 수 있다.

Maremàgnum과 유럽에서 가장 큰 수족관이 위치하고 있어 어린이를 동반한 가족들이 쇼핑과 주말을 보내기에 적합한 장소이다.

시내 중심에서 공항으로 이동

<u>주소</u> El Prat de Llobregat, 08820 Barcelona <u>전화번호</u> +34 902 40 47 04 <u>웹사이트</u> www.barcelona-airport.com

A1 운행시간표(카탈루냐 광장 – 터미널 T1)
5:00~6:50 10분 간격
06:50~21:45 5분 간격
21:45~00:30 10분 간격

A2 운행시간표(카탈루냐 광장 – 터미널 T2)
05:30~06:50 20분 간격
06:50~22:20 10분 간격
22:20~00:30 20분 간격

© Grobuonis_ 호안 미로의 벽화가 장식된
바르셀로나 공항 터미널

카탈루냐 광장에서 엘 프랏 공항 BCN까지 공항버스Aerobus를 이용하면 약 40분 가량 소요된다. A1, A2 이렇게 두 노선이 있는데 각각 터미널 1과 터미널 2를 연결하므로 미리 터미널을 확인해 두어야 한다. 광장에 있는 엘 코르테 잉글레스 백화점 앞의 버스정류장에서 승차할 수 있으며, 4세 이하의 어린이는 무료로 이용할 수 있다.

<u>요금</u> 일반 €5.90(편도), €10.20(왕복, 단 15일 안에 사용)

CÁDIZ 카디스

INDEX

BANCO DE ESPAÑA
SEVILLA